服装实用技术.基础入门

实用服装裁剪与缝制轻松入门
——下装篇

侯东昱　邓添元　著

中国纺织出版社有限公司

内 容 提 要

本书作为服装裁剪指导类书籍，内容包括下装概述、服装裁剪与缝制知识、制图部位、面辅料选择、下装裁剪及缝制实例。本书以女性人体的生理特征、服装的款式设计为基础，系统阐述了裙子、裤子结构设计原理、变化规律、设计技巧，有很强的实用性。书中采用近年流行的服装款式，图文并茂，通俗易懂，制图采用CorelDraw软件，绘图清晰，标注准确。

本书既可以供服装制作爱好者学习，也可以为服装企业女装制板人员提供参考，还可以作为高等院校服装专业学生的参考书。

图书在版编目（CIP）数据

实用服装裁剪与缝制轻松入门．下装篇 / 侯东昱，邓添元著．-- 北京：中国纺织出版社有限公司，2022.10

（服装实用技术．基础入门）

ISBN 978-7-5180-9826-2

Ⅰ．①实… Ⅱ．①侯… ②邓… Ⅲ．①服装量裁②服装缝制 Ⅳ．①TS941.63

中国版本图书馆CIP数据核字（2022）第161412号

责任编辑：宗　静　苗　苗　　责任校对：江思飞　　责任印制：王艳丽

中国纺织出版社有限公司出版发行

地址：北京市朝阳区百子湾东里A407号楼　邮政编码：100124

销售电话：010—67004422　传真：010—87155801

http://www.c-textilep.com

中国纺织出版社天猫旗舰店

官方微博 http://weibo.com/2119887771

三河市宏盛印务有限公司印刷　各地新华书店经销

2022年10月第1版第1次印刷

开本：787×1092　1/16　印张：13.25

字数：205千字　定价：59.80元

前言

女子所做的针线、纺织、刺绣、缝纫等工作和这些工作的成品，称为女红。其已成为中国传统文化的一部分，女红有着独特的魅力，它伴随人类文明有几千年的历史，与人们的日常生活密不可分，与各地的民族习俗紧密相连，与深厚的社会文化一脉相承。

随着服装的工业化生产，女红这项老手艺似乎已远离了我们生活，我们喜欢的服装可以在商场、网上随时购买，自己做服装似乎成了偶尔的生活乐趣。但近年很多人开始喜欢自己缝制简单的服装，一些简单的服装制作又回到我们身边，它不仅唤起了我们对于中国女红久违的回忆，也让这一传统技艺在新时代焕发生机。

服装裁剪是根据个人喜欢的服装样式，选用适合的面、辅料，根据人体尺寸，把立体的、艺术性的设计构想逐步变成服装平面或立体结构图形，最终制作成舒适和美观的服装。服装裁剪既要实现款式设计的构思，又要弥补款式设计过程中存在的不足；既要符合前期构思的款式，又要在此基础上进行一定程度的再创造，它是集技术性与艺术性为一体的设计。

服装裁剪要与时俱进，在设计时要考虑款式设计和工艺设计两方面的要求，并准确体现款式的构思，在结构上合理可行，在工艺上操作简便。

本书一共七章，第一章是下装概述，主要介绍了裙子、裤子的分类；第二章介绍服装裁剪与缝制基础知识；第三章是下装裁剪制图部位介绍，主要教大家怎样看懂裙子和裤子裁剪制图部位；第四章是女下装常用面料、辅料，主要教大家如何挑选裙子和裤子的面料、辅料；第五章是裙装裁剪实例；第六章是裤子裁剪实例；本书选择的下装既有经典款式又有结合市场上较为流行的时尚新款式，编者结合自身多年的工作经验，使读者能够真正学到并且弄清楚女下装的裁剪方法；第七章是下装缝制实例。本书采用CorelDRAW软件按比例进行绘图，以图文并茂的形式详细分析了典型款式的结构设计原理和方法。

本书由侯东昱教授和邓添元编著，并负责整体的组织、编写和校对；河北科技大学研究生学院设计艺术学专业研究生古若男同学负责第一章、第二章、第三章、第四章部分内容的撰写整理。在本书的编写过程中，河北科技大学研究生学院服装设计与工程专业研究生沈德垚同学和河北科技大学研究生学院设计艺术学专业研究生韩若梦、古若男同学为本书的制图、插图做了大量工作。

本书在编写的过程中参阅了一些国内外文献资料，笔者在此向文献作者表示由衷的谢意！

书中难免存在疏漏和不足之处，恳请专家和读者指正。

编者
2021 年 12月于石家庄

目录

第一章　下装概述

第一节　下装简述

一、认知裙子

1. **裙子的概念**

裙子是指包覆人体下半身的服装，通常是以独立的形式出现，也指连衣裙的下半部分。裙子在起源时期是男女皆穿的，随着社会分工和服装业的发展，逐渐成为女性的专用服饰。但是在苏格兰，至今仍保留男子穿着裙子的传统。

在女性服饰中，裙子的穿着范围广泛，风格各异，年幼女孩活泼的童裙、妙龄少女新颖别致的时装裙、成熟女人妩媚动人的淑女裙、中老年女性端庄的套装裙等，都展示了不同女性的特有韵味，如图1-1所示。在红毯或者宴会等重要的场合，精心设计的裙子更是女性展现个人魅力的利器。总之，裙子是女性服饰中最富有特色和活力的一类。

图1-1　不同年龄阶段的裙装

2. **裙子的由来**

裙子在我国可谓源远流长。众所周知，在远古时代，我们的先祖为御寒冷，用树叶或者兽皮连在一起，便成了裙子的雏形。

相传在四千多年前，黄帝即定下“上衣下裳”的制度，规定不同地位的人着不同颜色的衣裳。那时的“裳”，就是裙子。夏、商、周时期，中原华夏族的服饰是上衣下裳，束发右衽。在春秋战国时代，人们普遍着深衣，上衣与下裳相连，深衣类似连衣裙，但有不同之处，如图1–2所示。

汉代时期，裙子便流传开来，不过上衣甚短，裙子甚长。从汉代开始，裙子的样式逐渐接近现代样式。魏晋以后，裙子的样式不断增多，是六朝时富贵子弟的常见装束。

隋代时期，裙子样式基本承袭南北朝时的风格，下摆曳地的长裙在隋代特别受到人们的欢迎。唐代时期，裙子长度与前几代相比有明显的增加，被各个阶层所钟爱。唐代的服装主要由裙、衫、帔三件组成，裙长曳地，肩上再披着长围巾一样的帔帛，如图1–3所示。

图1–2　深衣

图1–3　唐代的裙、衫、帔套装

宋代时期，裙子色彩以素雅为主，裙身仍然很宽，褶裥很多，如图1–4所示。宋代因承袭了唐代的襦裙，将其作为日常生活中的主要服饰。辽、金、元时期，是由少数民族执政的时代，这个时期的汉族所用裙式，基本沿袭宋代遗制。

图1–4　南宋褶裥裙

明代恢复了汉族传统习俗，裙子形制仍然保存着唐、宋时期的特色，并规定民间只能用紫色、桃红、绿色等浅淡颜色。但花式繁多，品种各异，有的裙子和现代人的裙子已无多大区别。

清代，由于贵族的压迫，汉族“上衣下裳”的制度被破坏，裙子基本退出男装领域，但清初的裙子仍保存着明代的遗俗。后来随着时代的推移，也有许多新型的裙式问世。清朝后期，穿裙渐少。

近代，西式裙传入我国，成为人们日常穿着的重要服装，逐渐取代了以前传统的裙子。20世纪五六十年代，受苏联影响，流行布拉吉连衣裙，如图1–5所示。改革开放后，超短裙、吊带裙等逐渐流行开来，裙子的种类日渐增多，如图1–6所示。

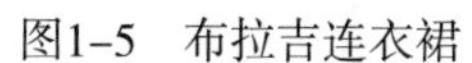

图1–5　布拉吉连衣裙

图1–6　现今的超短裙与吊带裙

二、认知裤子

1. 裤子的概念

裤子指穿在腰部以下，有两条裤腿的服装。在古代，裤子指男性的下装，而女性的下装是裙子，随着社会的进步和观念的改变，女性也开始穿着裤子。裤子不仅适用于日常工作和生活，也可以与上装配套穿用，出入各种场合，且不受年龄、性别和季节的限制，演化为女性四季不可缺少的服装品种，如图1–7所示。

图1–7　常见女裤

2. 裤子的由来

商周时期，人们衣服的基本形制是上衣下裳。穿在上身的称为“衣”，穿在下身的称为“裳”。“裳”其实是条围裙，掩住下体。在裳的里面，人们腿上只穿着两只像今天袖套样式的套裤，没有裤裆，也没有裤腰，只用带子连接系在腰上，这种套裤叫作“胫衣”，如图1–8所示。

图1–8 胫衣

裤子直到战国以后才得到改善，不仅上达于股，而且上连于腰，并在两股之间连缀裆，裆不缝合，用带系缚，这是连裆裤的最初发明。东汉末年，新型的裤子开始流行，它以宽敞为主，两只裤管做得特别肥大，因此得名“大口裤”，如图1–9所示。合裆的裤子是从胡服传来的，上流阶层都很排斥，只有农夫、仆役和军人因劳作和行军作战，才不得不穿。

魏晋南北朝是民族大融合时期，服饰也得到了发展，少数民族与汉人杂居服饰也得到了交融。隋代时期，胡服更为普及，不仅男子喜着胡服，妇女也以胡服为美。裤子在唐代得到极大的发展，特别是外穿的裤子在女性群体中成为时尚。

宋代注重理学，妇女的行为得到禁锢，宋代贵族妇女裙内穿裤，裤上绣花，无裆，如图1–10所示。另有合裆裤，可穿在外面，便于劳作，保暖性好，为劳动妇女常穿。

图1–9 东汉大口裤

图1–10 宋代开裆裤

第二节　下装的分类

一、裙子的分类

女裙款式多种多样，不同廓型、不同长度、不同面料的组合带来不同的风格。因此，裙型在分类方法上也不胜枚举，下面为大家列举一二（表1-1~表1-3）。

1. 按适体程度分类

裙子按适体程度分类，见表1-1。

表 1-1　常见裙型款式（按适体程度分类）

裙型名称	款式说明	款式与人体的关系	常见实例	变化程度
紧身裙	紧身裙由于其极贴体的包裹性决定其使用的面料一般为弹性面料，以此来满足人体的正常活动范围	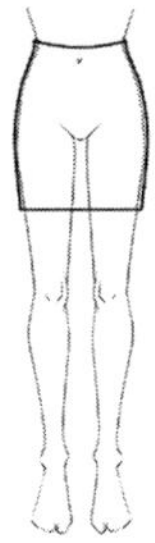	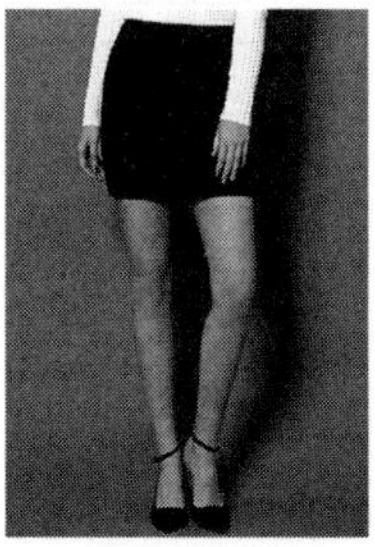	紧身
直筒裙	直筒裙也叫一步裙、适体裙，是在满足人体基本活动范围的基础上增加适度的放量，使其既有很好的包裹性又具备实用性	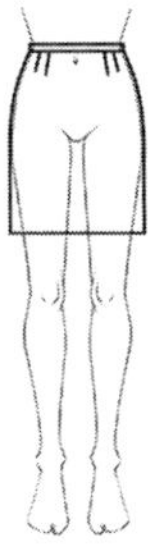		
A 型裙	A 型裙也叫半宽松裙，比直筒裙更适宜行走与活动。A 型裙不仅款式多样，四季适宜，穿着此类半身裙的年龄范围跨度也很大，并且十分百搭	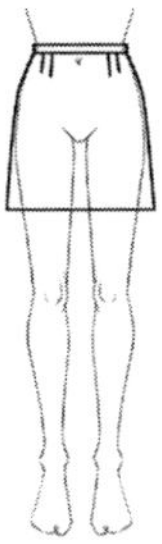		宽松

续表

裙型名称	款式说明	款式与人体的关系	常见实例	变化程度
宽松裙	宽松裙在A型裙的基础上增加放量，并不为了满足人体活动，更多是为了款式与造型的需求			紧身 ↓ 宽松
半圆裙	半圆裙是全圆裙裙摆的一半，既有全圆裙丰富的自然垂褶，又可以节省布料	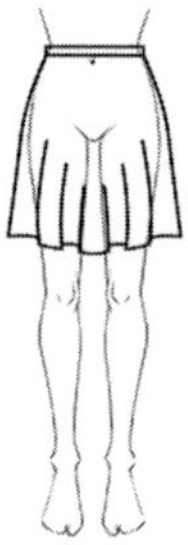		
全圆裙	全圆裙的裙摆是一个整圆，在制作过程中不存在接缝，因此比较耗费布料	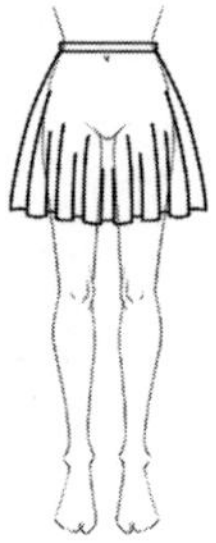	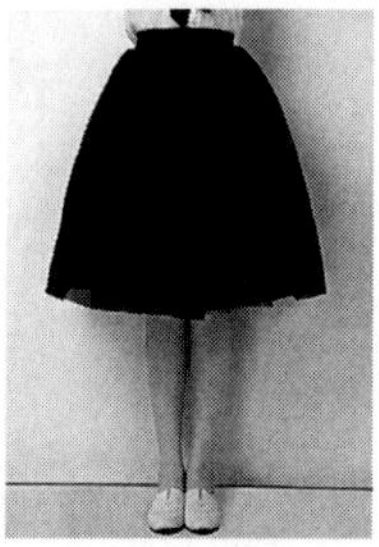	

2. **按裙子长度分类**

裙子按长度分类，见表1-2。

表 1-2 常见裙型款式（按裙长分类）

裙型名称	款式说明	款式与人体的关系	常见实例	变化程度
迷你裙	迷你裙也叫超短裙，裙摆位置刚刚过大腿根部、臀位线的位置，一般长度为30cm，因为长度过短，不用考虑步距的问题。在穿着此类裙装时建议搭配安全裤，避免走光			短
短裙	短裙长度比超短裙稍长，裙摆位置在大腿中部，在制作过程中要把行走的步距加在裙摆放量中			
中裙	中裙的长度在膝盖上下，行动更加方便一些，同样需要考虑的是在裙摆中加步距的放量			
中长裙	中长裙的长度在小腿中部上下，也是接受人群最多、行动最方便的长度			长

续表

裙型名称	款式说明	款式与人体的关系	常见实例	变化程度
长裙	长裙的长度在脚踝附近，由于裙摆过长会使行动受约束			短 ↓ 长
及地长裙	及地长裙在日常生活中比较少见，由于其裙摆过长十分影响人的正常活动，一般在聚会等场合需要时穿着较多			

3. *按裙子廓型分类*

裙子按廓型分类，见表1–3。

表1–3 常见裙型款式（按廓型分类）

裙型名称	款式说明	款式与人体的关系	常见实例
X型	X型裙的主要款式为鱼尾裙，短裙、中裙、中长裙，适合日常穿着，长裙、及地长裙比较适合宴会、晚宴等场合，偏向于晚礼服装扮		
O型	O型裙的款式比较少见，由于其夸张的造型，在年轻人中比较常见		

注 此外还包括A字裙和H型的直筒裙，详情见表1–1。

二、裤子的种类

1. 基本裤型

基本裤型，见表1–4。

表 1–4　常见裤型款式（按基型分类）

裤型名称	款式说明	款式与人体的关系	常见实例
直筒裤	直筒裤也就是 H 型女裤，顾名思义，是指大腿围与脚口宽度一致的女裤，可以根据长短的要求进行变化	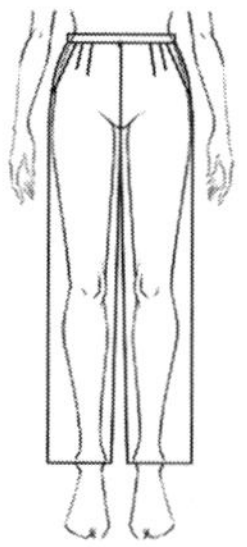	
喇叭裤	喇叭裤属于 A 型女裤，是最修饰腿型的女裤之一，近两年又有回潮之势		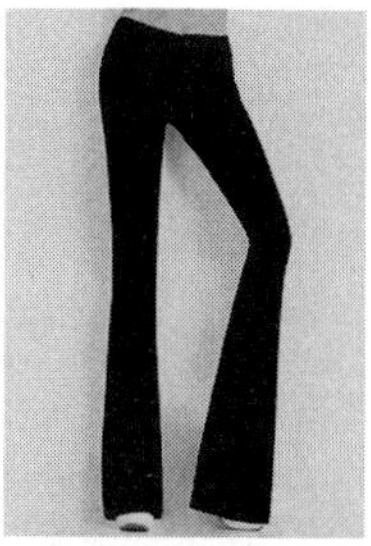
锥型裤	锥型裤也叫萝卜裤，是能够掩饰体型缺点的女裤之一，腿型不直、臀部不满意都可以用锥形裤来遮盖	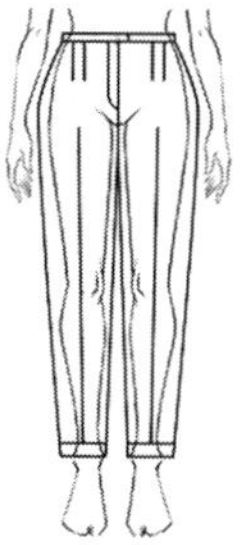	

2. 按裤子长度分类

裤型按裤长分类，见表 1–5。

表 1–5　常见裤型款式（按裤长分类）

裤型名称	款式说明	款式与人体的关系	常见实例	变化程度
超短裤	超短裤也叫热裤，随着人们思想观念的开放，热裤也越来越短，选择热裤的人也越来越多	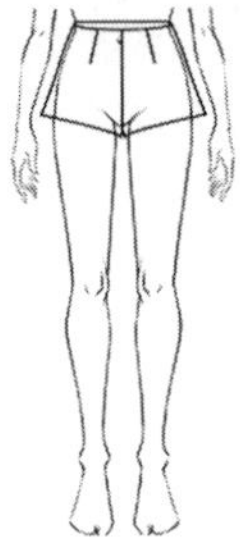	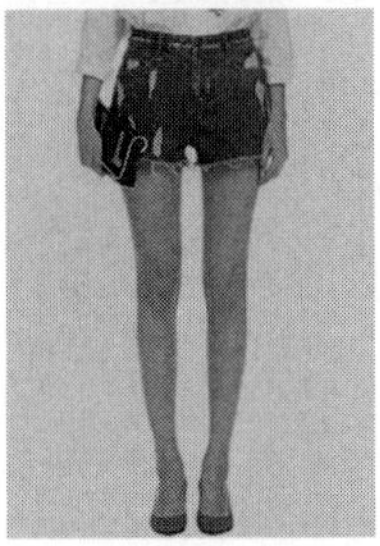	短
短裤	短裤的长度与短裙的长度类似，在大腿中部的位置	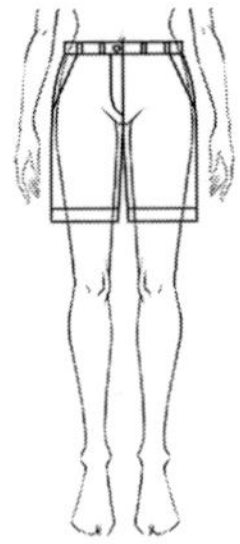	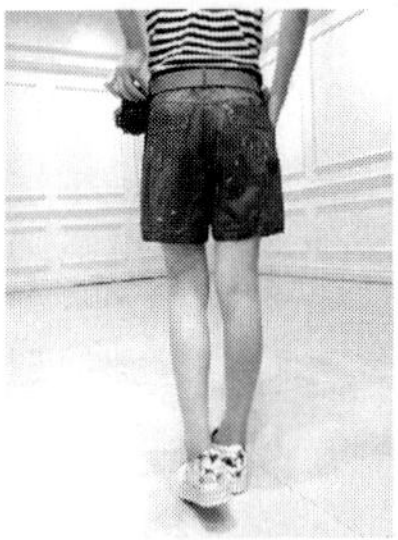	
中裤	中裤也叫五分裤、及膝裤，对应中裙的长度	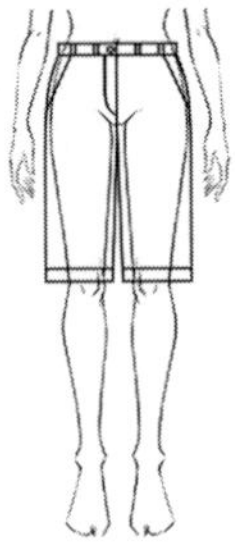	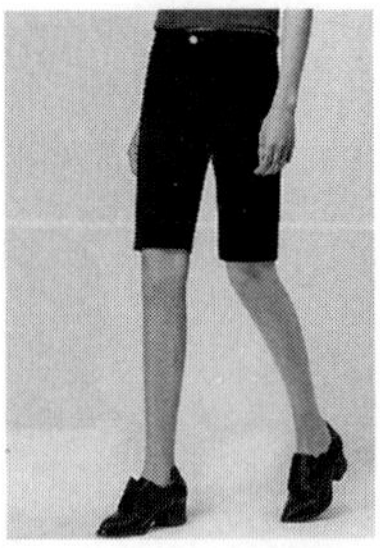	
七分裤	七分裤对应中长裙的长度，裤脚在小腿中部的位置	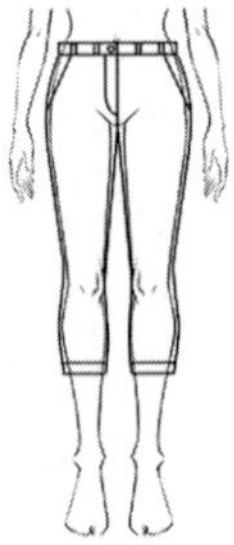	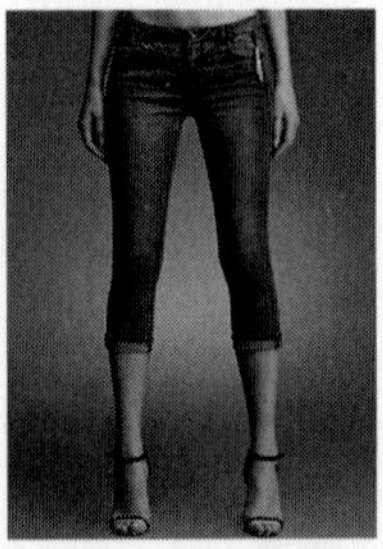	长

续表

裤型名称	款式说明	款式与人体的关系	常见实例	变化程度
九分裤	九分裤在脚踝上方，露出脚踝，与长裙的长度有细微的差别	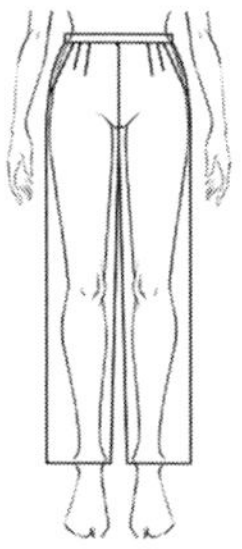	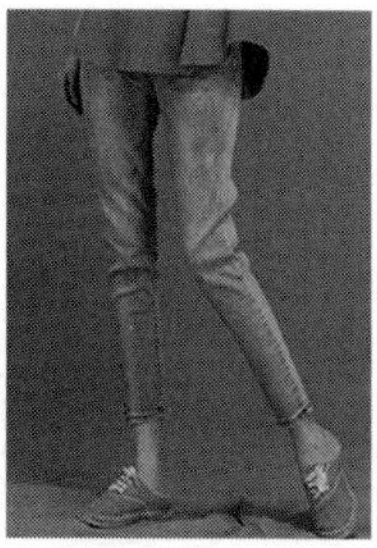	短 ↓ 长
长裤	长裤的长度并不统一，有的在脚踝的位置，有的长及脚面，可搭配高跟鞋	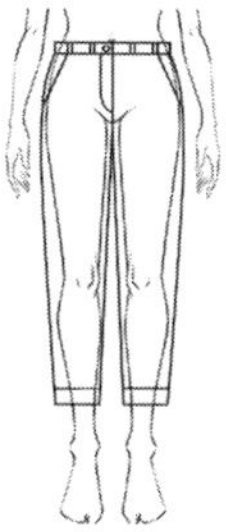		

3. **按裤子廓型分类**

裤型按廓型分类，见表1–6。

表1–6　常见裤型款式（按廓型分类）

裤型名称	款式说明	款式与人体的关系	常见实例
灯笼裤	灯笼裤属于O型女裤，非常能够掩饰腿型	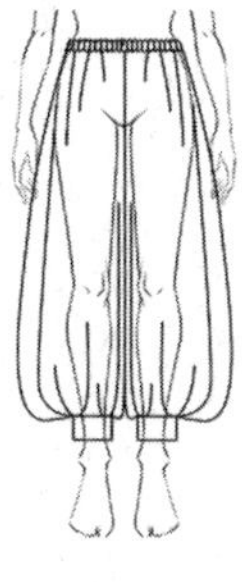	
哈伦裤	哈伦裤也叫吊裆裤，属于街头的嘻哈风格，多见于年轻人穿着，能够掩饰大腿与臀部缺陷	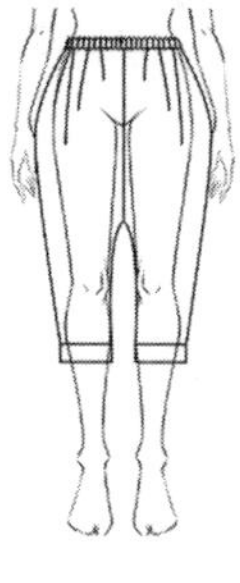	

续表

裤型名称	款式说明	款式与人体的关系	常见实例
阔腿裤	阔腿裤属于H型女裤，是掩饰下半身体型的最佳选择	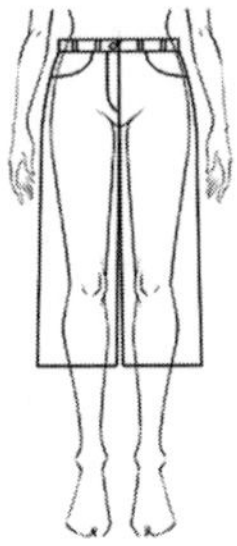	
马裤	马裤比较少见，形制与哈伦裤、吊裆裤相近。近年来马裤的形制改变比较大，最原始的马裤比较难在市场中找到		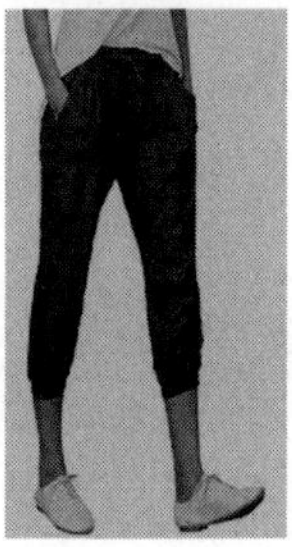

注 裤子按廓型分类还包括三大基本裤型的直筒裤、锥型裤和喇叭裤。

第二章　服装裁剪与缝制基础知识

第一节　人体测量和尺寸规格

一、女下装的人体测量

了解人体是购买服装和制作服装的前期工作，人体测量是前期工作的基础，为何购买服装也需要量体呢？网上购物的兴盛，需要我们了解自己身体各个部位的尺寸，并且还需要看懂卖家罗列的部位名称才能够对应上身体的尺寸，方便我们更加快捷地找到适合自己的服装号型。

身体上的部位有一些是可以自行测量的，但是有一些是需要他人的帮助才可完成的。在测量的时候，需要准备皮尺，准备纸笔记录数据。表2-1、表2-2为制作下装需要的身体各部位的名称及测量方法。

表 2-1　女下装长度量体名称及测量方法

部位名称	测量方法	图示	数据使用方法
裤长	从腰节线（腰部最细的地方，一般在肚脐上一寸的位置）向下垂直到外侧脚踝骨的位置是高腰长裤的裤长		此数据一般用于长裤的裤长和长裙的裙长，其他裤型可根据裤长与裙长的不同改变长度
膝长	从腰节线向下垂直至膝盖骨下端的位置，用来确定膝盖的位置		此数据一般用来确定过膝长裤膝盖的位置，也可用于五分裤的裤长与中裙的裙长

续表

部位名称	测量方法	图示	数据使用方法
前后上裆长	从前腰节线过耻骨、尾骨至后腰节线的长度，用来确定上裆的总长		此数据只在裤装中使用，裙装不需要此尺寸
下裆长	从裆部向下至外侧脚踝骨的垂直距离，确定上裆的位置与裤腿的长度	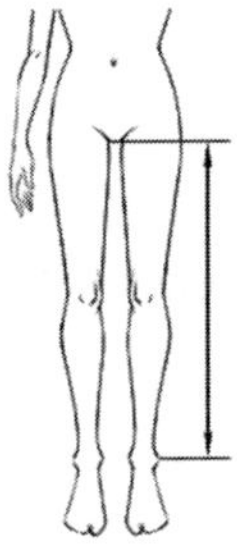	此数据只应用于裤装，可随裤装长的不同改变测量止点的位置

表 2-2　女下装围度量体名称及测量方法

部位名称	测量方法	图示	数据使用方法
腰围	在腰部最细的部位水平围量一周，一般是在肚脐上一寸或是腰部与手肘对应的位置，注意在测量时被测者要保持正常且均匀的呼吸，测量者需放两根手指在皮尺内来确保皮尺可以来回转动		在制作裤装、裙装时都需要测量此部位，是量体最基本的部位之一
臀围	在臀部最丰满的位置水平围量一周，同样需要测量者在皮尺内放入两根手指		在制作裤装、裙装时都需要此数据，宽松的半裙对此数据要求不大，臀围作为其最低限度即可

续表

部位名称	测量方法	图示	数据使用方法
大腿根围	在大腿根最丰满的位置水平围量一周，同样需要测量者在皮尺内放入两根手指		此数据只用于裤装
膝围	围绕膝关节水平围量一周，确定紧身裤的膝盖部位的宽度		此数据只用于紧身裤
踝围	围绕踝关节水平围量一周，结合足跟围确定裤口宽度		此数据只用于紧身裤、小脚裤、萝卜裤、锥型裤等脚口收紧的裤装
足跟围	过脚后跟绕行脚部围量一周，确定裤口宽度，在制作无弹力裤装时保证脚能够通过裤口		此数据只用于确定紧身裤裤装的裤口大小，保证脚能够穿进裤口

续表

部位名称	测量方法	图示	数据使用方法
步距	在正常行走的时候，前脚尖到后脚跟之间的直线距离，一般成年人一步的距离是50~60cm		此数据只用于裙装，保证正常的行走的裙摆围度

二、服装规格及参考尺寸

除了通过量体所获得的人体数据以外，世界各个国家和地区还有自己的常用尺码标准和号型规格。这些尺码号型对于服装品牌和选购有很重要的指导作用，是适用于大部分人体的尺寸数据。但是常规号型规格（尺码）可能不适用于一些特殊体型，比如“老年体”“将军肚”等特殊体型，特殊体型人群的人体尺寸还需依靠手动测量。

（一）服装尺码解读

1. 确定性表示

“确定性表示”由身高、胸围、字母来表示，下装常见尺码表示为“160/68A”，如图2-3所示。160表示身高，单位为cm；68表示腰围，单位为cm；A表示标准体型，其他体型用字母Y、B、C表示，如表2-3所示。这种表示方法通常在一步裙、紧身裙等合体服装中使用。

表 2-3 体型分类及适用范围

体型分类代号	Y	A	B	C
胸腰差	24~19	18~14	13~9	8~4
图示				

从Y体型到C体型胸腰差依次减小：Y为较瘦体型，A为标准体型，B为较标准体型，C为较丰满体型。国内常用A体型。

2. 模糊性表示

“模糊性表示”用XS、S、M、L、XL、XXL、XXXL表示，是一种相对模糊的表示方法，通常用于休闲、宽松的服装表示。

（二）人体参考尺寸

获取人体尺寸有两种方法，一种是上面提到的测量人体，这样得出的数据更精确，更适合个体，另一种方法是中国女性的大数据的参考尺寸，如表2-4所示。

表 2-4　中国女体参考尺寸　　单位：cm

号型		150/64	155/66	160/68	165/70	170/72
围度	腰围	64	66	68	70	72
	臀围	82	86	90	94	98
	大腿围	46	47.5	49	50.5	52
	膝围	31	32.5	34	35.5	37
	踝围	18	19.5	21	22.5	24
	足跟围	25	26.5	28	29.5	31
长度	身高	150	155	160	165	170
	上裆长	25	26	27	28	29
	腰长	16.8	17.4	18	18.6	19.2
	膝长	55.2	57	58.8	60.6	62.4
	裤长	92	95	98	101	104

第二节　裁剪制图工具及符号

了解了人体测量及规格尺寸后就可以开始绘制服装结构图了。在此之前，为了使大家更方便操作，需要准备制图工具，下面为大家做简单介绍。

一、下装裁剪所需要的制图工具

首先，由于绘制的为1:1人体原尺寸的结构图，所以一张平整的大桌子是必备的，当然，一张现成的工作台、大圆桌、写字台，甚至是餐桌、茶几都是可以的，如图2-1所示。

有了工作台，还要有一张大的纸，长度至少要满足裙长与裤长，宽度至少要有腰围的一半，再留出一些画图标记的量。纸张有条件的可以使用牛皮纸，比较有韧性，如图2-2所示，家庭一般的小制作使用报纸都是可以的，纸张不够大两张拼接也可以，只要保证接缝不影响制图即可。

图2-1　工作台

图2-2　牛皮纸

在工作台上铺好纸，笔是必备的，HB铅笔是最佳选择，因为绘图难免有出错的地方，这时候铅笔与橡皮是最佳选择，如图2-3所示。除此以外，自动铅笔、圆珠笔、碳素笔都可以作为制图用笔，修改以后能够确定哪条线是最终完成线即可。

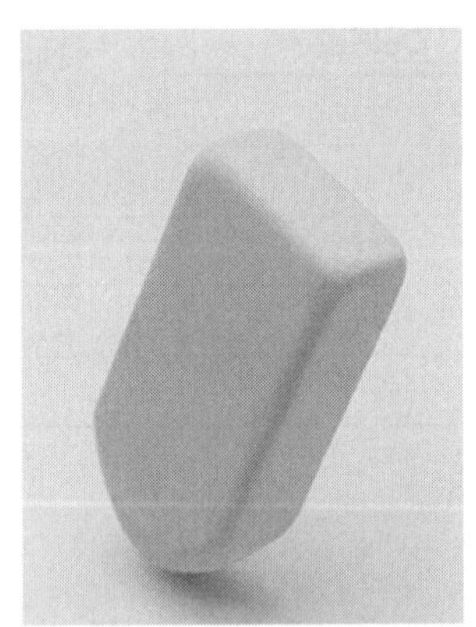

图2-3　铅笔、橡皮

一把60cm的直尺同样是必备工具之一，没有直尺，是无法完成绘图的。另外，15~20cm的直尺、三角板、曲线板都可以进行自主选择，但是这些都不是必备工具，是作为辅助绘图的工具，可以根据需要进行选择，如图2-4所示。

绘制完纸样，接下来就是裁剪纸样。随便一把剪刀即可完成，只要可以保证纸样完好无损、准确无误地裁剪下来即可。讲究一些的话，另外准备一把小剪刀用来裁剪纸样，如图2-5所示。精确的图纸绘制是服装达到理想状态的第一步，第二步就是纸样的裁剪，第三步就是缝合。每一步的精准程度决定着下一步的精确度，只有每一步都一丝不苟地认真完成，最后的服装成品才可以达到理想要求。

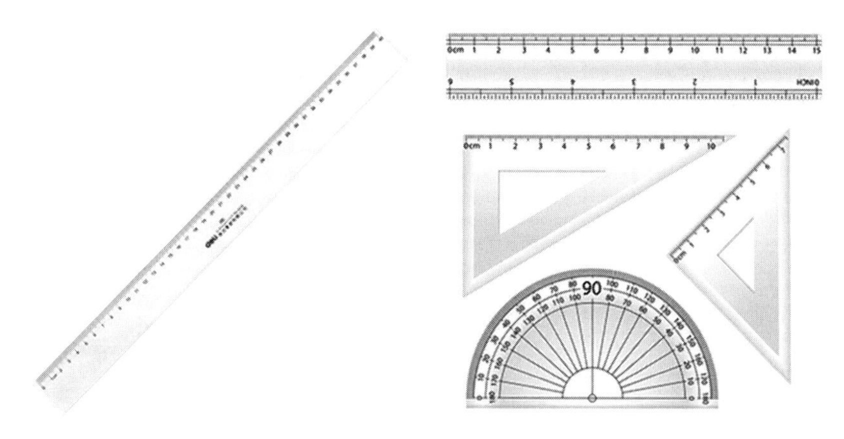

图2-4　尺子

图2-5　剪刀

二、制图符号

在服装纸样绘制中，有一些国际通用代号与标识，虽然个人制作的纸样不需要与国外进行沟通，但是在学习与制作过程中了解这些符号也是十分必要的。这里不需要大家强行记忆，对符号有一个大致的了解，在绘制纸样过程中能够理解其含义即可，这里为大家尽可能详细地罗列常用的代码与符号，以便大家学习与查询。

（一）制图主要部位代号

在制图过程中要养成良好的制图习惯，在每一条线段上都标注其对应的名称及数据，这样为后续的修改与存档提供了更多的方便，可以明确每条线段叫什么，对应的是身体的哪个部位，数据是多少。名称在标注的时候，为了方便快捷，通常采取简写的方式，表2-5为大家罗列的是身体各部位尺寸的简写，一般是由英文的首字母组成。

表 2-5 下装制图主要部位代号

项目	序号	部位名称	代号	英文名称	项目	序号	部位名称	代号	英文名称
围	1	腰围	W	Waist	围	4	臀围	H	Hip
	2	大腿根围	TS	Thigh Size		5	膝围	K	Knee
	3	脚口	SB	Sweep Bottom		6	步距	S	Step
线	1	腰围线	WL	Waist Line	线	3	膝盖线	KL	Knee Line
	2	臀围线	HL	Hip line					
长	1	裤长	TL	Trousers Length	长	4	股下长	IL	Inside Length
	2	前上裆	FR	Front Rise		5	后上裆	BR	Back Rise
	3	膝长	KL	Knee Length					

（二）纸样绘制符号

除了在图纸上标注代码以供查验以外，还有一些符号是用来标注纸样在布料上的表现，更好地使制作出来的服装达到设计要求，见表2-6。

表 2-6 纸样绘制符号

符号名称	图示	使用说明
布丝方向		也叫经向符号，是为了保证在铺布时，纸样的方向与布料经纱方向（垂直于幅宽的纱向）保持一致。如果双箭头符号与布丝出现明显偏差时，会严重影响服装效果与质量
顺毛向符号		也称顺向号，当布料为毛绒面料时，箭头指向要与布料的毛向保持一致，如皮毛、灯芯绒等
轮廓线		也叫制成线、完成线，是纸样中最粗的线，包括虚线与实线 实线是用来指导裁剪纸样的线，依照此线迹裁剪下来的纸样为净样板，加上缝纫时候的缝份所剪掉的样板叫毛样板 虚线是用来表示对折布料的线，裁布时把布料对折，不裁开
基础线		也叫辅助线，是辅助确定完成线的线迹，这些线表示各部位制图的辅助线，用细实线，比如口袋、省位等，在制图中起引导作用
贴边线		贴边起牢固作用，主要用在面布的内侧，如衣服的前门襟一般都有贴边
等分线		等分线表示两线段长度平分且相等。长距离用虚线表示，短距离用实线表示

续表

符号名称	图示	使用说明
相等符号	○●□■○	标有此符号的线段标示线段长度相等，可用于不相邻的两段线段
直角符号		标示有此符号的角为直角
重叠符号		也叫双轨线，表示所共处的部分为纸样重叠部分，在分离复制样板时要各归其主，意思是左右结构共用的部分。在裁剪时需要修整纸样到完好的状态再裁剪布料
整形符号		当在纸样必须进行上分离裁剪，但实际布料要接合的部位标出整形符号，表示去掉原结构线，而变成完整的形状，意味着在实际纸样上此处是完整形状
纽扣位	⊕ ＋	表示服装钉纽扣位置的标记，交叉线的交点是钉扣位，交叉线带圆圈表示装饰纽扣
扣眼位		表示服装扣眼位置的标记
缩褶符号		缩褶通过缩缝完成
褶裥符号		褶比省在功能和形式上更灵活，褶更富有表现力。褶一般有以下几种：活褶、细褶、十字缝褶、荷叶边褶、暗褶。当把褶从上到下全部车缝起来或者全部熨烫出褶痕，就成为常说的裥，常见的裥有：顺裥、相向裥、暗裥、倒裥 裥是褶的延伸，所以表示的符号可以共用。在褶的符号中，褶的倒向总是以毛缝为基准，该线上的点为基准点，沿斜线折叠，褶的符号表示正面褶的形状。活褶是褶的一种，它是按一定间距设计的，故也称为间褶，一般分为左右单褶、明褶、暗褶等几种 褶裥和省一样，实用性与装饰性兼具
省		省是一种进行合体处理的方法。省的形式多种多样，最常见的是钉子省、埃菲尔省两种
剪切符号		剪切符号箭头所指向的部位就是剪切的部位。剪切只是纸样设计修正的过程，而不能当成结果，需要把纸样进行剪切、粘合、调整后再进行铺布裁剪

第三节 缝制工具

在成衣缝纫之前还要进行铺布、裁剪工作，这些工作同样需要很高的精准度，为了工作的顺利完成，还需要用到一些工具，下面就带大家一起认识一下。

一、铺布

裁剪完纸样之后，我们要做的就是铺布。铺布，顾名思义，就是把要用的布料铺在工作台上，在保证纸样与面料的布丝方向一致的前提下，尽可能地节约布料。为了保证纸样在面料上不会被移动，第一个需要用到的工具就是大头针，如图2–6所示。在纸样的四角使用大头针把纸样与面料固定在一起，这就需要工作台的表面有可以被扎透的材料，可以在工作台上铺一块质地密实的海绵、泡沫板等，同时又不能太软。第二个工具是划粉，如图2–7所示。需要在固定好纸样的面料上用划粉画出纸样的轮廓，在工厂成批制作成衣时，这一步骤称为“画皮”。要注意的是，在勾勒轮廓的时候要在净纸样的基础上加出适量的缝份，一般缝份的大小是0.7~1cm，在下摆、门襟等处要根据服装的不同确定缝份的大小。

图2–6 大头针

图2–7 划粉

二、裁剪

画好纸样的轮廓，就可以用剪刀裁布了。剪布的时候要格外细心，尽量把布的边缘剪得整齐、平滑，方便后期的缝纫。下面为大家介绍几款常用的剪刀。

1. 缝纫剪刀

裁布的剪刀一般是缝纫专用的剪刀，如图2–8所示。平时要注意保养，比如涂油、打磨、只用于剪布等，才会越用越好用。习惯使用左手的人可以在选购时选择左手剪刀。

2. 纱剪

纱剪多用于缝纫过程中一些细小部位的裁剪，比如线头、拆开缝合错误的线迹、剪扣眼等都会用得到，如图2–9所示。

3. 花齿剪

花齿剪是可以把布裁剪成锯齿状的剪刀，一般用于不会脱线的面料，如太空棉等面料，因此不用包缝，可以留下精美的下摆边或者是服装边缘部位，如图2–10所示。

图2–8　缝纫剪刀

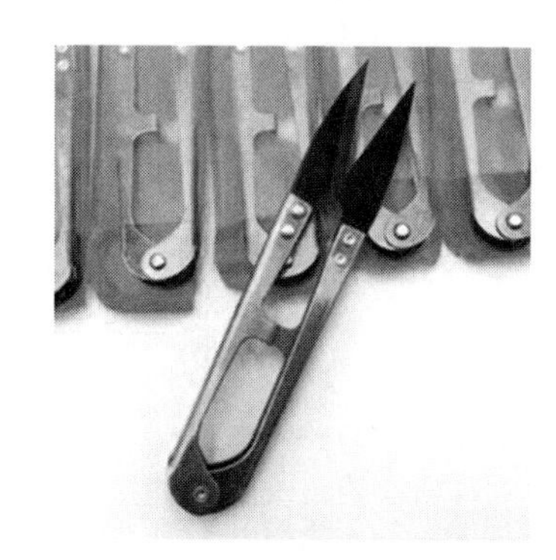

图2–9　纱剪

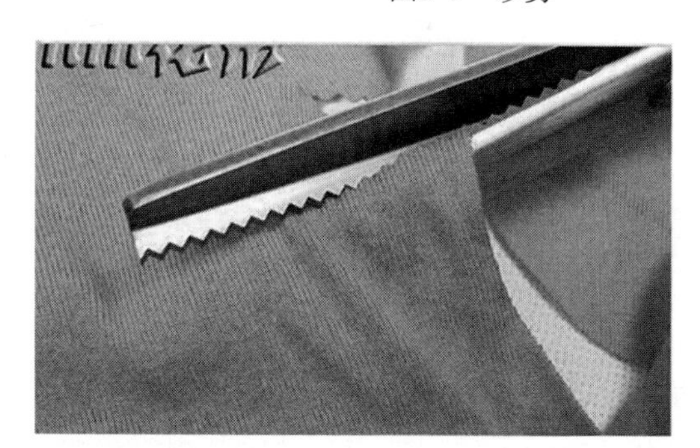

图2–10　花齿剪

三、缝纫工作

1. 缝纫机

缝纫机是必不可少的。一般在选购缝纫机时，购买最多的就是家用电动缝纫机，如图2–11所示。可以在实体店选购，也可以在网上选购。其中这几个因素是需要考虑的：

（1）金属机身更耐用。

（2）丰富的线迹功能，如能够进行简单的包缝、锁扣眼等。

（3）质量保修要留意。

购买缝纫机以后，要先熟悉其使用方法，看懂说明书与使用视频，平时注意保养，经常清洁、涂油等，延长缝纫机的使用寿命。

2. 机针

机针有大小粗细之分，在使用的时候要看清，如图2-12所示。一般比较粗的机针适用于比较厚的面料，比如毛呢、牛仔等；细的机针适用于夏天比较薄的面料，比如雪纺、薄纱等；中号的机针适用范围最为广泛，中等厚度的面料均可使用。在安装与更换机针的时候要注意安装的方向，错误的安装会导致机针断裂，用久的机针也要进行更换，避免磨平的针尖损伤面料。

图2-11 家用电动缝纫机

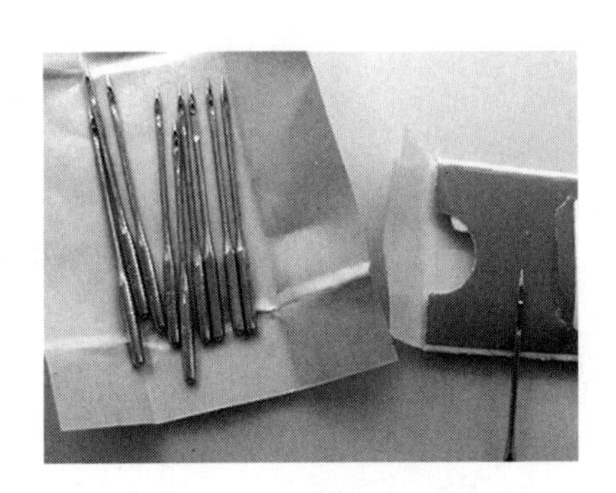

图2-12 机针

平压脚

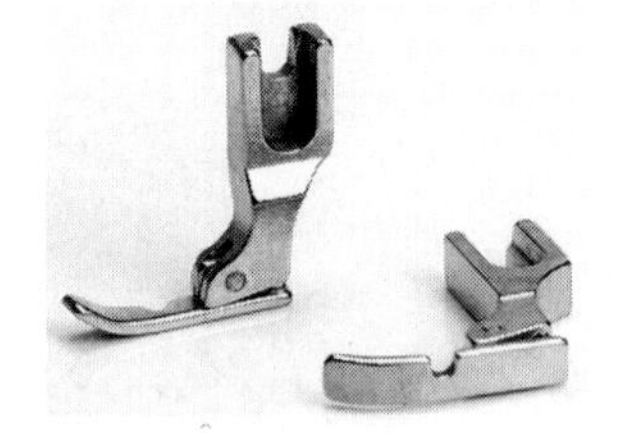

单边压脚

隐形拉链压脚

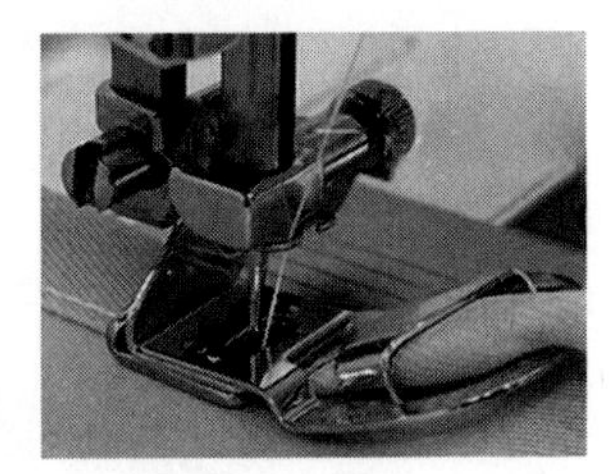

卷边压脚

图2-13 缝纫机压脚

3. 压脚

在缝制过程中，使用不同的压脚可以帮助我们更好地缝纫服装各个部位。常见的有平压脚、单边压脚、隐形拉链压脚、卷边压脚等，在使用时要参照说明书更换及使用，如图2-13所示。

4. 手缝工具

缝纫机虽然可以帮我们完成双针、包缝、锁扣眼等步骤，但是一些特殊的工艺缝纫机并不能满足，这就需要进行手工缝纫，比如下摆的八字缝等。手缝针不同于机针，但与机针相同的是都分大小号，有粗针和细针、长针和短针之分，同样需要根据面料的不同进行不同的选择，如图2-14所示。在缝制厚面料的时候，顶针可以帮助我们更好的穿透面料，如图2-15所示。缝制错误时，可以使用拆线器，更快速地帮助我们拆掉需要拆掉的线迹，拆线器在车缝中也可以使用，如图2-16所示。

以上这些是平时做衣服经常会用到的，当然还有一些其他工具，比如锥子、镊子、穿线器、穿橡筋器等，这些工具都简单易学，就不为大家一一介绍了，大家可以根据自己的需求选择不同的工具。

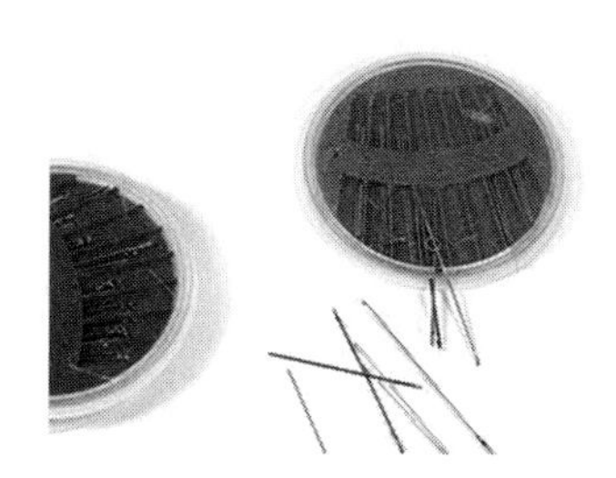

图2-14　手缝针

图2-15　顶针

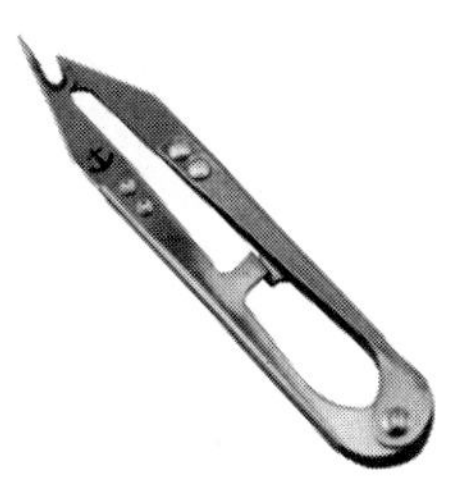

图2-16　拆线器

第三章　下装裁剪制图部位介绍

第一节　裙子裁剪制图部位

在第二章学习了基本的制图符号，但当看到完整的服装纸样时，往往还是难以将实物与纸样对应起来，这就出现看不懂的问题，为了解决这一问题，方便大家的学习与制作，接下讲解纸样中各个部位的名称，并且将裙子、裤子的实物与纸样一一对应起来。

一、裙子纸样各部位和实物的对应关系

图3–1中的款式是基本型裙，也就是常说的一步裙，也叫职业装半裙。在绘制纸样时不需要标注文字说明，但是记录数据是绘制纸样的习惯，这里没有写明数据，因为数据的大小因人而异，在此只为大家介绍部位名称及关系，数据的计算会根据裙型在后面为大家详细介绍。

图3–1　一步裙实物

一步裙是最简单的裙装样式，也是学习女下装纸样的第一步。纸样分为裙身和腰头两部分，如图3–2所示，右半部分是裙子前片的一半，左半部分是裙子后片的一半。裙子纸样的前片以前中心线为轴对折，展开之后为完整的没有接缝的裙子前片；裙子纸样后片是两块形状相同的裁片，需要在后中心线处缝合，形成完整的裙子后片。裙装纸样是

整个裙子的一半，可与图3–3的一步裙实物相对应。

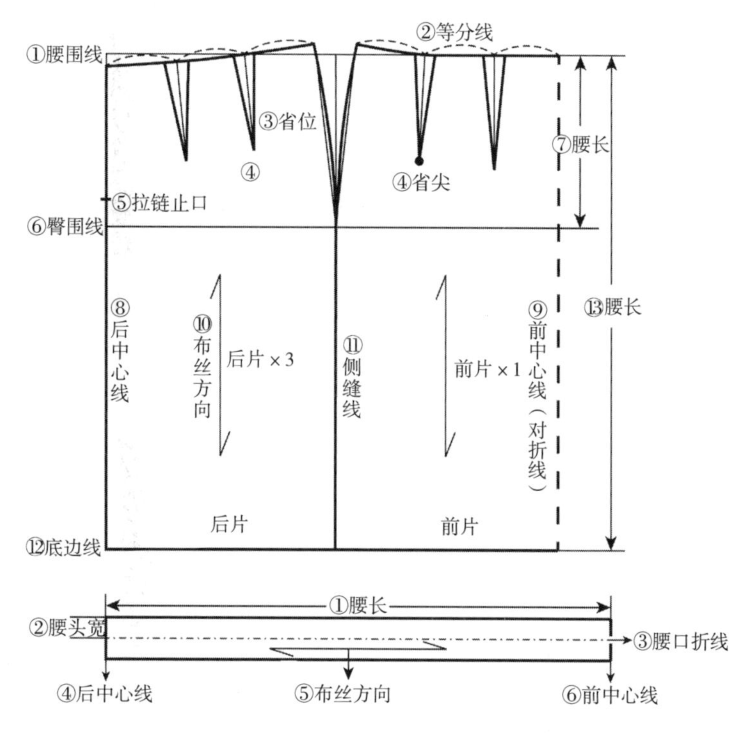

图3–2 一步裙纸样

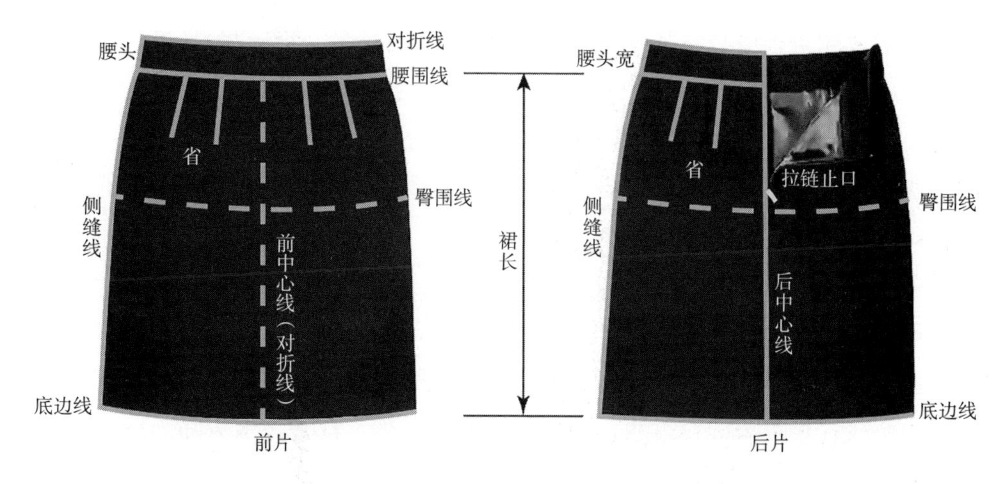

图3–3 一步裙实物与纸样名称的对应关系

二、裙子纸样各局部术语名称

参照图3–2，裙子纸样由上至下、由左至右部位名称依次为：

1. **裙身部分**

①腰围线：在绘制纸样时，画出的第一条横线，在人体腰部位置。

②等分线：在前、后片腰围线上进行三等分来确定省的位置。

③省位：通过腰围上的等分线确定，省的大小影响腰围的大小，省量越大，腰围越小。

④省尖：是省的端点，在缝纫的时候要特别注意。

⑤拉链止口：在后中心线上拉链端点，拉链长度不要太短，至少需要超过省的端点。

⑥臀围线：在绘制纸样时，画出的第二条横线，在人体臀部的位置。

⑦腰长：在后中心线上，从腰围线至臀围线的距离，也是确定臀围线的位置。

⑧后中心线：在绘制纸样时，画出的第一条竖线，长度为裙长。

⑨前中心线（对折线）：在绘制纸样时，画出的第二条竖线。此线段为虚线，是需要面料对折，并且不裁剪开的线。前中心线与后中心线、腰围线、下摆线一起绘制出裙型纸样的框架。

⑩布丝方向：指示面料经纱方向的线，铺布时指导纸样的摆放方向。后片×2、前片×1，一般在布丝方向处标注，表示此片的裁剪数量。

⑪侧缝线：腰围线的中点，垂直向下，以裙长作为此线段的长度。

⑫底边线：从后中心线开始，经过侧缝线、前中心线的一条水平线。

⑬裙长：文中涉及的裙长均为裙身长加上腰头宽的长度。

2. **腰头部分**

①腰头长：在绘制好裙片后，使用皮尺测量前后腰围的长度，注意此长度不包含四个省量，是需要测量六段弧线长度的总和。如果裙子有裙钩或是纽扣的设计，还要加上3~4cm的搭头量。

②腰头宽：腰头不宜过宽，否则会影响舒适度，一般为3cm，最宽不能超过4cm。

③腰头对折线：腰头是双面对折制成的，为两层，在不贴近腰身的一层的里面需要粘贴黏合衬来保持腰头的平整和稳定。

④后中心线：绱腰头要从后中心线开始，也就是从拉链处开始。

⑤布丝方向：一般腰头的布丝方向是水平方向，也有的腰头根据面料和款式的不同为45°斜纱，斜纱的特性是微弹，更符合人体生理状态。

⑥前中心线：是腰头的对折线，为虚线，面料对折不裁开，腰头除了在后中心线处开合，其他部位不能出现接缝。

第二节　裤子裁剪制图部位

一、裤子纸样各局部和实物的对应关系

裤装的结构相对裙子较为复杂，基本形状的构成因素及控制部位相应也多，除了裤长、腰围、臀围外，还有上裆、腿围、膝围、脚口围等（图3-4）。裤装须包覆人体腹部、臀部、腿部，而人体腹部、臀部是复杂的曲面体，故裤装必须满足人下体的静态体态及动态变形的需要。腿围、膝围、脚口围共同构成裤管结构，与臀围一起决定裤子的廓型。

裤子比裙子复杂些，除了裤身和腰头部分，还包括拉链开合处的门襟和底襟。看到裤子纸样时，不要对复杂的线迹产生抵触心理，其实这与之前学习的裙子纸样都是相通的，细心观察就会发现有许多相同的知识点（图3-5、图3-6）。

图3-4　基本裤子实物

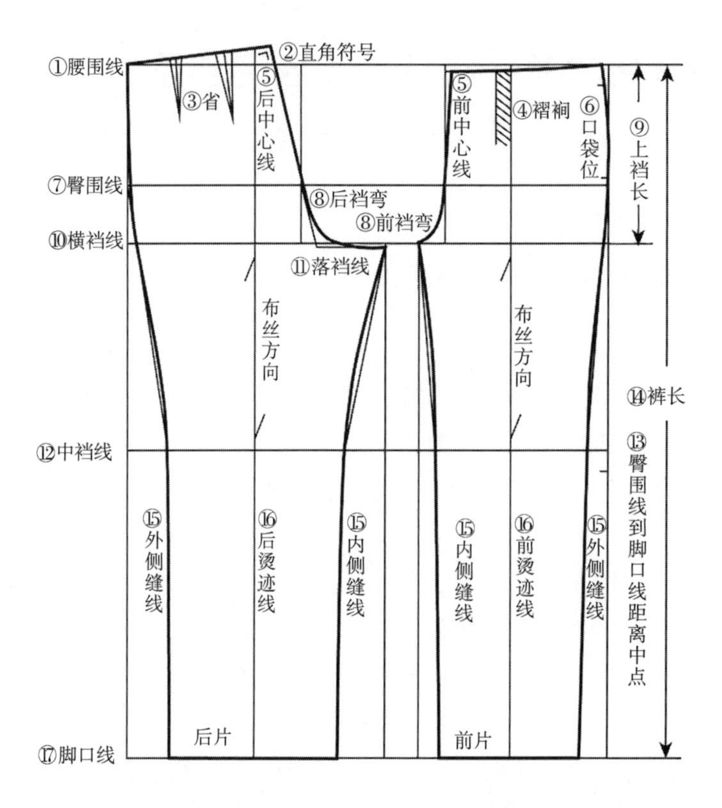

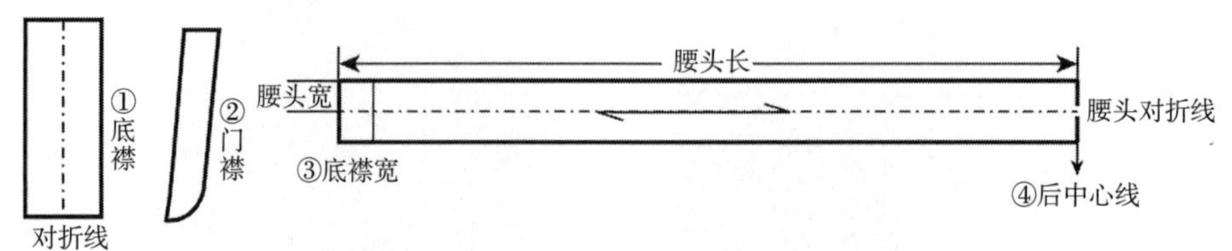

图3-5　基本裤子纸样

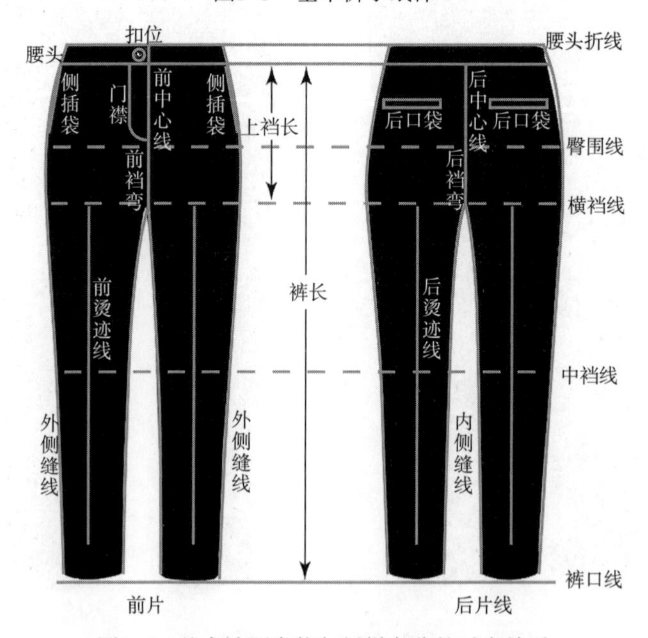

图3-6　基本裤型实物与纸样名称的对应关系

二、裤子纸样各局部术语名称

参照图3–5，裤子纸样由上至下、由左至右部位名称依次为：

1. 裤片部分

①腰围线：裤子的腰围变化量较小，一般加0~2cm的松量。但高腰和低腰变化会使腰围产生差异。

②直角符号：在第二章第二节的制图符号介绍里有详细说明，标有此符号的位置均为直角。

③省：后裤片省位置在后腰，也叫腰省，是为了解决臀腰差的问题，臀腰差越大省量越大，反之则越小。

④褶裥：褶裥在前裤片腰的两侧，以一对或两对的状态呈现，解决腰围和女性腹凸的关系。褶裥的种类及详细介绍见第二章第二节。

⑤后中心线、前中心线：裤子的后中心线在臀部正中，前中心线在腹部门襟处。

⑥口袋：此处的口袋为侧插袋，正面看不到口袋，此外还有斜插袋。

⑦臀围线：人体运动时，臀围围度会产生变化，因此需要加放一定的运动松量。同时由于款式造型的变化，还需要加入一定的调节量。

⑧前裆弯、后裆弯：前、后裆弯缝合成为裤子的裆弯，连体裤和短裤的裆弯较大，牛仔裤、紧身裤、小脚裤、弹力裤的裆弯较小。

⑨上裆长：是指从腰围至横裆线的距离，距离越大裤腰越高，反之则裤腰越低。上裆长尺寸直接影响裤子的适体性、功能性和舒适性。

⑩横裆线：又叫上裆线，是裆部所在的水平位置。

⑪落裆线：与横裆线平行，表示后裤片裆深下落尺寸的基础线，为裤子真正的裆的位置。落裆越大裤裆越大，反之则裤裆越小，即越合身，此处的放量不宜过小，否则会出现“卡裆”的现象。

⑫中裆线：也叫膝围线，是膝盖所在位置，由裤长的中点向下得出。

⑬辅助线上的中点：在裤子纸样的绘制中，会出现很多的辅助线，这些辅助线是帮助确定完成线的位置。这些线是必不可少的，一般用细线绘制。

⑭裤长：裤长是构成裤子基本形状的长度因素。一般自腰围线起，终点则没有绝对标准，是以裤长分类为依据，可根据自己的喜好确定裤长。

⑮外侧缝线、内侧缝线：将裤子前、后片的外侧缝线缝合，裤子前、后片的内侧缝线缝合，可以得到两条裤腿。

⑯后裤缝线、前裤缝线：裤缝线也叫烫迹线，不是每条裤子都有，常见于西裤，其他类型的裤子根据需要用熨斗熨烫。

⑰裤口线：也叫下裆线，是裤子裤口处的水平线。

2. 腰头、门襟部分

①底襟：底襟和门襟不仅存在于女裤中，在上装与裙装中一样存在。底襟是在拉链

下面的部分，由布料对折而成。而门襟是在拉链上面的部分，作用是遮蔽拉链，满足裤子的穿脱。

②门襟：裤子门襟是指在裤子的前面，从腰部到前裆部开个衩，然后装上拉链或纽扣。

③底襟宽：在腰头的前中心线前面需要加上底襟宽，是安装纽扣或裤钩的位置。

④后中心线：裤子腰头的后中心线是虚线，对应裤子后片的后中心线，由布料对折而成，无接缝。

三、裤子裁剪纸样制作

绘制纸样有一定的绘制步骤。虽说纸样和绘制局部的顺序不是一成不变的，但是不论绘制裙子还是裤子，都需遵循一定的步骤，只要大体方向正确，细节的绘制可以依据个人的喜好与设计进行绘制，在此不便做过多细节上的要求。绘制纸样的步骤如下：

1. 搭框架

先画出基本线段，如腰围线、臀围线、上裆线、中裆线、下裆线（下摆线）、长度（裙长线、裤长线）、腰长线等。

2. 分主次

绘制纸样时，从左向右，先绘制左边的后片，再绘制右边的前片。先确定主要部分，如腰围部分、省位、上裆部分、裙型或裤腿形状、裙开衩等；再画次要部分，如口袋位置、扣位、腰头等。

3. 加缝份

我们绘制的纸样都是净样板，在裁布的时候不能以净样板为最终裁剪纸样，因为在后期缝纫过程中，需要一定的缝份。俗话说“鞋不大丝、衣不大寸”，为了服装更加合体，要在净样板完成后，在净样板的基础上加上缝份。根据服装与部位的不同，缝份的大小也不尽相同，一般的缝份为1~1.2cm；有时在裆弯等有弧度的部分要减小缝份量，一般为0.8~1cm；在裙摆、裤腿等下摆部位，需要向内折叠包边的部分，缝份量一般为3~4cm。当然以上这些数据并不是一成不变的，还是要根据服装款式的不同和服装部位的不同“因地制宜”。

第四章　女下装常用面料、辅料

第一节　如何挑选女下装的面料、辅料

一、女下装常见面料的介绍

在选择裙子的面料时，应根据具体的款式来进行选择。通常情况下，制作春夏季裙子的面料较轻柔，秋冬季裙子的面料比较挺括。裙子面料包括机织面料、针织面料、蕾丝、皮革、皮草等，每种面料都有其独特的风格，需要与裙子款式相匹配。

选择裤子的面料与裙子的选择方式大致相同，应根据具体的款式来进行选择，通常情况下，制作裤子的面料较有骨感。裤子面料包括机织面料、针织面料、皮革等。面料有很多的后处理方式，如牛仔裤，运用牛仔面料通过后处理，能产生独具风格。每种面料都有其独特的风格，需要与裤子款式相匹配。

1. **春夏女下装面料的选择**

春夏女下装常见面料的选择，见表4-1。

表 4-1　春夏女下装常见面料的选择

面料名称		图示	面料说明
棉类面料	棉布		棉布是以棉纱为原料织造的织物。棉布吸水性强，耐磨耐洗，柔软舒适，冬季穿着保暖性好，夏季穿着透气凉爽，但其弹性较差，缩水率较大，容易起皱
	绉纱布		绉布的布面具有纵向均匀皱纹，是薄型平纹棉织物，也可以称作绉纱。绉布手感柔软，纬向弹性较好，质地绵柔轻薄，有素色、色织、漂白、印花等多种

续表

面料名称		图示	面料说明
棉类面料	人造棉		人造棉是棉型人造短纤维织物的俗称，是以纤维素或蛋白质等天然原料经过化学加工织造的，其规格与棉纤维相似。其特点是可染性好、鲜艳度和牢度高、穿着舒适、耐稀碱、吸湿性与棉接近。缺点是不耐酸、回弹性和耐疲劳性差、湿力学强度低。可以纯纺，也可以与涤纶等化学纤维混纺
	四面弹锦棉		锦棉是经向使用锦纶丝，纬向使用棉纱织成的面料。四面弹是经和纬都增加氨纶丝，经向、纬向都有高弹性。多用来制作外套大衣、包臀裤子等，在修身塑型方面有良好的效果
麻类面料	亚麻		亚麻布是将亚麻捻成线织成的，表面不像化纤和棉布那样平滑，具有生动的凹凸纹理。同时除合成纤维外，亚麻布是纺织品中最结实的一种。其纤维强度高，不易撕裂或戳破
	苎麻	苎麻面料　夏布	苎麻是一种优质的纤维作物，且吸水快干，易散热，易洗易干，透气通风，穿着凉爽舒适。它的天然抗菌的优越性，自然独特的肌理效果，地域民族的风格特征是别的纤维无法比拟的。同时苎麻又适宜与羊毛、棉花、化纤混纺，制成麻涤纶、麻腈纶等，美观耐用，是理想的夏秋季面料 夏布是以苎麻为原料编织而成的麻布。因麻布常用于夏季衣着，凉爽舒适，又俗称夏布、夏物

续表

<table>
<tr><th colspan="2">面料名称</th><th>图示</th><th>面料说明</th></tr>
<tr><td rowspan="3">丝类面料</td><td>桑蚕丝</td><td> 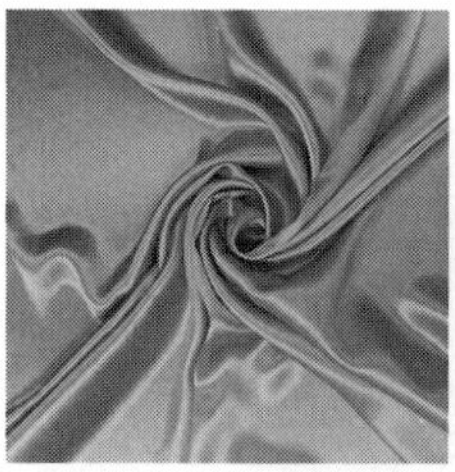 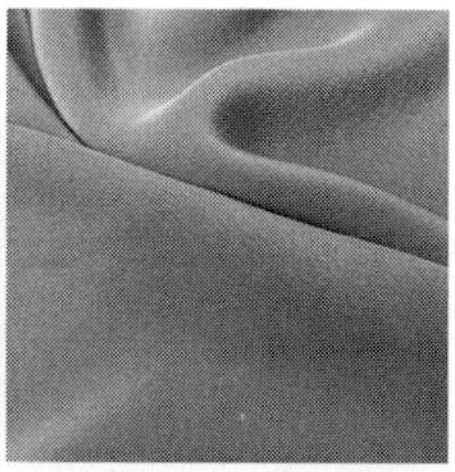</td><td>桑蚕丝，就是桑蚕结的茧里抽出的蚕丝，为蛋白质纤维，属多孔性物质，透气性好，吸湿性极佳，被誉为“纤维皇后”，其色泽白里带黄，手感细腻光滑
桑蚕丝一般产于南方，手感柔软、光滑，色泽典雅，纤维细</td></tr>
<tr><td>柞蚕丝</td><td>  </td><td>以柞蚕所吐之丝为原料缫制的长丝称为柞蚕丝，具有独特的珠宝光泽、天然华贵、滑爽舒适，柞蚕丝纺织制品，刚性强，耐酸碱性强，色泽天然，纤维粗，保暖性好
柞蚕丝一般产于北方，强伸性能较好、耐腐蚀、耐光、吸湿性好，色泽天然，纤维粗吸湿透气，蓬松保暖好</td></tr>
<tr><td>真丝面料</td><td> 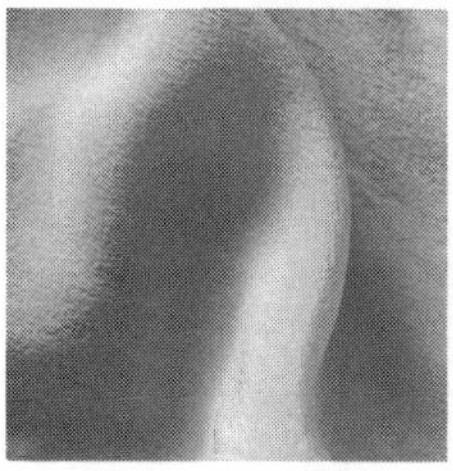双绉 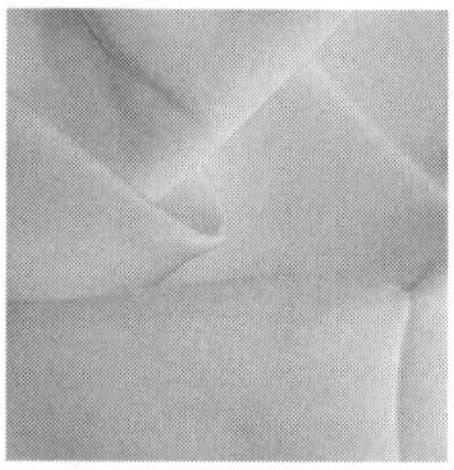　重绉 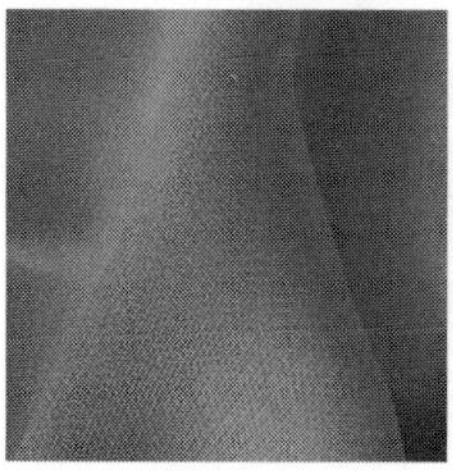
乔其 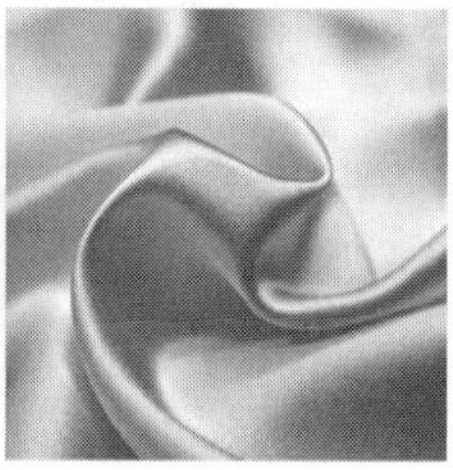　素绉缎 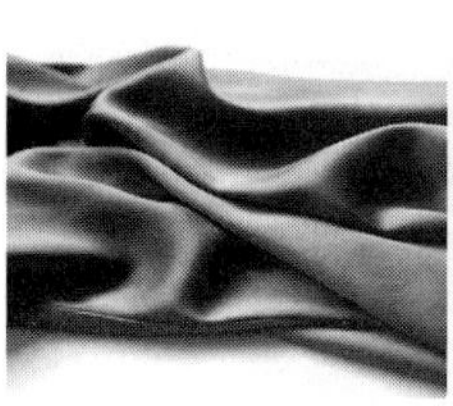
弹力素绉缎 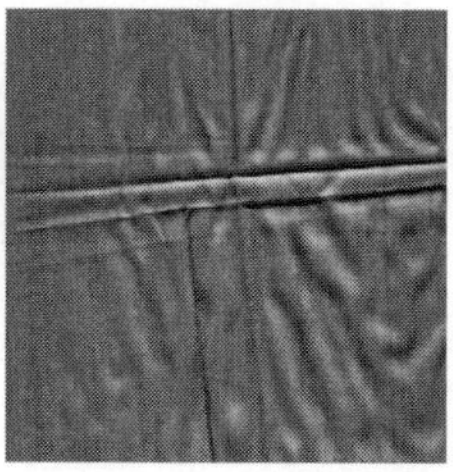　经编针织面料</td><td>常见的真丝面料有双绉、重绉、乔其、双乔、重乔、桑波缎、素绉缎、弹力素绉缎、经编针织物等
1. 双绉面料，经高温定型，面料组织稳定，抗皱性较好，印染饱和度较高，色泽鲜艳
2. 重绉，优点是面料垂性较好，抗皱性更强一些
3. 乔其，优点是飘逸轻薄
4. 桑波缎，属丝绸面料中的常规面料，缎面纹理清晰，古色古香
5. 素绉缎，缎面亮丽高贵，手感滑爽，面料的缩水率相对较大，下水后光泽有所下降
6. 弹力素绉缎，是新面料，成分中除了桑蚕丝，还加有5%~10%的氨纶，属交织面料，其特点是弹性好，缩水率相对较小
7. 经编针织面料，手感柔和，属于针织类新特面料，科技含量高，为高档精品，价格高</td></tr>
</table>

续表

面料名称		图示	面料说明
凡立丁			凡立丁是用精梳毛纱织制的轻薄型平纹毛织物。织纹清晰，呢面平整，手感滑爽挺括，透气性好，多为匹染素色，颜色匀净，光泽柔和，适宜夏令服装。凡立丁以全毛为主，也有混纺和纯化纤品种
雪纺			雪纺学名叫乔其纱，又称乔其绉，根据所用的原料可分为真丝乔其纱、人造丝乔其纱、涤丝乔其纱和交织乔其纱等几种。雪纺为轻薄透明的织物，具有柔软、滑爽、透气、易洗的优点，舒适性强，悬垂性好。面料既可染色、印花，又可绣花、烫金、压皱等，兼具素雅之美感
欧根纱			欧根纱也叫柯根纱、欧亘纱，一般有透明和半透明的轻纱，有普通欧根纱和真丝欧根纱，区别是一种是化纤一种是真丝，真丝欧根纱是丝绸系列面料类别的一种，本身带有一定硬度，易于造型。真丝欧根纱手感丝滑且不会扎皮肤，仿丝欧根纱比较硬，与皮肤直接接触会略感不适
牛仔面料	全棉牛仔布		牛仔布是一种较粗厚的色织经面斜纹棉布，经纱颜色深，一般为靛蓝色，纬纱颜色浅，一般为浅灰或煮练后的本白纱。牛仔布又称靛蓝劳动布。缩水率比一般织物小，质地紧密，厚实，色泽鲜艳，织纹清晰。适用于男女牛仔裤、牛仔上装、牛仔背心、牛仔裙等。牛仔布分为丝光竹节、全棉竹节等

续表

面料名称		图示	面料说明
牛仔面料	弹力牛仔布		弹力牛仔布大多为纬向弹力，弹性一般在20%~40%。弹力牛仔布在棉中添加了莱卡成分，莱卡棉为氨纶，具有弹性特点
	天丝牛仔布		天丝又称莱赛尔，具有天然纤维和合成纤维等的多种优良性能：舒适亲肤，手感柔顺爽滑，透湿性好，透气性好，缩水率稳定，环保健康，布面自然光泽靓丽。其原料来源于自然中的纤维素 天丝牛仔布料手感挺爽，具有丝绸的悬垂性，肤感可有棉、毛、真丝等真实感觉，天丝牛仔缩水稳定，幅宽尺寸稳定性好
蕾丝			蕾丝面料分为有弹蕾丝面料和无弹蕾丝面料，也称花边面料。有弹蕾丝面料的成分为氨纶10%、尼龙90%，可用于服装主要面料使用；无弹蕾丝面料的成分为100%尼龙，主要用作服装装饰辅料，也可以与其他面料搭配作为服装主要面料使用
速干面料			速干面料所用材质以聚酯纤维为主，也有部分采用大豆等环保型纤维。聚酯纤维也叫锦纶，其最大特点是能将汗水迅速转移到衣服的表面，并通过尽可能扩大面积来加快蒸发速度，从而达到速干的目的
莫代尔			莫代尔的材质是一种纤维素纤维，是纯正的人造纤维，对生理无害并且可以生物降解。它具有柔软的手感，流动的悬垂感，迷人的光泽和高吸湿性。用于贴身衣物时，拥有特别理想的效果，令肌肤经常保持干爽舒适的感觉。但其具有弹性，在制作过程中要特别注意

2. 秋冬女下装面料的选择

秋冬女下装常见面料的选择，见表4–2。

表 4–2　女下装秋冬常见面料的选择

面料名称		图示	面料说明
毛呢面料	哔叽		哔叽是用精梳毛纱织制的素色斜纹毛织物。呢面光洁平整，纹路清晰，质地较厚而软，紧密适中，悬垂性好，以藏青色和黑色为多。适合用作学生服、军服和男女套装面料
	麦尔登	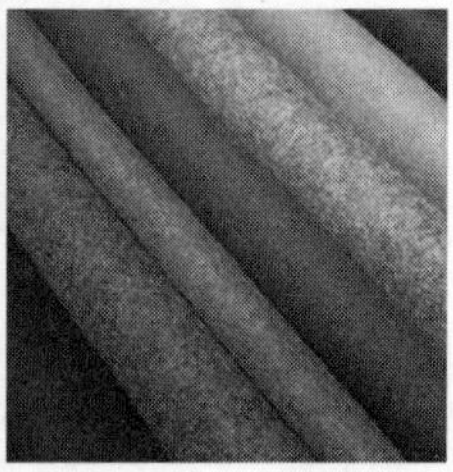	麦尔登也称麦呢，是品质较高的粗纺毛织物。麦尔登表面细洁平整、身骨挺实、富有弹性，有细密的绒毛覆盖织物底纹，耐磨性好，不起球，保暖性好，并有防水防风的特点。是粗纺呢绒中的高档产品之一。主要用作大衣、制服等冬季服装的面料
	华达呢	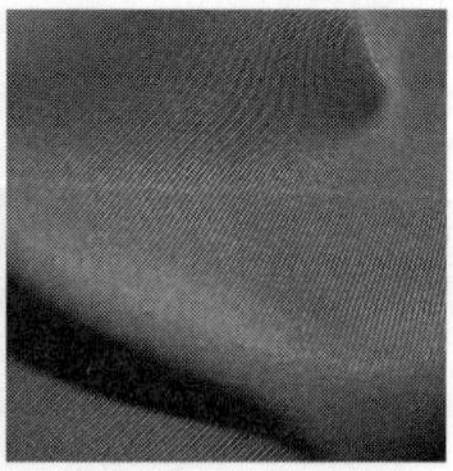	华达呢又称轧别丁，用精梳毛纱织制，是有一定防水性的紧密斜纹毛织物，呢面平整光洁，斜纹纹路清晰细致，手感挺括结实，色泽柔和，多为素色，也有闪色和夹花的。华达呢穿着后，长期受摩擦的部位因纹路被压平容易形成极光
	粗花呢	 	粗花呢的外观特点是有“花纹”，与精纺呢绒中的薄花呢相仿，织成人字纹、条子、格子、星点、提花、夹金银丝以及有阔、狭、明、暗的条子或几何图形的花式粗纺织物。粗花呢的品种繁多，色泽柔和，主要用作春秋两用衫、女式风衣等

续表

面料名称		图示	面料说明
绒类面料	平绒	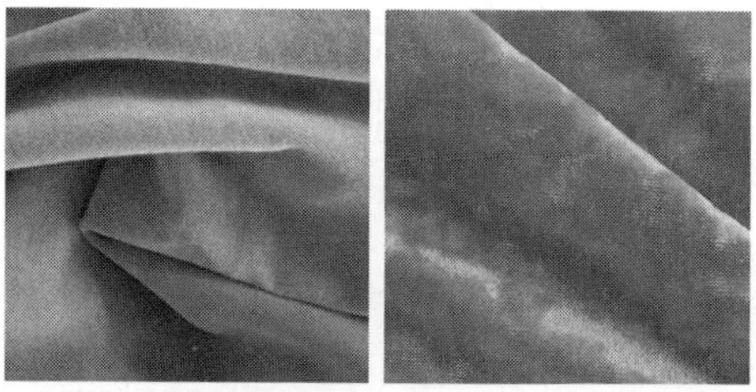	平绒是采用起绒组织织制再经割绒整理制成的，表面具有稠密、平齐、耸立而富有光泽的绒毛。平绒绒毛丰满平整，质地厚实，手感柔软，光泽柔和，耐磨耐用，保暖性好，富有弹性，不易起皱。平绒洗涤时不宜用力搓洗，以免影响绒毛的丰满、平整
	天鹅绒	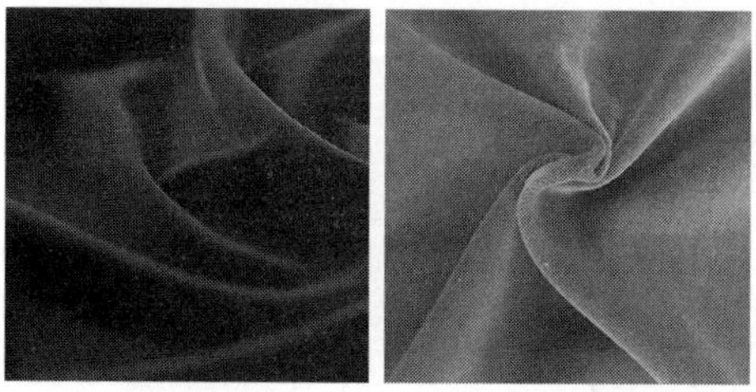	天鹅绒又称漳绒，是以绒经在织物表面构成绒圈或绒毛的丝织物，天鹅绒有单色和双色之分，富丽华贵，可用作秋冬衣料等。天鹅绒的绒毛或绒圈紧密耸立，色光文雅，织物坚牢耐磨，不易褪色，回力弹性好
	法兰绒		法兰绒是用粗梳（棉）毛纱织制的柔软而有绒面的（棉）毛织物。法兰绒色泽素净大方，有浅灰、中灰、深灰之分，适宜制作春秋男女上装和西裤，法兰绒克重大，毛绒比较细密，面料厚，保暖性好。法兰绒呢面有一层丰满细洁的绒毛覆盖，不露织纹，手感柔软平整，厚度比麦尔登呢稍薄，经缩绒、起毛整理，手感丰满，绒面细腻
	灯芯绒	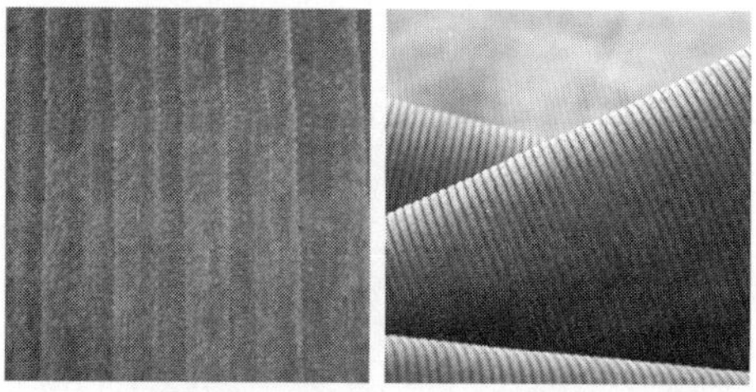	灯芯绒，又称灯草绒、条绒，是割纬起绒，表面形成纵向绒条的棉织物。灯芯绒原料以棉为主，也有与涤纶、腈纶、氨纶等化纤混纺的。其特点是质地厚实，手感柔软，保暖性良好。主要用作秋冬季外套、鞋帽面料等
	珊瑚绒	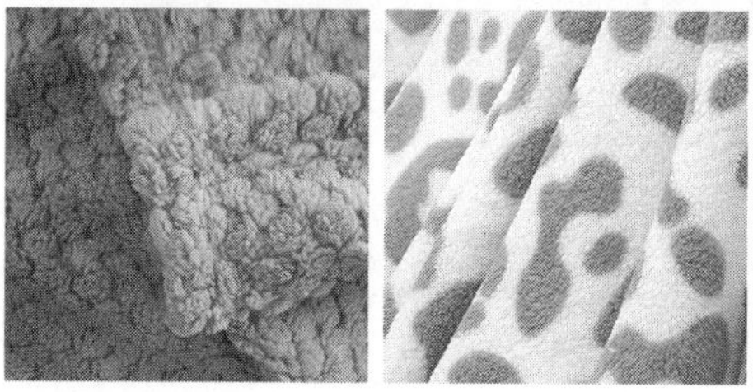	常见珊瑚绒均以涤纶纤维为原料，由于涤纶纤维较细，因而织物具有杰出的柔软性。珊瑚绒是色彩斑斓、覆盖性好的呈珊瑚状的纺织面料。质地细腻，手感柔软，不易掉毛，不起球，不掉色，对皮肤无任何刺激，不过敏。外形美观，颜色丰富，适宜制作秋冬家居服

续表

面料名称	图示	面料说明
涤纶面料		涤纶是合成纤维中的一个重要品种，是我国聚酯纤维的商品名称，是三大合成纤维中工艺最简单的一种，价格也相对便宜。再加上它结实耐用、弹性好、不易变形、耐腐蚀、绝缘性好、挺括、易洗快干等特点，为人们所喜爱
黏胶纤维		黏胶纤维是从天然木纤维素中提取并重塑纤维分子而得到的纤维素纤维。黏胶纤维的吸湿性符合人体皮肤的生理要求，具有光滑凉爽，透气，抗静电，防紫外线，色彩绚丽，染色牢度较好等特点。其具有棉的本质、丝的品质，是地道的植物纤维，源于天然而优于天然。由于可纺性优良常与棉毛或各种合成纤维混纺、交织，目前广泛运用于各类纺织品
太空棉		太空棉也叫“慢回弹”，有温感减压的特性，具有“轻、薄、软、挺、美、牢”等优点，可直接加工，无须再整理及绗线，并可直接洗涤，是冬季抗寒的理想保暖产品，利用人体热辐射和反射原理达到保温作用，具有良好的隔热性能
皮革		“真皮”在皮革制品市场上常见，是人们为区别合成革而对天然皮革的一种习惯叫法。动物革是一种自然皮革，即我们常说的真皮。常用来制作服装的有猪皮、羊皮、翻毛皮 人造革也叫仿皮或胶料，是PVC和PU等人造材料的总称。它是在纺织布基或无纺布基上，由各种不同配方的PVC和PU等根据不同强度、耐磨度、耐寒度和色彩、光泽、花纹图案等要求加工制成，具有花色品种繁多、防水性能好、边幅整齐、利用率高和价格相对真皮便宜的特点

二、女下装常见辅料的介绍

服装里料主要分为棉纤维里料、丝织物里料和合成纤维长丝里料。棉织物里料的主要品种有细布条格布、绒布等，多用于棉织物面料的休闲装、夹克衫、童装等。此类里料吸湿、保暖性较好，静电小，穿着舒适，价格适中，但是不够光滑。丝织物里料有电力纺、塔夫绸、绢丝纺、软缎等，用于丝绸服装、夏季薄型毛料服装、高档毛呢服装和裘皮、皮革服装。此里料光滑、质地美观，凉爽感好，静电小，但不坚牢，缩水较大，价格较高。

1. 女下装里料的选择

女下装常见里料的选择，见表4-3。

表 4-3 女下装常见里料的选择

面料名称		图示	面料说明
裙装里料	聚酯纤维里料		聚酯纤维又称涤纶，具有优良的耐皱性、尺寸稳定性，耐摩擦性。可纯纺织造，也可与棉、毛、丝、麻等天然纤维及其他化学纤维混纺、交织 适用范围：秋冬裙装、套装
	醋酸纤维里料		醋酸纤维里料色彩鲜艳，外观明亮，触感柔滑、舒适，吸湿透气性、回弹性较好，不起静电和毛球，贴肤舒适 适用范围：各种高档时装，如风衣、皮衣、礼服、旗袍、婚纱、唐装、冬裙等
	电力纺里料		电力纺又称纺绸，属于丝织物里料的一种，绸身细密轻薄，平挺滑爽，光泽华丽，比一般绸制品更透凉和柔软，是夏装里料之佳品。电力纺织物质地紧密细洁，手感柔挺，光泽柔和，穿着滑爽舒适 适用范围：重磅电力纺主要用作夏令衬衫、裙子面料；中磅电力纺可用作服装里料；轻磅电力纺可做衬裙、头巾等

续表

面料名称		图示	面料说明
裙装里料	弹力针织里料		高弹力针织里料，触感光滑，纹路清晰，光泽自然柔和，手感柔软富有弹性，不贴身，具有悬垂性，且亲肤透气 适用范围：夏季雪纺裙装
裤装里料	涤 / 棉里料		涤 / 棉里料属于棉纤维里料，是指涤纶与棉混纺织物。涤 / 棉里料轻薄、透气性好、不易变形，弹性和耐磨性都较好，尺寸稳定，缩水率小，具有挺拔、不易皱折、易洗、快干的特点，不能高温熨烫，不能用沸水浸泡。穿着过程中因易产生静电而吸附灰尘 适用范围：常用作裤子内里，结合面料特性进行搭配使用
	尼龙绸		尼龙绸属于合成纤维长丝里料，是一般服装常用的里料，质地轻盈，平整光滑，坚牢耐磨，不缩水，不褪色，价格便宜。但是吸湿性小，静电较大，穿着有闷热感，不够悬垂，也容易吸尘 适用范围：可用作中低档服装里料
	府绸里料		府绸是由棉、涤、毛、棉或混纺纱织成的平纹细密织物。其手感和外观类似于丝绸，故称府绸，是质地细密、平滑而有光泽的平纹棉织物。垂感好，感观朴实 适用范围：府绸可用作裤装里料

2. **女下装衬料的选择**

女下装常用衬料的选择，见表4–4。

表 4–4　女下装常用衬料的选择

面料名称		图示	面料说明
黏合衬	布质黏合衬		布质黏合衬，是以针织或者机织布为基布，常用于服装的主体或重要部位，如大身、衣领、衣袖等位置。根据不同的需求手感有软硬之分
	无纺布黏合衬		无纺布黏合衬，是以非织造布（无纺布）为底布，材质通常如尼龙、涤纶、黏胶纤维等；相对布质黏合衬价格上比较占优势，但质量无疑略逊一筹。无纺衬适用于一些边边角角位置，比如开袋、锁扣眼等。无纺衬也有厚薄之分，它们的厚度会直接体现在所使用的位置，根据需要选择
	双面黏合衬		常见的双面黏合衬薄如蝉翼，也叫双面胶。通常用它来粘连固定两片布，例如，在贴布时可用它将贴布粘在裁片上，操作十分方便。市场上还有整卷带状的双面黏合衬，这种黏合衬在折边或者滚边时十分有用
树脂衬			树脂衬的手感和弹性根据不同服装和用途决定，常有软、中、硬三种手感，质量好的树脂衬在水洗后手感和弹性变化不大，手感越硬需要涂的树脂就越多，其断裂强力就越低
纸衬			纸衬外观看起来像纸，在服装衬布中属于无纺衬布。纸衬一般在面料和里布的夹层，起衬托服装的作用。一般衣服的口袋用纸衬较多

3. 女下装辅料的选择

用于制作裙子的辅料也与季节相关。基本的辅料有纽扣、搭钩、拉链、橡筋带等，还需要用到衬料；春夏季裙装的装饰辅料有蕾丝、薄纱等；秋冬季裙装的装饰辅料有铆钉、尼龙带等，女下装常用辅料的选择，见表4–5。

表 4–5 女下装常用辅料的选择

面料名称		图示	说明
拉链	金属拉链		金属拉链较为坚固，成本也较高，根据尺寸分：3#、4#、5#、7#、8# 等 适用范围：牛仔服装、休闲装
	尼龙拉链		尼龙拉链成本较低，使用范围广，是目前市场比较受欢迎的一种拉链 适用范围：休闲装、西装
	隐形拉链		隐形拉链安装好后只能看到拉链头，在安装过程中需要在缝纫机上更换单边压脚，安装时需要一定技巧 适用范围：裙装
	树脂拉链		树脂拉链又称塑钢拉链，耐用性要比金属拉链和尼龙拉链好 适用范围：休闲装，常用于口袋，起装饰作用

续表

面料名称		图示	说明
纽扣	金属扣		金属纽扣为金属材质制作而成，可分为四合扣、工字扣、牛仔扣、撞钉、角钉、鸡眼、气眼、缝线扣等。在使用时根据服装需要搭配适合的纽扣 适用范围：牛仔服装、休闲装
	树脂扣		树脂纽扣是不饱和聚酯纽扣的简称，其耐磨性好、耐高温、耐化学性、种类繁多、仿真性强，如磁白纽扣、平面珠光纽扣、玻璃珠光纽扣、云花仿贝纽扣和条纹纽扣 适用范围：休闲装、职业装
	按扣		按扣也称为四合扣、揿扣、暗扣、啪纽等，材质有金属、树脂、塑料之分，具有方便快捷隐型等特点 适用范围：多用于上衣，女下装可根据款式造型进行选择
挂钩	裤钩		裤钩主要用于调节西裤、休闲裤的松紧与固定，材料一般分为铁、不锈钢、铜等，裤钩分为二爪裤钩、三爪裤钩、四爪裤钩、三合扣、二合扣共五类 适用范围：西装、休闲装
	弹簧领钩		常用于女士内衣，有大小之分，需要根据服装大小和使用部位进行选择 适用范围：西装，或配合隐形拉链在开合端点处固定开口

续表

面料名称		图示	说明
橡筋带		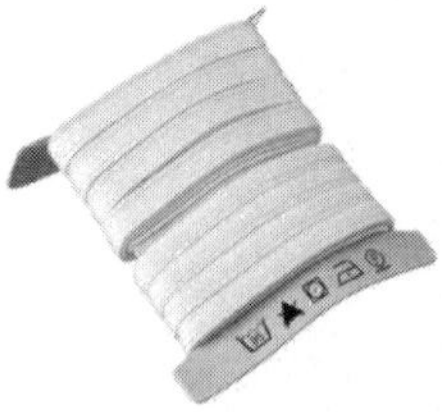 	橡筋带又称为橡丝、橡筋线、松紧带、打揽线等，由双股纤维丝（涤纶丝或锦纶丝，又名特多龙丝或尼龙丝）包覆而成，有宽窄之分 适用范围：休闲装、运动装
抽绳		 	抽绳可以选择购买，也可以用边角料制作，在安装时使用穿橡筋器会更方便 适用范围：休闲装、运动装
装饰辅料	蕾丝	 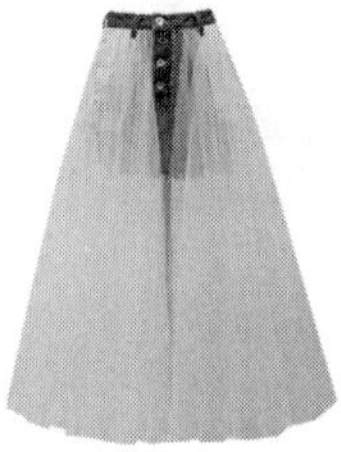	蕾丝是一种舶来品，由英文音译而来，可以作为服装中的装饰，也可大面积使用，直接成为服装的主要面料 适用范围：应为范围广泛，淑女装均可使用
	徽章	 	徽章作为装饰近年被广泛、大量地使用，有纺织品制作的，也有用塑料制作作为胸针使用的 适用范围：休闲装、牛仔装
	珍珠、铆钉等	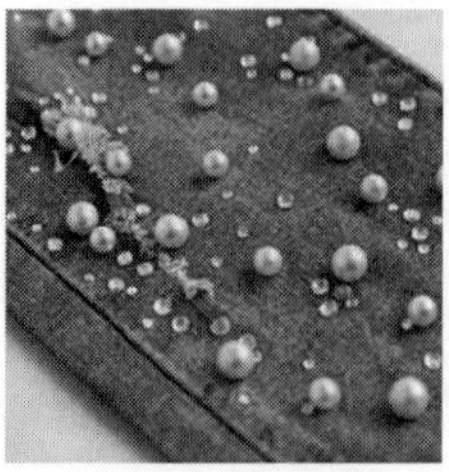 珍珠 　　铆钉	珍珠纽扣可以作为装饰缝在服装上，安全并且牢固；铆钉由于是需要把尖锐的四个角插入服装所以可能会划伤皮肤，不建议贴身穿着。带铆钉的服装一般会缝制衬布 适用范围：可根据服装款式进行装饰

第二节　不同款式女下装面料、辅料的选择

一、不同裙型面、辅料的选择

1. 合体裙

合体裙臀部的余量较少，如图4-1所示。裙摆较窄，为了便于腿部的活动，会在裙摆处设计褶裥或开衩；另外还有一种半合体裙，下摆稍大，适合活动。由于合体裙松量较少，适合选择强度较高、结实且富有弹性的面料，如呢绒类毛织物、牛仔布、灯芯绒等，夏季可以采用棉、毛、丝、麻等和化学纤维混纺的面料。这种合体裙不宜选择飘逸轻薄的真丝、雪纺面料。

（1）常用面料：毛呢面料、弹力蕾丝面料、皮革、牛仔面料。

（2）常用辅料：隐形拉链、纽扣或搭钩。

2. 大摆裙

大摆裙在腰部比较合体，裙摆较大，呈圆弧形，运动时飘逸优美，主要包括喇叭裙和腰部加入褶皱的褶皱裙，如图4-2所示。大摆裙一般选择柔软、悬垂性好，经纬向弹力、质感相同的面料。

图4-1　合体裙

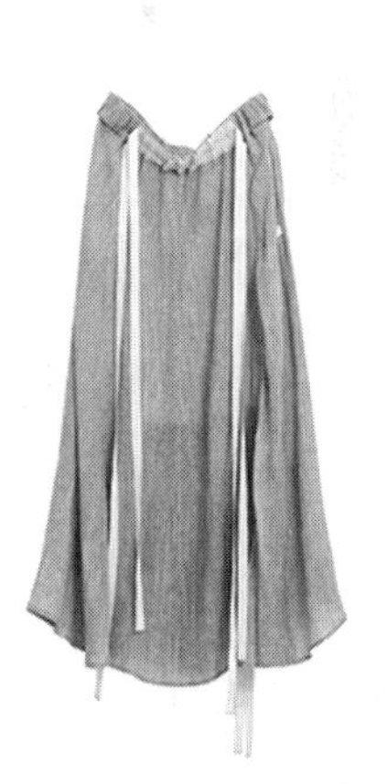

图4-2　大摆裙

（1）常用面料：绉布、欧根纱、网纱、丝绸、涤纶、亚麻、雪纺、精纺毛呢。

（2）常用辅料：橡筋带、隐形拉链。

3. 多片拼接裙

多片拼接裙是把裙片分成几片，如6片、8片、12片等，然后拼合而成的款式，如图4-3所示。多片拼接裙立体感强，造型优美，可以有很多廓型的变化，如喇叭型、鱼尾型、螺旋裙等。多片拼接裙款式变化较多，面料的选择也比较宽泛，可以根据不同的款式选择不同的面料。例如，宽松量较少的款式，采用结实而富有弹性的面料，喇叭型宽松款

式采用轻薄而柔软的面料。

（1）常用面料：太空棉、牛仔面料、涤纶面料、毛呢面料、牛仔面料。

（2）常用辅料：尼龙拉链、搭钩。

4. 灯笼裙

灯笼裙是指从腰围至臀围具有蓬松感的裙子，如图4-4所示。灯笼裙在腰部加入褶裥和褶皱，在臀围附近形成具有膨胀感的造型，裙摆较小，有时候会在裙摆进行开衩处理。灯笼裙为了保持款式的廓型和膨胀感，需要选择具有弹性、有一定骨感的面料，与合体裙面料大致相同。

（1）常用面料：棉布面料、牛仔面料。

（2）常用辅料：橡筋带或拉链。

图4-3 多片拼接裙

图4-4 灯笼裙

二、不同裤型面、辅料的选择

1. 西裤

西裤的设计有固定的样式，变化较少，在日常的工作或者商务场合穿着率较高（图4-5）。西裤面料的选择可根据季节的变化而变化，冬季采用毛呢面料，夏季为了带来凉爽的感觉，会在毛中加入少量的丝绸、麻、化纤等材料。正装西裤制作考究，颜色多为素色或细条纹、细格子等。

（1）常用面料：凡立丁、高弹混合纤维、呢料、涤纶。

（2）常用辅料：拉链、纽扣。

2. 休闲裤

顾名思义，休闲裤就是穿起来休闲随意的裤子（图4-6），主要是指以西裤为模板，在面料、板型上比西裤舒适随意，颜色更加丰富多彩，变化和设计点也较多。休闲裤一般采用棉质面料，例如：

①棉+氨纶，称为莱卡面料，具有弹性，裤子的褶皱可轻易地自动恢复，裤子不易变形，可以制作较为紧身的裤子款式，便于运动。

图4-5 西裤

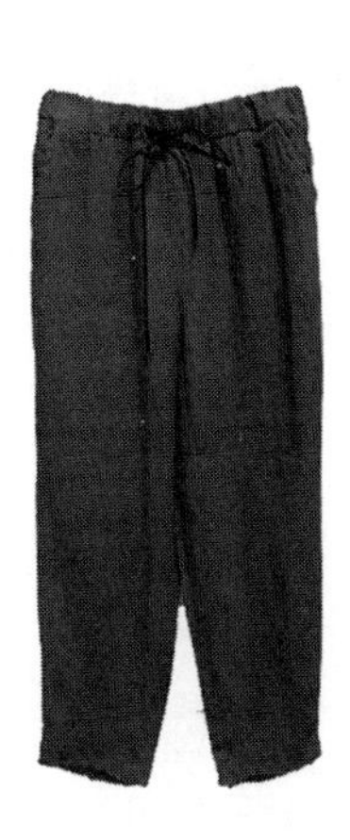

图4-6 休闲裤

②棉+涤纶，不易变形，具有速干的功能。

③棉+锦纶，锦纶具有良好的耐磨性，一般用于需要抗磨的休闲裤中。

④全棉，全棉的裤子有易掉色、缩水、变形等缺点，需要采用特殊工艺来改善，但是成本较高。

（1）常用面料：棉布、麻料、腈纶、灯芯绒、全面弹力府绸。

（2）常用辅料：拉链、纽扣、橡筋带。

3. 修身小脚口裤

近年，紧身小脚口裤成为百搭的打底裤，一年四季皆宜。小脚口裤的面料主要分为牛仔面料和弹力纤维面料，其中牛仔裤也可看成休闲裤的一个品类（图4-7）。目前，国内外较流行的牛仔布品种主要是环锭纱牛仔布、竹节牛仔布、超靛蓝染色牛仔布、套色牛仔布、彩色牛仔布及纬向弹力牛仔布等。牛仔面料结合水洗、扎染、破洞等工艺，形成风格迥异、款式多变的牛仔裤，独具硬朗怀旧的风格。

（1）常用面料：天丝牛仔布、全棉牛仔布、黏胶纤维、弹力牛仔布、四面弹锦棉。

（2）常用辅料：拉链、纽扣。

图4-7 牛仔裤

4. 运动裤

运动裤分为休闲运动裤和专业运动裤（图4-8）。专业的运动裤在面料和工艺方面有特殊的要求。而休闲运动裤在平时的生活中比较常用，经过精心的设计，深受潮流人士的喜爱。运动裤一般采用棉混纺面料，随着科技的进步，出现了很多以尼龙、涤纶为主要材料的新颖面料，用于运动裤的设计中。

（1）常用面料：天鹅绒、莫代尔、速干面料、涤纶。

（2）常用辅料：橡筋带、绳带。

5. 阔腿裤

阔腿裤（图4-9），是裤腿较为宽松的款式，人在站立的情况下，裤子呈现出裙子的样子，所以阔腿裤具有和裙子一样流动飘逸的特点，一般选择柔软、悬垂性好的面料。

图4-8 运动裤

图4-9 阔腿裤

（1）常用面料：雪纺、丝绸、涤纶、天丝牛仔布、麻料、棉布。

（2）常用辅料：橡筋带、绳带、纽扣、拉链。

根据面料的性能特点选择合适的裙、裤面料，是选择面料的原则，还需要根据设计的效果灵活运用并选择面料，以达到想要的款式效果。

第五章　裙装裁剪实例

第一节　裙子变化原理及基本结构

一、裙子变化原理

裙子设计的变化原理主要考虑裙子腰围与臀围的差量在款式中如何解决和裙下摆大小尺寸的设计方法。

（一）围度尺寸设计

1. 腰围加放量设计

（1）不系腰带裙子腰围尺寸=腰围净尺寸+2cm；

（2）系腰带裙子腰围尺寸=腰围净尺寸+3cm。

以160/68A为例，着装人的实际人体净腰围尺寸（皮尺直接测量值）为68cm，不系腰带裙子腰围尺寸成衣尺寸为70cm，系腰带裙子成衣尺寸腰围尺寸为71cm 。

2. 臀围加放量设计

基本裙子臀围尺寸=臀围净尺寸+4cm（最小值）。

以160/68A为例，着装人的实际人体净腰围尺寸（皮尺直接测量值）为90cm，紧身裙子臀围成衣尺寸为94cm 。

（二）腰围与臀围的差量设计

腰围与臀围的差量是通过省道和分割线解决的。省道和分割线的位置因人而异，如图5-1所示。

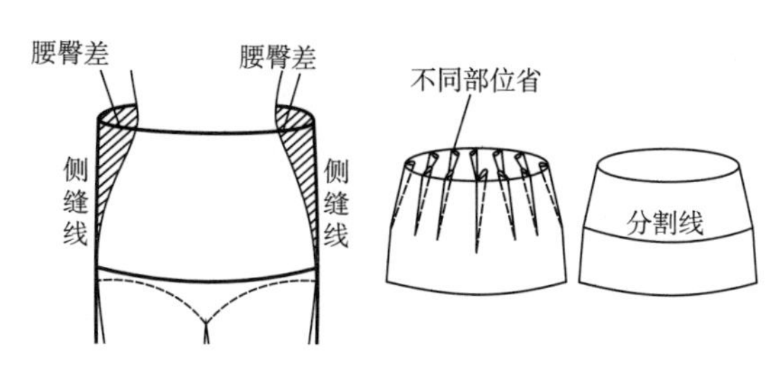

图5-1　腰围与臀围的差量示意图

省道的大小和数量根据人体臀腰差而定，差量大的省量多，通常为前后片各4个；差量小的省量少，通常为前后片各2个，如图5–2所示。

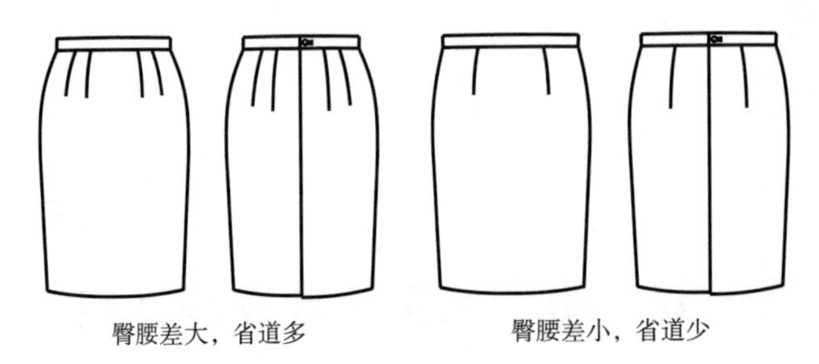

图5–2　腰围与臀围的差量解决方法

（三）裙子下摆大小尺寸设计

裙子下摆有两种基本造型，一种是裙子下摆合体造型，另一种是裙子下摆大摆造型（图5–3）。

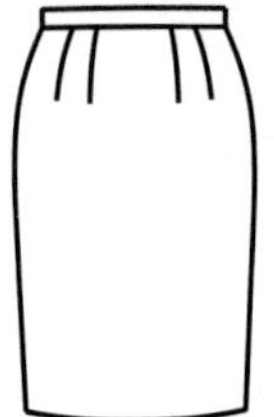

图5–3　裙子下摆造型

1. **合体造型**

两膝围度控制着裙子开衩高度的设计。

2. **大裙摆造型**

足距尺寸控制着裙子下摆尺寸的设计。

通常的标准人体迈一步前后足距约为65cm（前脚尖至后脚跟的距离），而对应该足距的膝围是82～109cm，两膝的围度是制约裙子造型的条件，从腰线往下38～40cm 可以确定开衩位置。标准人体的裙子下摆围度范围为130～150cm，在无开合设计（无开衩或系扣的款式）的款式设计中，下摆的摆围要在这个范围里才能满足基本行走的要求。

二、裙子基本结构——六大基本裙型结构设计

基础裙型是指最基本的裙子造型，不考虑分割线变化和褶裥变化的廓型变化的裙型。

由紧身至宽松廓型变化的基础裙型分类是：紧身裙、直筒裙（适身裙）、A字裙（半宽松裙）、斜裙（宽松裙）、半圆裙、全圆裙（整圆裙），如图5–4所示。

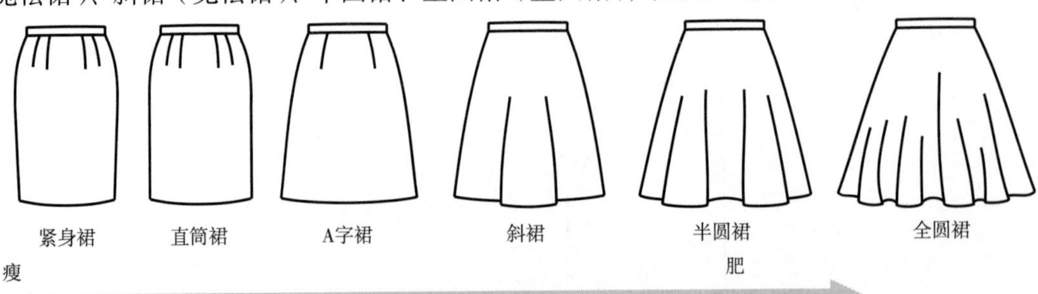

图5–4　六大基本裙型

图5-5　紧身裙效果图

（一）紧身裙

1. 款式说明

裙子是女孩最喜欢的服装款式之一，如图5-5所示。紧身裙是很多姑娘喜爱的风格，紧身裙款式可以更好地凸显腿部的线条及腰部的曲线，紧身裙具有很好的显瘦效果。紧身裙可以将搭配的上衣束在半身裙里，从而提高腰线，视觉上拉长下半身的长度，呈现完美的身材比例。在搭配方面，紧身裙也十分百搭，衬衫、雪纺衫、无袖背心、T恤都是很不错的选择。

2. 款式图

紧身裙款式图，如图5-6所示。

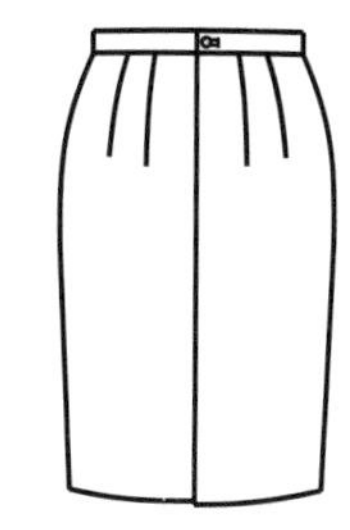

图5-6　紧身裙款式图

3. 面料、辅料的选择

（1）面料：紧身裙可选择的面料有牛仔布、镭射面料、棉布、粗花呢、鹿皮绒、PU皮等面料，如图5-7所示。

（2）辅料：紧身裙选择的辅料有隐形拉链、暗扣、挂钩和树脂扣，如图5-8所示。

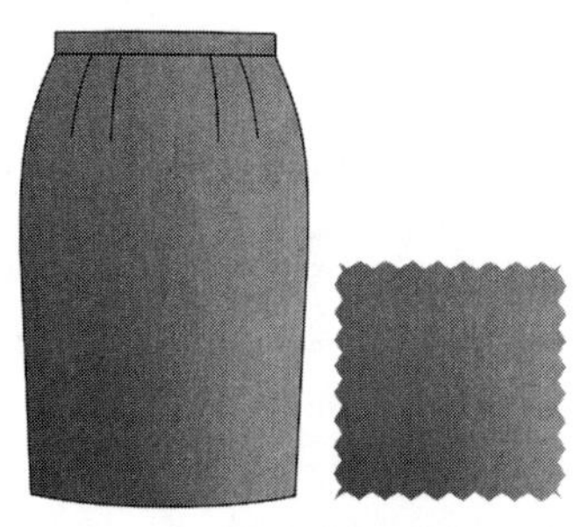

牛仔面料

镭射面料

格纹棉布

图5-7　紧身裙常用面料

4. 规格尺寸

（1）尺寸计算，以160/68A为例。

腰围（W）：人体净腰围+放松量=68cm+2cm=70cm；

臀围（H）：人体净臀围+放松量=90cm+4cm=94cm；

腰长：人体净腰长=18～20cm；

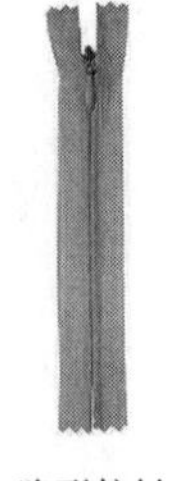
隐形拉链

扣子

图5-8　紧身裙常用辅料

裙长：裙长至膝盖上5～10cm为50cm（设计量）。注意，这里的裙长为裙身长与腰头宽之和。

（2）尺寸表。依据我国使用的女装号型GB/T 1335.2—2008《服装号型　女子》，成衣规格是160/68A。基准测量部位以及参考尺寸，见表5-1。

表5-1　紧身裙参考尺寸　　单位：cm

名称	裙长	腰长	腰围	臀围	下摆围
规格尺寸	50	18~20	70	94	86~88

5. 结构图

紧身裙结构图包括裙身、底襟和腰头，如图5-9所示。

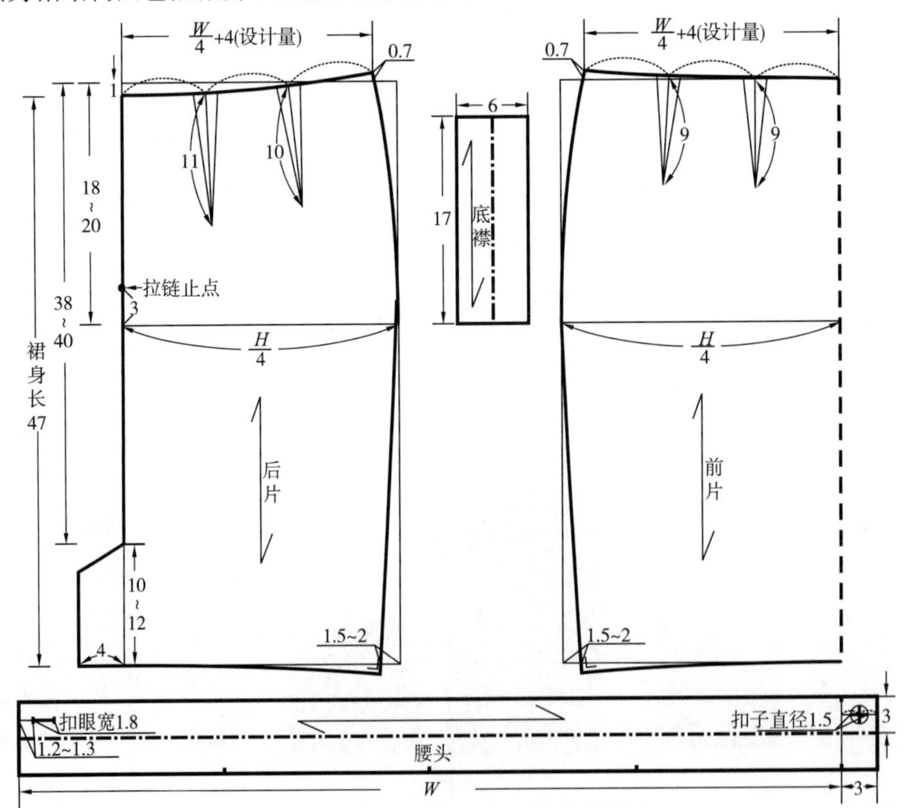

图5-9　紧身裙结构制图（单位：cm）

图5-10 直筒裙效果图

（二）直筒裙

1. 款式说明

直筒裙款式简洁，能体现出优雅的气质，如图5-10所示。直筒裙可以修饰身形，使人散发出内敛又富有女人味的气质。无论是职场还是街头，人们都能轻松驾驭。直筒裙非常百搭，吊带背心、衬衫、一字领上衣等都是很不错的搭配选择。

2. 款式图

直筒裙款式图，如图5-11所示。

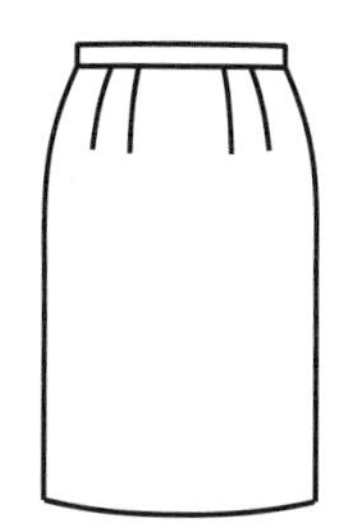

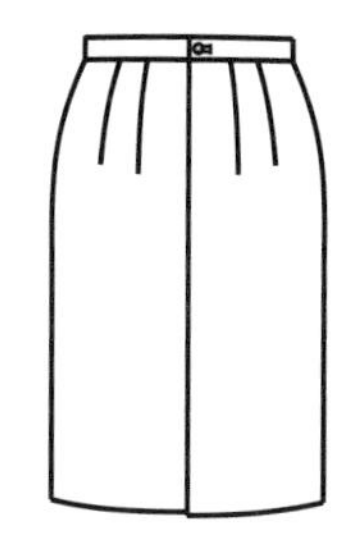

图5-11 直筒裙款式图

3. 面料、辅料的选择

（1）面料：直筒裙可选择的面料有蕾丝、雪纺、纯棉布、棉麻布、提花布、毛织物等面料，如图5-12所示。

（2）辅料：直筒裙选择的辅料有内衬、隐形拉链、扣子，如图5-13所示。

蕾丝面料

雪纺面料

纯棉布

图5-12 直筒裙常用面料

莫代尔内衬

隐形拉链

扣子

图5-13 直筒裙常用辅料

4. 规格尺寸

（1）尺寸计算，以160/168A为例。

腰围（W）：人体净腰围+放松量=68cm+2cm=70cm；

臀围（H）：人体净臀围+放松量=90cm+4cm=94cm；

腰长：人体净腰长=18～20cm；

裙长：裙长至膝盖上5～10cm，为50cm（设计量）。注意，这里的裙长为裙身长与腰头宽之和。

（2）尺寸表。依据我国使用的女装号型GB/T 1335.2—2008《服装号型　女子》，成衣规格是160/68A。基准测量部位以及参考尺寸，见表5-2。

表5-2　直筒裙参考尺寸　　单位：cm

名称	裙长	腰长	腰围	臀围	下摆围
规格尺寸	50	18~20	70	94	94

5. 结构图

紧身裙结构图包括裙身、底襟和腰头，如图5-14所示。

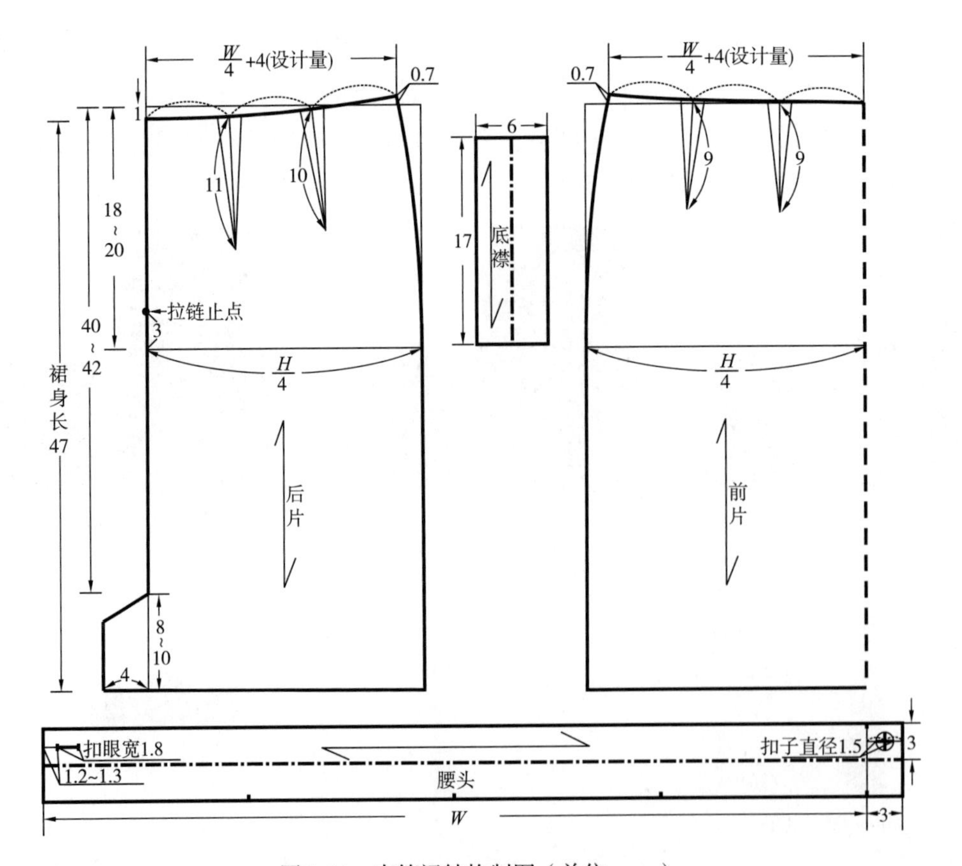

图5-14　直筒裙结构制图（单位：cm）

图5-15　A型裙效果图

（三）A型裙

1. 款式说明

A型裙是早秋最百搭的单品，如图5-15所示。A型半身裙款式可以完美地遮住大腿，宽松的裙摆还可以拉长腿部线条，使人秒变大长腿。在搭配方面，衬衫、卫衣、针织衫等都是很不错的选择。

2. 款式图

A型裙款式图，如图5-16所示。

图5-16　A型裙款式图

3. 面料、辅料的选择

（1）面料：A型裙可选择的面料有牛仔布、提花布、亚麻布、雪纺等面料，如图5-17所示。

（2）辅料：A型裙辅料的选择有隐形拉链、普通扣或金属扣，如图5-18所示。

牛仔面料

提花面料

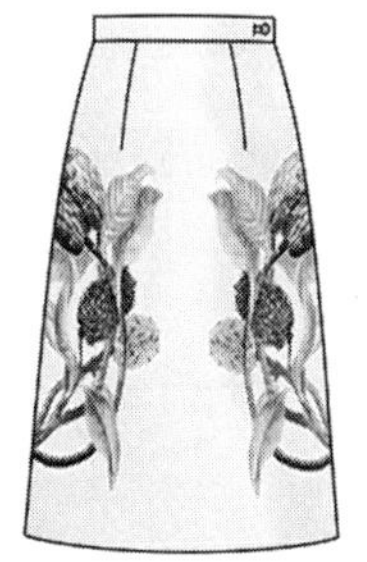

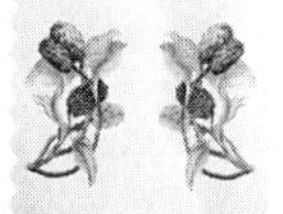

亚麻面料

图5-17　A型裙常用面料

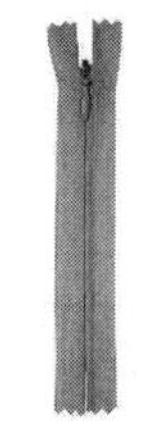

隐形拉链

扣子

金属扣子

图5-18　A型裙常用辅料

4. 规格尺寸

（1）尺寸计算，以160/68A为例。

腰围（W）：人体净腰围+放松量=68cm+2cm=70cm；

臀围（H）：人体净臀围+放松量=90cm+13cm=103cm；

腰长：人体净腰长=18～20cm；

裙长：裙长至膝盖下5～10cm，为65cm（设计量）。注意，这里的裙长为裙身长与腰头宽之和。

（2）尺寸表。依据我国使用的女装号型GB/T 1335.2—2008《服装号型　女子》，成衣规格是160/68A。基准测量部位以及参考尺寸，见表5-3。

表5-3　A型裙参考尺寸　　单位：cm

名称	裙长	腰长	腰围	臀围	下摆围
规格尺寸	65	18~20	70	94~103	139

5. 结构图

A型裙结构图包括裙身、底襟和腰头，如图5-19所示。

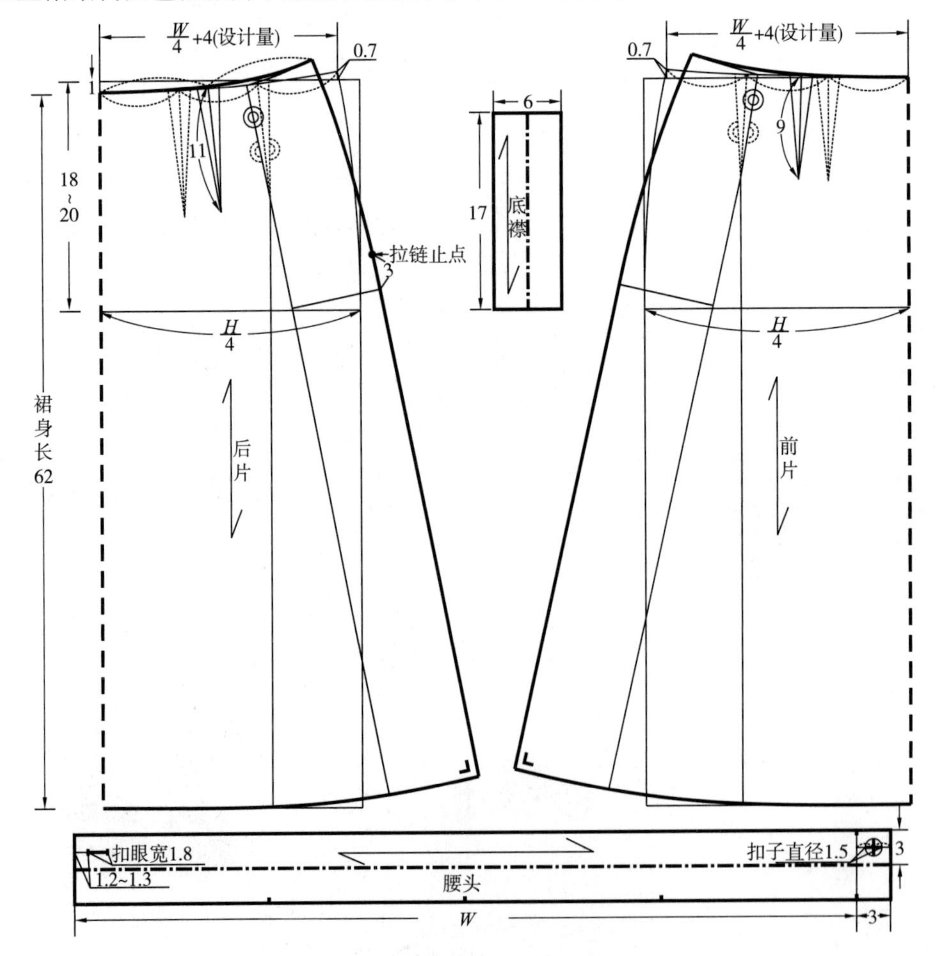

图5-19　A型裙结构制图（单位：cm）

图5-20　斜裙效果图

（四）斜裙

1. 款式说明

斜裙比普通的裙子更加时尚，如图5-20所示。在裁剪时是按圆径90°裁的，腰口小、下摆大，呈喇叭型，并且裙片完全是斜丝缕。斜裙既保暖又可以把身体的缺陷遮盖住，将身材最漂亮的部分展示出来，这更能体现裙装的价值。斜裙也十分百搭，衬衫、T恤、吊带等都可以选择。

2. 款式图

斜裙款式图如图5-21所示。

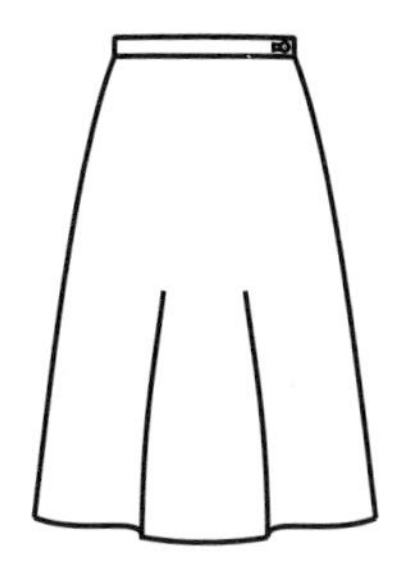

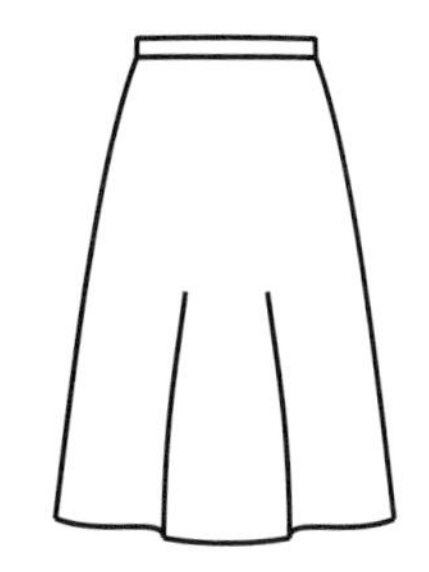

图5-21　斜裙款式图

3. 面料、辅料的选择

（1）面料：斜裙可选择的面料有棉布、丝绸、薄呢等，如图5-22所示。

（2）辅料：斜裙选择的辅料有隐形拉链、树脂扣、雪纺内衬，如图5-23所示。

棉布　丝绸面料　薄呢面料

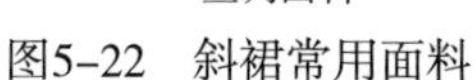

图5-22　斜裙常用面料

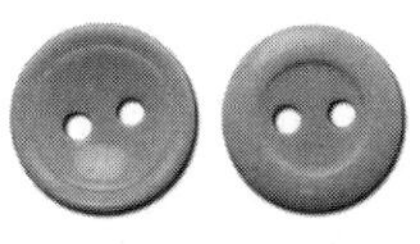

隐形拉链　树脂扣　雪纺内衬

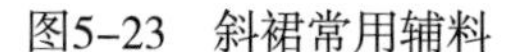

图5-23　斜裙常用辅料

4. 规格尺寸，以 160/68A 为例

（1）尺寸计算，以160/68A为例。

腰围（*W*）：人体净腰围+放松量=68cm+2cm=70cm；

臀围（*H*）：人体净臀围+放松量=90cm+22cm=112cm；

腰长：人体净腰长=18～20cm；

裙长：裙长至膝盖上5～10cm，为50cm（设计量），可根据面料幅宽设计。注意，这里的裙长为裙身长与腰头宽之和。

（2）尺寸表。依据我国使用的女装号型GB/T 1335.2—2008《服装号型　女子》，成衣规格是160/68A。基准测量部位以及参考尺寸，见表5-4。

表 5-4　斜裙参考尺寸　　单位：cm

名称	裙长	腰长	腰围	臀围	下摆围
规格尺寸	50	18~20	70	94~112	183

5. 结构图

斜裙结构图包括裙身、底襟和腰头，如图5-24所示。

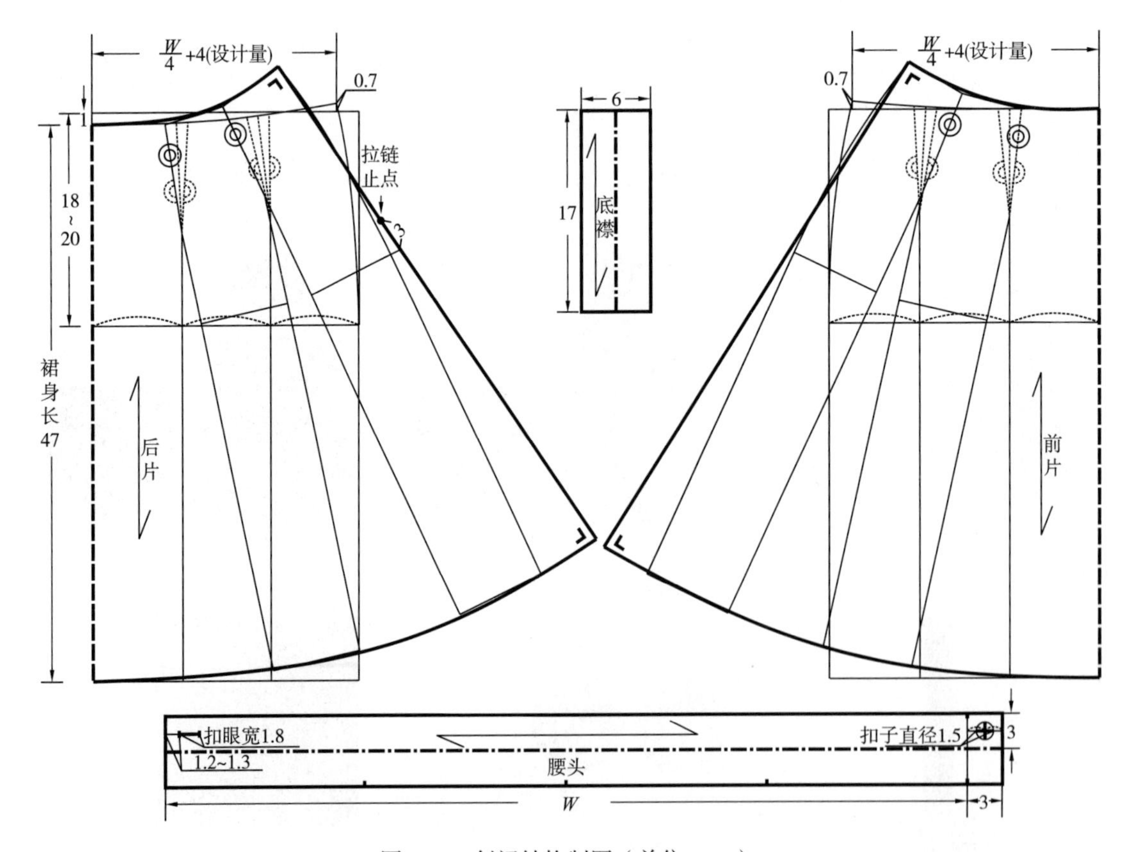

图5-24　斜裙结构制图（单位：cm）

图5-25　半圆裙效果图

（五）半圆裙

1. 款式说明

半圆裙是女孩喜欢的款式之一，半圆裙的款式具有很好的显瘦显高的效果，面料图案可以选择印花，使裙子更加漂亮和时尚（图5-25）。在搭配方面，半圆裙可以搭配雪纺衫、T恤等。

2. 款式图

半圆裙款式图，如图 5-26 所示。

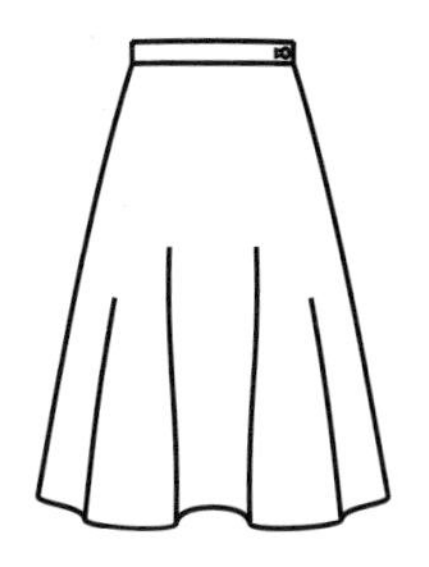

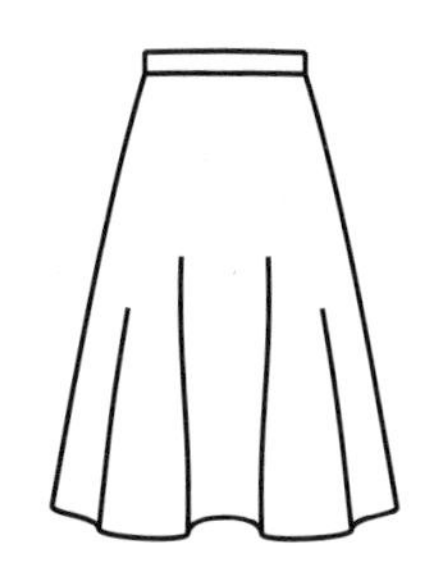

图5-26　半圆裙款式图

3. 面料、辅料的选择

（1）面料：半圆裙可选择的面料有亚麻布、印花布、雪纺等，如图5-27所示。

（2）辅料：半圆裙选择的辅料有隐形拉链、扣子、雪纺内衬，如图5-28所示。

亚麻面料

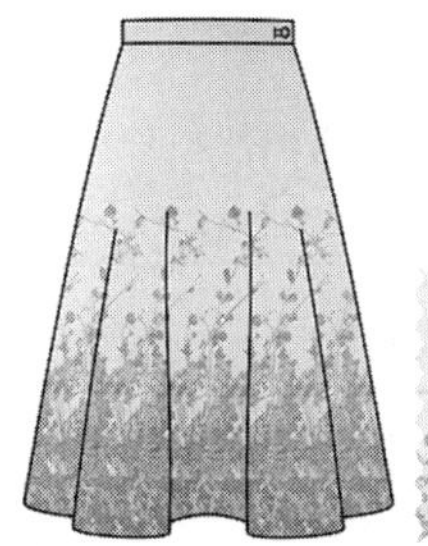

印花面料

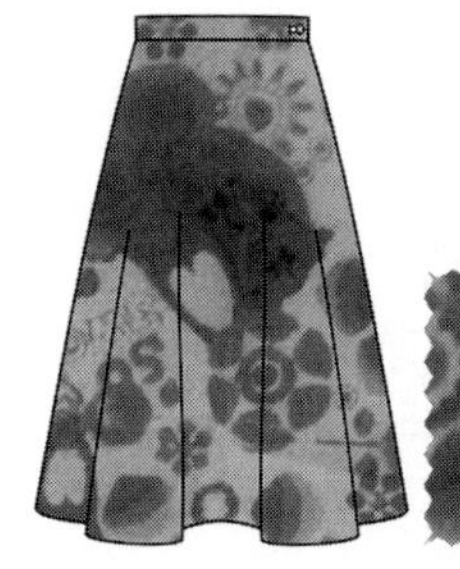

雪纺面料

图5-27　半圆裙常用面料

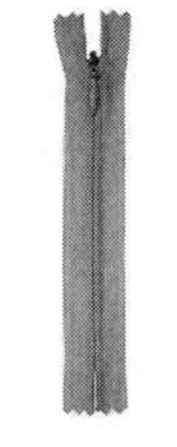

隐形拉链

扣子

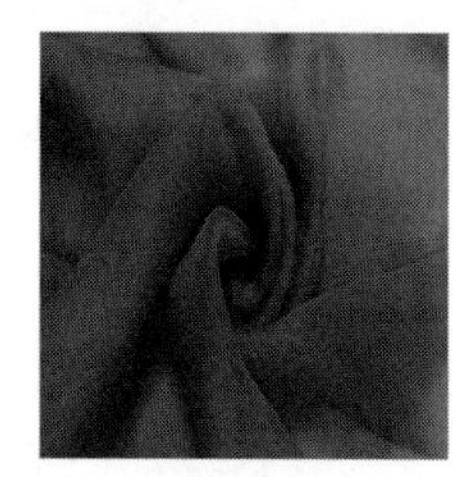

雪纺内衬

图5-28　半圆裙常用辅料

4. 规格尺寸

（1）尺寸计算，以160/68A为例。

腰围（W）：人体净腰围+放松量=68cm+2cm=70cm；

腰长：人体净腰长=18～20cm；

裙长：裙长至膝盖上5～10cm，为50cm（设计量），可根据面料幅宽设计。注意，这里的裙长为裙身长与腰头宽之和。

（2）尺寸表。依据我国使用的女装号型GB/T 1335.2—2008《服装号型　女子》，成衣规格是160/68A。基准测量部位及参考尺寸，见表5-5。

表5-5　半圆裙参考尺寸　　单位：cm

名称	裙长	腰长	腰围	下摆围
规格尺寸	50	18~20	70	222

5. 结构图

半圆裙结构图包括裙身、底襟和腰头，如图5-29所示。

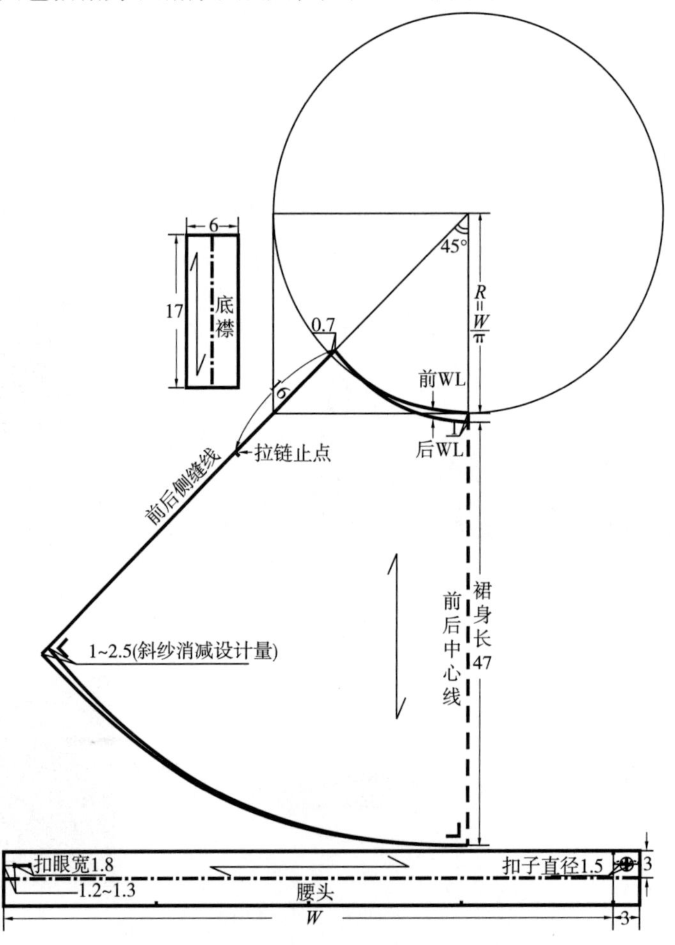

图5-29　半圆裙结构制图（单位：cm）

图5-30　全圆裙效果图

（六）全圆裙

1. 款式说明

全圆裙是每个季节都很百搭的半裙款式，受到了时尚女孩的喜爱，如图5-30所示。高腰的裙子可以将上衣塞进裙子里，这样的穿着方式使着装者拥有了优雅气质。全圆裙可以搭配灯笼袖衬衫、针织背心、T恤等。

2. 款式图

全圆裙款式图如图5-31所示。

图5-31　全圆裙款式图

3. 面料、辅料的选择

（1）面料：全圆裙可选择的面料有蕾丝、纯棉布、雪纺等，如图5-32所示。

（2）辅料：全圆裙选择的辅料有隐形拉链、磨砂扣、雪纺内衬，如图5-33所示。

蕾丝面料

纯棉面料

雪纺面料

图5-32　全圆裙常用面料

隐形拉链

磨砂扣

雪纺内衬

图5-33　全圆裙常用辅料

4. 规格尺寸

（1）尺寸计算，以160/68A为例。

腰围（W）：人体净腰围+放松量=68cm+2cm=70cm；

腰长：人体净腰长=18～20cm；

裙长：裙长至膝盖上5～10cm，为50cm（设计量），可根据面料幅宽设计。注意，这里的裙长为裙身长与腰头宽之和。

（2）尺寸表。成衣规格是160/68A，依据我国使用的女装号型GB/T 1335.2—2008《服装号型　女子》。基准测量部位以及参考尺寸，见表5-6。

表5-6　全圆裙参考尺寸　　单位：cm

名称	裙长	腰长	腰围	下摆围
规格尺寸	50	18~20	70	366

5. 结构图

全圆裙结构图包括裙身、底襟和腰头，如图5-34所示。

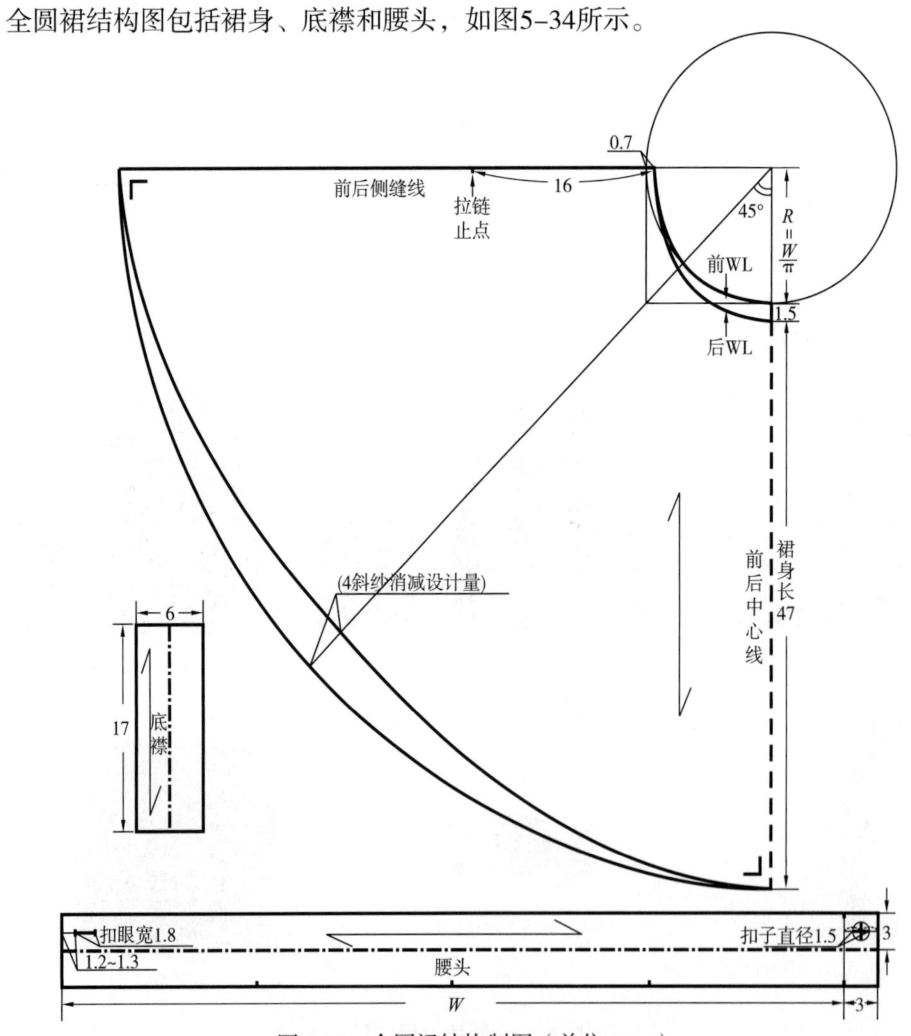

图5-34　全圆裙结构制图（单位：cm）

图5-35　A型蛋糕短裙效果图

第二节　裙子流行款式裁剪实例

一、A型蛋糕短裙

1. 款式说明

蛋糕裙也叫塔裙，裙体是像蛋糕一样，有层叠繁复效果的裙摆，如图5-35所示。通过每节裙片抽碎褶，产生波浪效果。设计偏向可爱与青春的风格，所以穿着的人群多为年轻的女子。A型蛋糕裙不用过多地修饰，裙子选择层层叠叠的布料，既打造丰富的视觉感同时又能给人干净利落的感觉。在搭配方面可以选择款式简洁的T恤、针织衫、淑女风格的衬衣等。

2. 款式图

A型蛋糕短裙款式图，如图5-36所示。

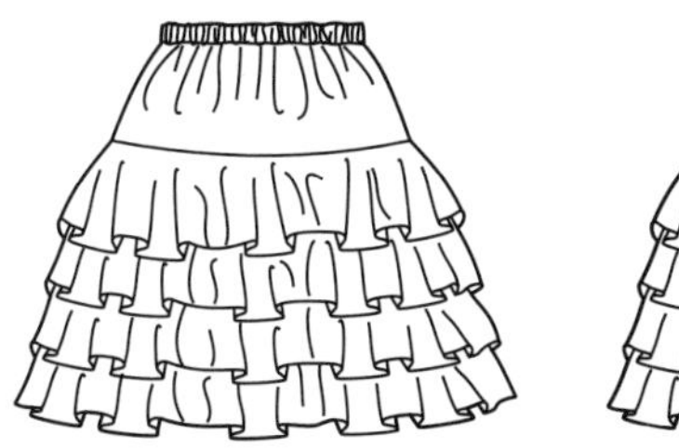

图5-36　A型蛋糕短裙款式图

3. 面料、辅料的选择

（1）面料：A型蛋糕短裙可选择的面料有雪纺、泡泡纱、棉哔叽等，如图5-37所示。

（2）辅料：A型蛋糕短裙选择的辅料有罗纹带，如图5-38所示。

雪纺面料

泡泡纱面料

棉哔叽面料

图5-37　A型蛋糕短裙常用面料

4. 规格尺寸

（1）尺寸计算，以160/68A为例。

腰围（W）：人体净腰围+放松量=68cm+2cm=70cm；

臀围（H）：人体净臀围+放松量=90cm+24cm=114cm；

腰长：人体净腰长=18～20cm；

裙长：裙长至膝盖上10～15cm，为55cm（设计量）。注意，这里的裙长为裙身长与腰头宽之和。

罗纹带

图5-38　A型蛋糕短裙常用辅料

（2）尺寸表。依据我国使用的女装号型GB/T 1335.2—2008《服装号型　女子》，成衣规格是160/68A。基准测量部位及参考尺寸，见表5-7。

表5-7　A型蛋糕短裙参考尺寸　　单位：cm

名称	裙长	腰长	腰围	臀围	下摆围
规格尺寸	55	18~20	70	114	120

5. 结构图

A型蛋糕短裙结构图包括裙身、腰头，如图5-39所示。各节裙片结构展开图如图5-40所示。

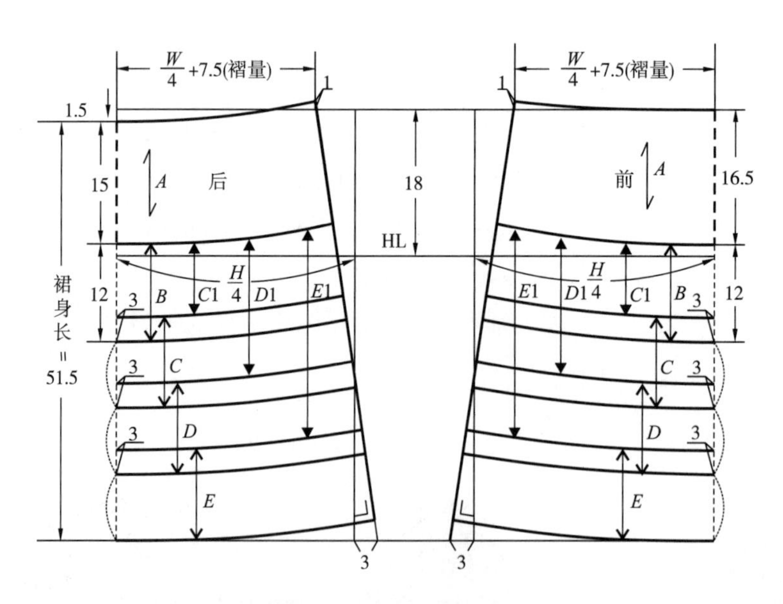

图5-39　A型蛋糕裙结构制图（单位：cm）

注　图中的A、B、C、D、E指净裙片，$C1$、$D1$、$E1$为C、D、E三个净裙片加长了3cm之后得到的裙片。

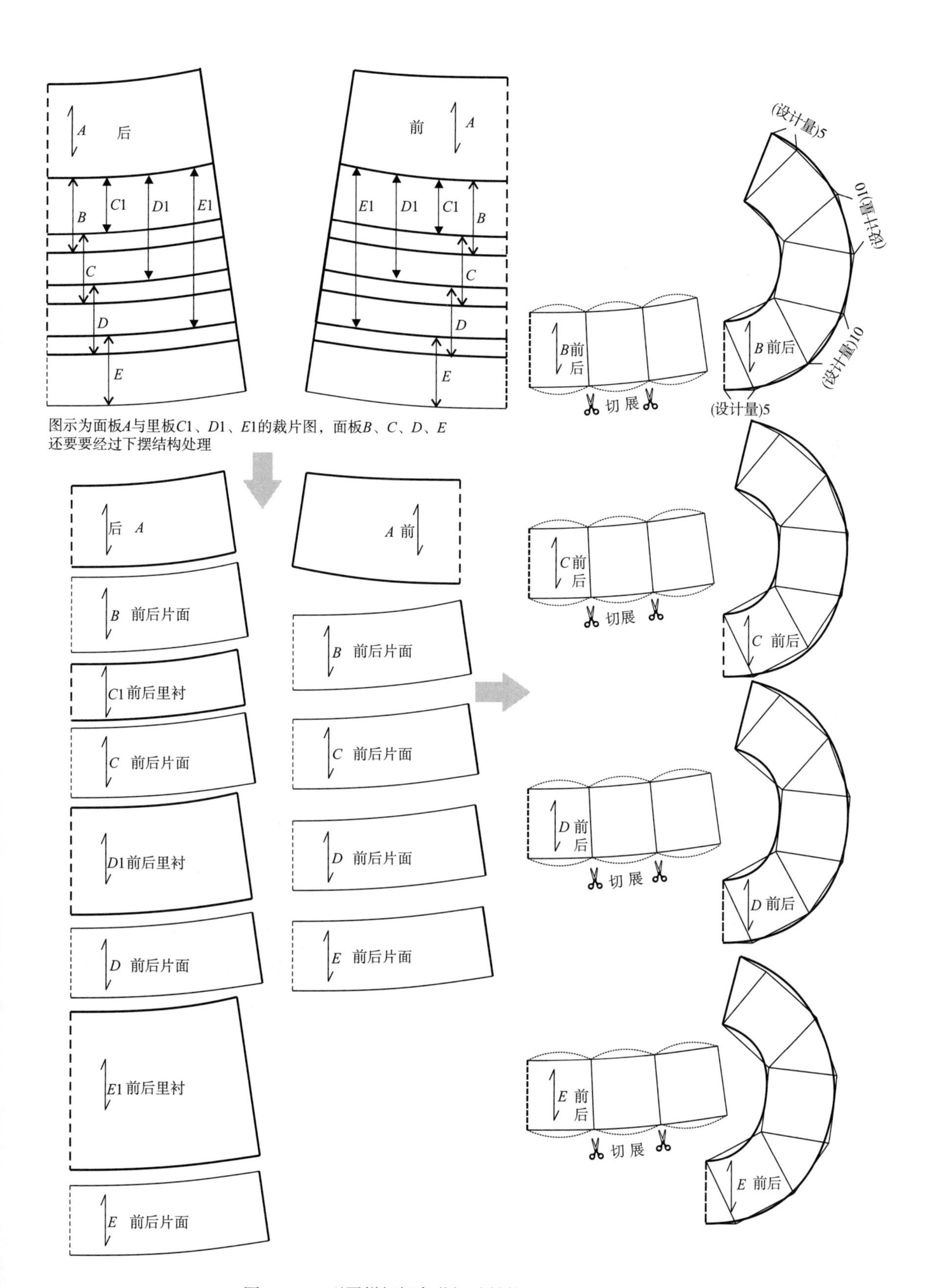

图5-40　A型蛋糕短裙各节裙片结构展开图（单位：cm）

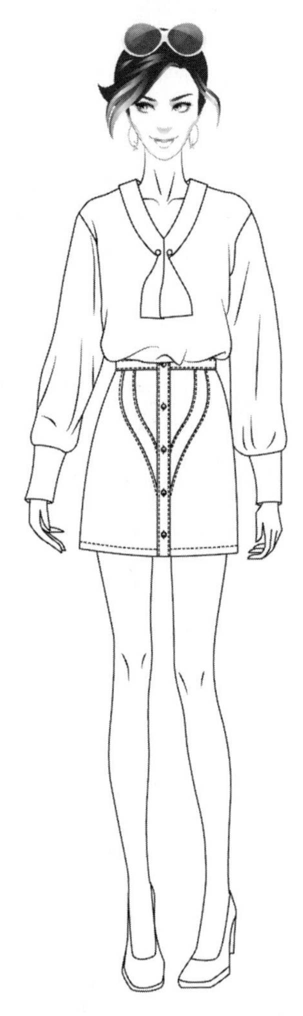

图5–41 前门襟对称曲线省短裙效果图

二、前门襟对称曲线省短裙

1. 款式说明

短裙是现在很多女孩选择的款式，如图5–41所示。前门襟对称曲线省短裙具有很好的显瘦和减龄的效果。随着裙子款式的不断更新，新式短裙臀部合身，下摆宽松，更加女性化。前门襟对称曲线省短裙可以搭配印花衬衫、针织衫、纯色T恤。

2. 款式图

前门襟对称曲线省短裙款式图，如图5–42所示。

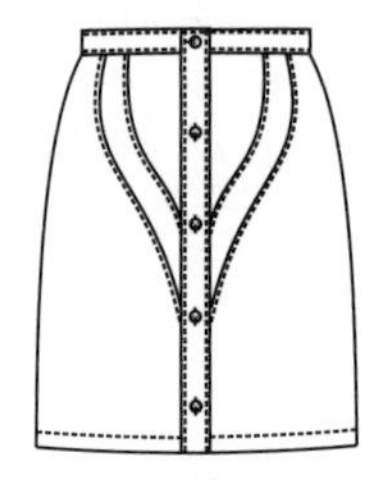

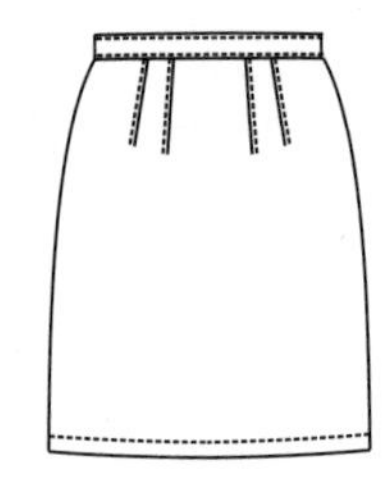

图5–42 前门襟对称曲线省短裙款式图

3. 面料、辅料的选择

（1）面料：前门襟对称曲线省短裙可选择的面料有鹿皮绒、牛仔布、皮革等，如图5–43所示。

（2）辅料：前门襟对称曲线省短裙选择的辅料是金属扣，如图5–44所示。

鹿皮绒面料

牛仔面料

皮革面料

图5–43 前门襟对称曲线省短裙常用面料

金属扣

图5–44 前门襟对称曲线省短裙常用辅料

4. 规格尺寸

（1）尺寸计算，以160/68A为例。

腰围（W）：人体净腰围+放松量=68cm+2cm=70cm；

臀围（H）：人体净臀围+放松量=90cm+4cm=94cm；

腰长：人体净腰长=18 ~ 20cm；

裙长：裙长至膝盖上10 ~ 15cm，为45cm（设计量）注意，这里的裙长为裙身长与腰头宽之和。

（2）尺寸表。依据我国使用的女装号型GB/T 1335.2—2008《服装号型　女子》，成衣规格是160/68A。基准测量部位以及参考尺寸，见表5-8。

表 5-8　前门襟对称曲线省短裙参考尺寸　　单位：cm

名称	裙长	腰长	腰围	臀围	下摆围
规格尺寸	45	18~20	70	94	94

5. 结构图

前门襟对称曲线省短裙结构图包括裙身和腰头，如图5-45所示。

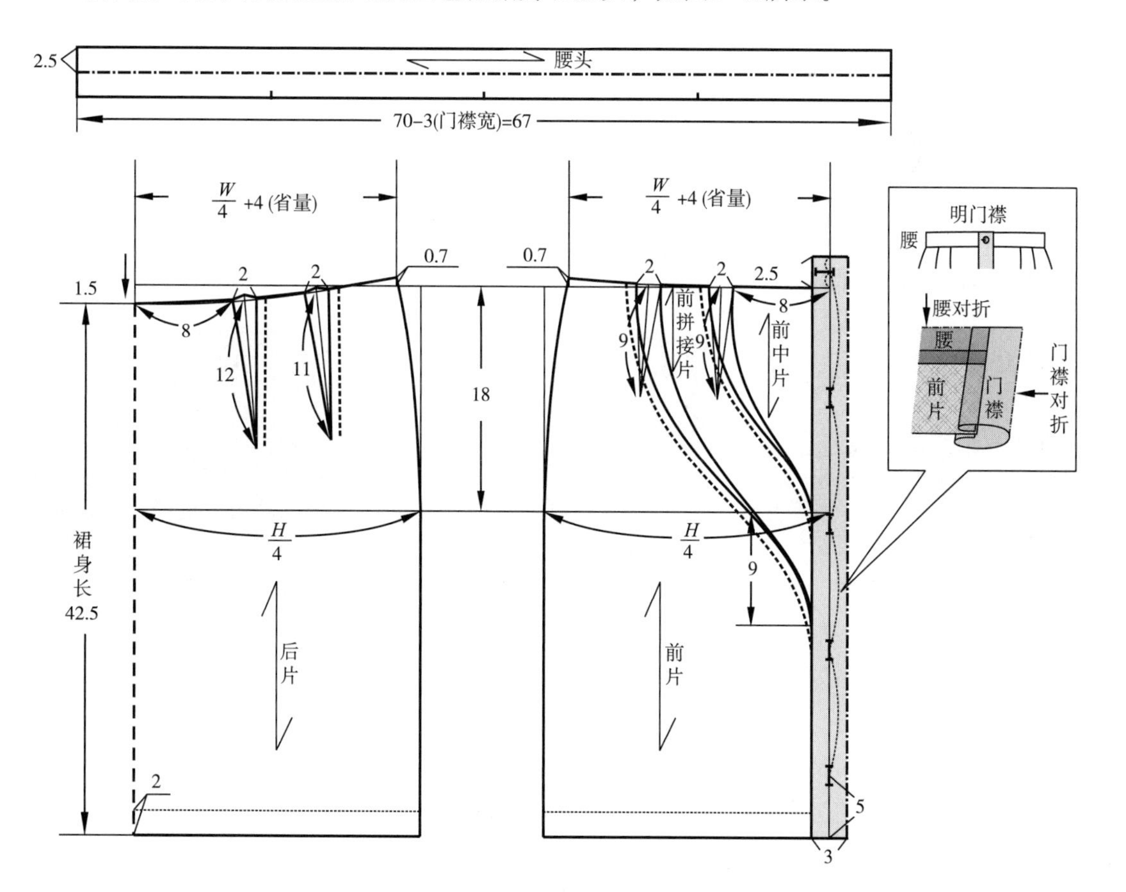

图5-45　前门襟对称曲线省短裙结构制图（单位：cm）

图5-46 对称顺褶短裙效果图

三、对称顺褶短裙

1. **款式说明**

对称顺褶短裙，如图5-46所示。对称顺褶短裙可以很好地遮盖大腿，使人更具有青春活力。对称顺褶短裙十分百搭，学院风的衬衫、条纹针织背心、T恤等都可以与其进行搭配。

2. **款式图**

对称顺褶短裙款式图，如图5-47所示。

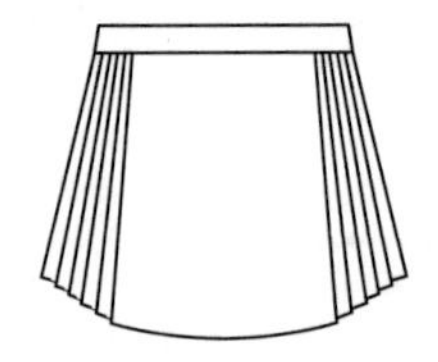

图5-47 对称顺褶短裙款式图

3. **面料、辅料的选择**

（1）面料：对称顺褶短裙可选择的面料有纯棉布、亚麻布、欧根纱等，如图5-48所示。

（2）辅料：对称顺褶短裙选择的辅料是拉链，如图5-49所示。

4. **规格尺寸**

（1）尺寸计算，以160/68A为例。

腰围（W）：人体净腰围+放松量=68cm+6cm=74cm，此

纯棉面料

亚麻面料

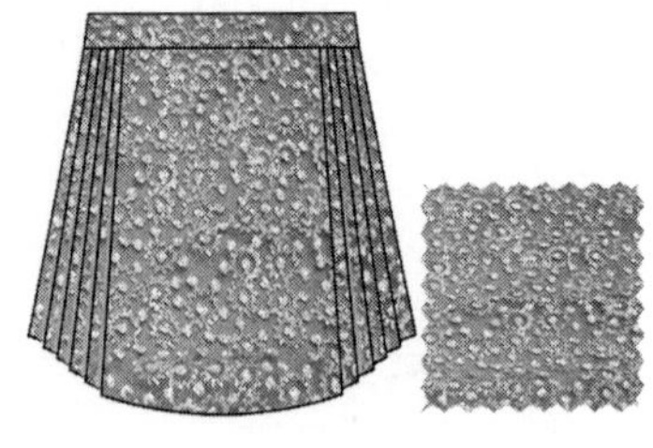

欧根纱面料

图5-48 对称顺褶短裙常用面料

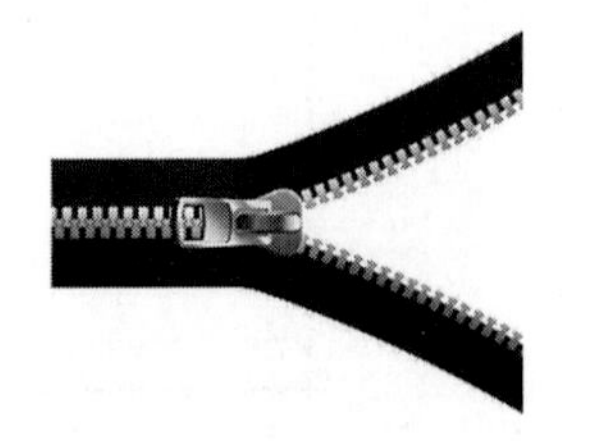

拉链

图5-49 对称顺褶短裙常用辅料

款为低腰设计；

腰长：人体净腰长=18～20cm；

裙长：裙长至膝盖上10～20cm，为40cm，注意，这里的裙长为裙身长与腰头宽之和。

（2）尺寸表。依据我国使用的女装号型GB/T 1335.2—2008《服装号型 女子》，成衣规格是160/68A。基准测量部位及参考尺寸，见表5-9。

表 5-9 对称顺褶短裙参考尺寸 单位：cm

名称	裙长	腰长	腰围	下摆围
规格尺寸	40	18~20	74	228

5. **结构图**

对称顺褶短裙结构图包括裙身和腰头，如图5-50所示。

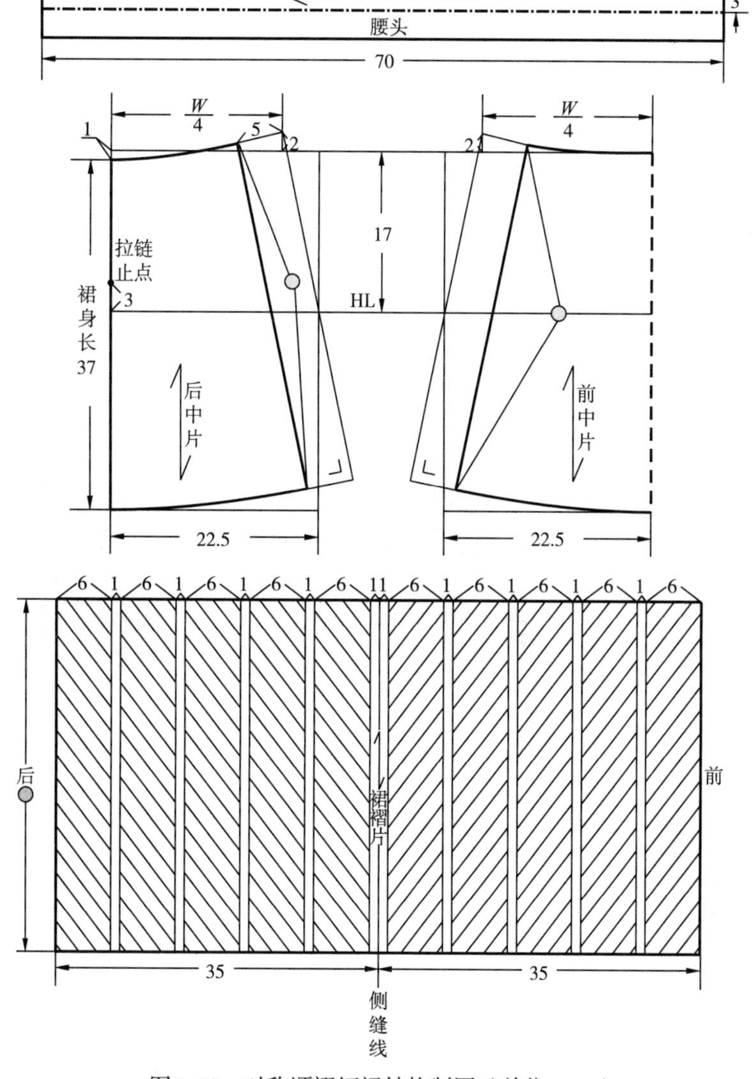

图5-50 对称顺褶短裙结构制图（单位：cm）

四、八片式双层短裙

1. **款式说明**

此款式为八片式双层短裙，如图5-51所示。此款裙子既复古又透露出可爱的时尚感，可与同色系波点衬衫、针织背心、夹克等都进行搭配。

2. **款式图**

八片式双层短裙款式图，如图5-52所示。

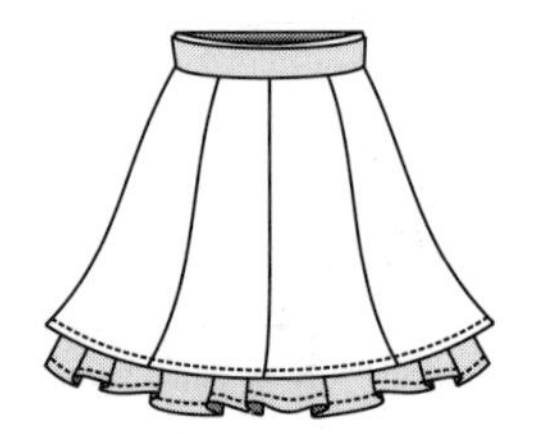

图5-52　八片式双层短裙款式图

3. **面料、辅料的选择**

（1）面料：八片式双层短裙可选择的面料有棉麻布、香云纱、雪纺等，如图 5-53 所示。

（2）辅料：八片式双层短裙辅料的选择有隐形拉链、丝带等，如图5-54所示。

4. **规格尺寸**

（1）尺寸计算，以160/68A为例。

图5-51　八片式双层短裙效果图

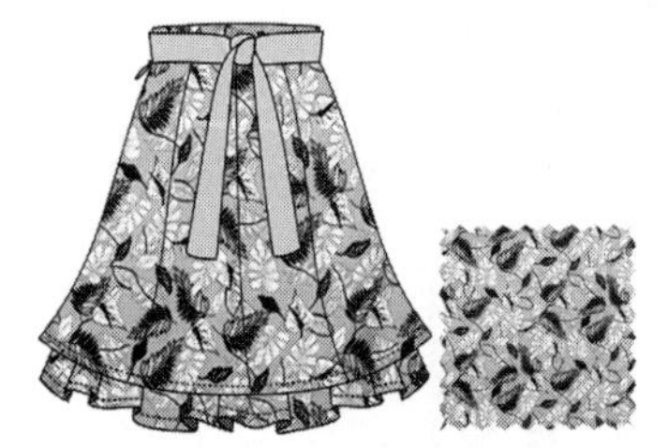

棉麻面料

香云纱面料

雪纺面料

图5-53　八片式双层短裙常用面料

里料

隐形拉链

丝带

图5-54　八片式双层短裙常用辅料

腰围（W）：人体净腰围+放松量=68cm+2cm=70cm；

臀围（H）：人体净臀围+放松量=90cm+4cm=94cm；

腰长：人体净腰长=18～20cm；

裙长：裙长至膝盖上10～15cm，为45cm。注意，这里的裙长为裙身长与腰头宽之和。

（2）尺寸表。依据我国使用的女装号型GB/T 1335.2—2008《服装号型 女子》，成衣规格是160/68A。基准测量部位以及参考尺寸，见表5-10。

表 5-10 八片式双层短裙参考尺寸

单位：cm

名称	裙长	腰长	腰围	臀围	下摆围
规格尺寸	45	18~20	70	94	172~200

5. 结构图

八片式双层短裙结构图包括外裙身、腰头和里裙身及下摆边，如图5-55所示。

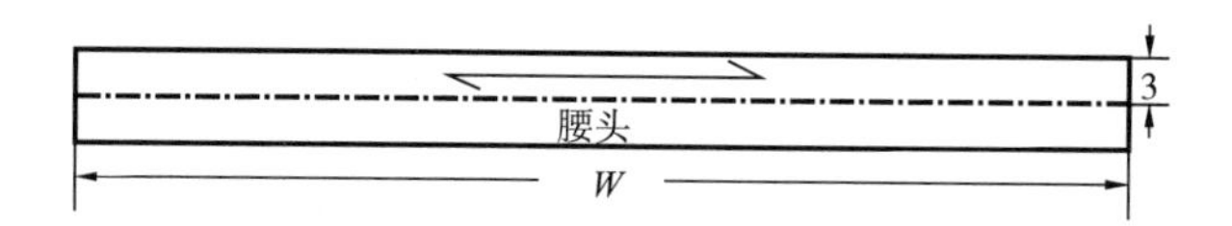

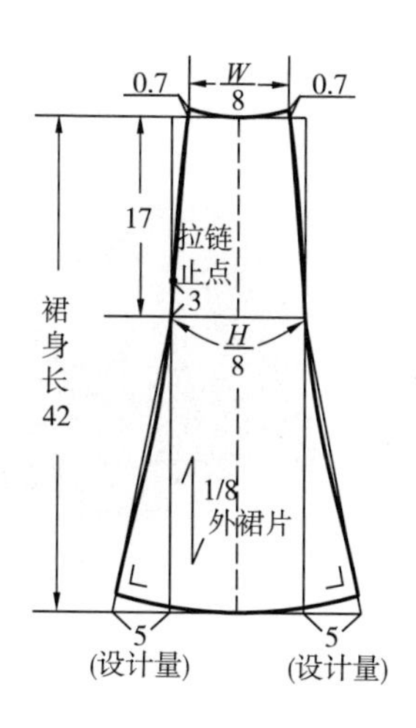

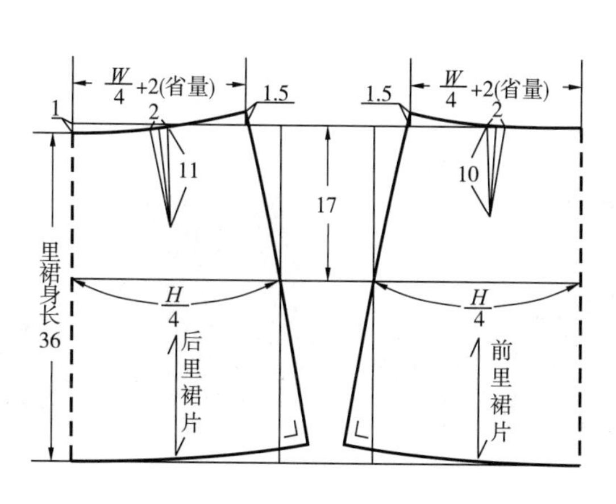

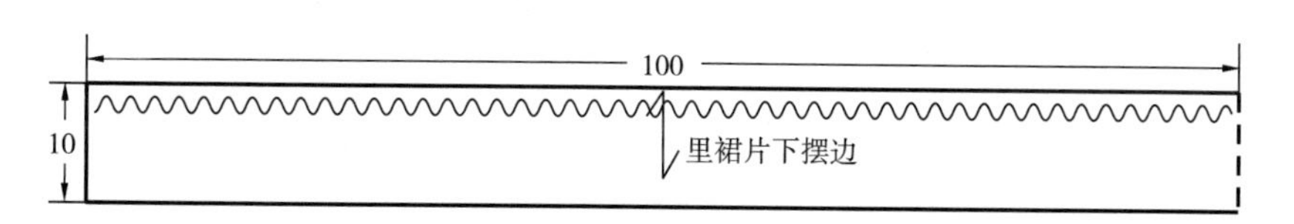

图5-55 八片式双层短裙结构制图（单位：cm）

图5-56 非对称下摆毛边短裙效果图

五、非对称下摆毛边短裙

1. 款式说明

非对称下摆毛边短裙，如图5-56所示。下摆处不规则的设计是整体亮点，再加上毛边的设计让整体造型更加个性，街头感十足。非对称下摆毛边短裙可以搭配印花或者款式简洁的衬衫、吊带背心、T恤。

2. 款式图

非对称下摆毛边短裙款式图，如图5-57所示。

图5-57 非对称下摆毛边短裙款式图

3. 面料、辅料的选择

（1）面料：非对称下摆毛边短裙可选择的面料有皮革、纯棉布、提花布等，如图5-58所示。

（2）辅料：非对称下摆毛边短裙选择的辅料有隐形拉链、圆形环，如图5-59所示。

皮革面料

纯棉面料

提花面料

图5-58 非对称下摆毛边短裙常用面料

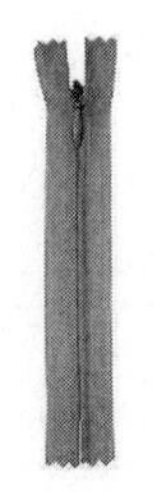

隐形拉链

圆形环

图5-59 非对称下摆毛边短裙常用辅料

4. 规格尺寸

（1）尺寸计算，以160/68A为例。

腰围（W）：人体净腰围+放松量=68cm+2cm=70cm；

臀围（H）：人体净臀围+放松量=90cm+4cm=94cm；

腰长：人体净腰长=18～20cm；

裙长：裙长至膝盖上10～20cm，为40cm（设计量）。注意，这里的裙长为裙身长。

（2）尺寸表。依据我国使用的女装号型GB/T 1335.2—2008《服装号型　女子》，成衣规格是160/68A。基准测量部位及参考尺寸，见表5-11。

表 5-11　非对称下摆毛边短裙参考尺寸　单位：cm

名称	裙长	腰长	腰围	臀围	下摆围
规格尺寸	40	18~20	70	94	116

5. 结构图

非对称下摆毛边短裙结构图包括裙身、装饰腰带，如图5-60所示。

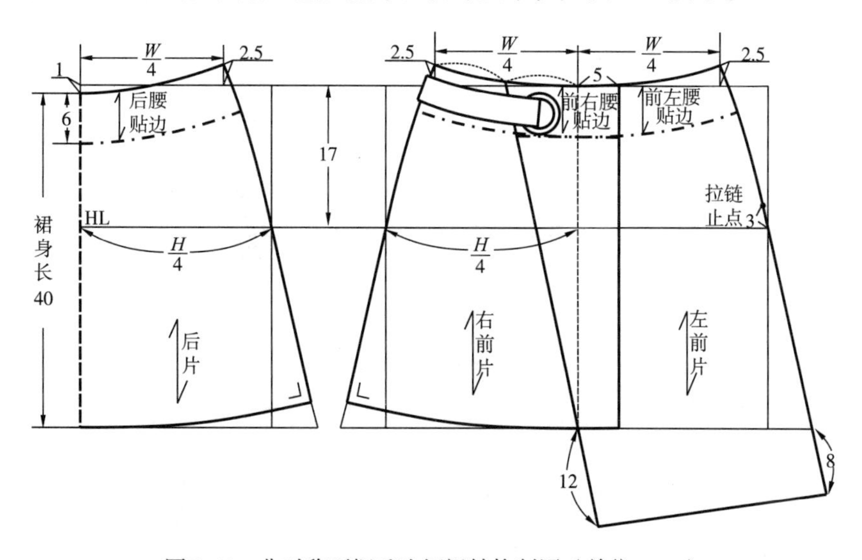

图5-60　非对称下摆毛边短裙结构制图（单位：cm）

六、侧插袋背带裙

1. 款式说明

侧插袋背带裙，如图5-61所示。裙子腰部用两个牛角扣做装饰，裙身上面配背带，穿着时利用背带把裙子吊起来，方便实用，简洁大方。它的特点是“高腰”设计，让女性的身形更加挺拔。在搭配方面，可以选择长款或者短款的T恤、衬衫等。

2. 款式图

侧插袋背带裙款式图，如图5-62所示。

图5-61 侧插袋背带裙效果图

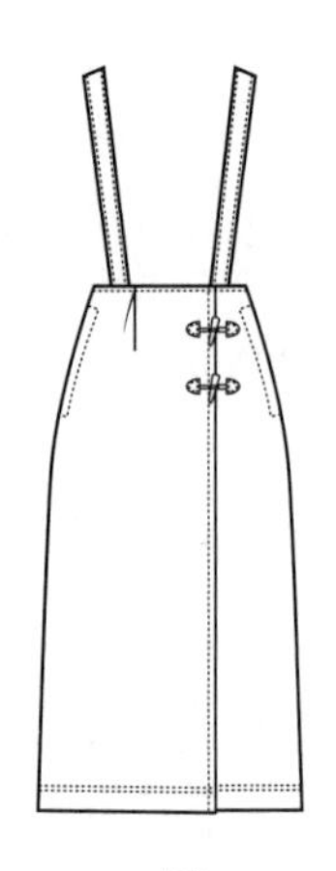

图5-62 侧插袋背带裙款式图

3. **面料、辅料的选择**

（1）面料：侧插袋背带裙可选择的面料有牛仔布、棉麻布、纯棉布等，如图5-63所示。

（2）辅料：侧插袋背带裙选择的辅料有牛角扣、纽扣等，如图5-64所示。

4. **规格尺寸**

（1）尺寸计算，以160/68A为例。

腰围（W）：人体净腰围+放松量=68cm+2cm=70cm；

臀围（H）：人体净臀围+放松量=90cm+4cm=94cm；

腰长：人体净腰长=18～20cm；

裙长：膝盖上5cm，为55cm（设计量）。因该裙没有腰头，故裙长即为裙身长。

（2）尺寸表。依据我国使用的女装号型GB/T 1335.2—2008《服装号型　女子》，成衣规格是160/68A。基准测量部位

牛仔面料

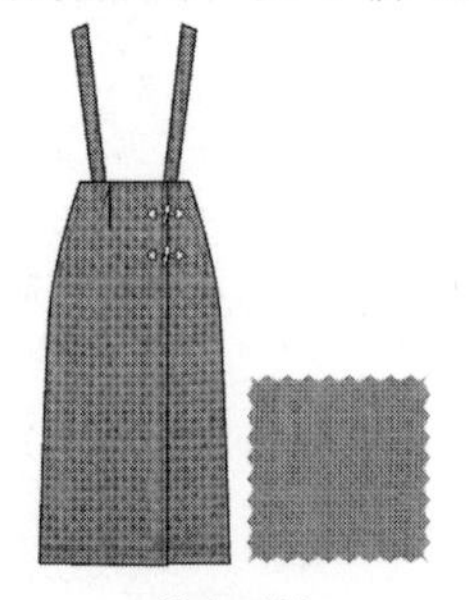

棉麻面料

纯棉面料

图5-63 侧插袋背带裙常用面料

牛角扣

图5-64 侧插袋背带裙常用辅料

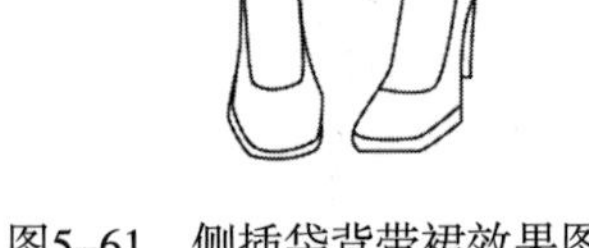

及参考尺寸，见表5-12。

表 5-12　侧插袋背带裙参考尺寸　　单位：cm

名称	裙长	腰长	腰围	臀围	下摆围
规格尺寸	55	18~20	70	94	94

5. **结构图**

侧插袋背带裙结构图包括前左片、前右片、后片、肩带、袋布，如图5-65所示。

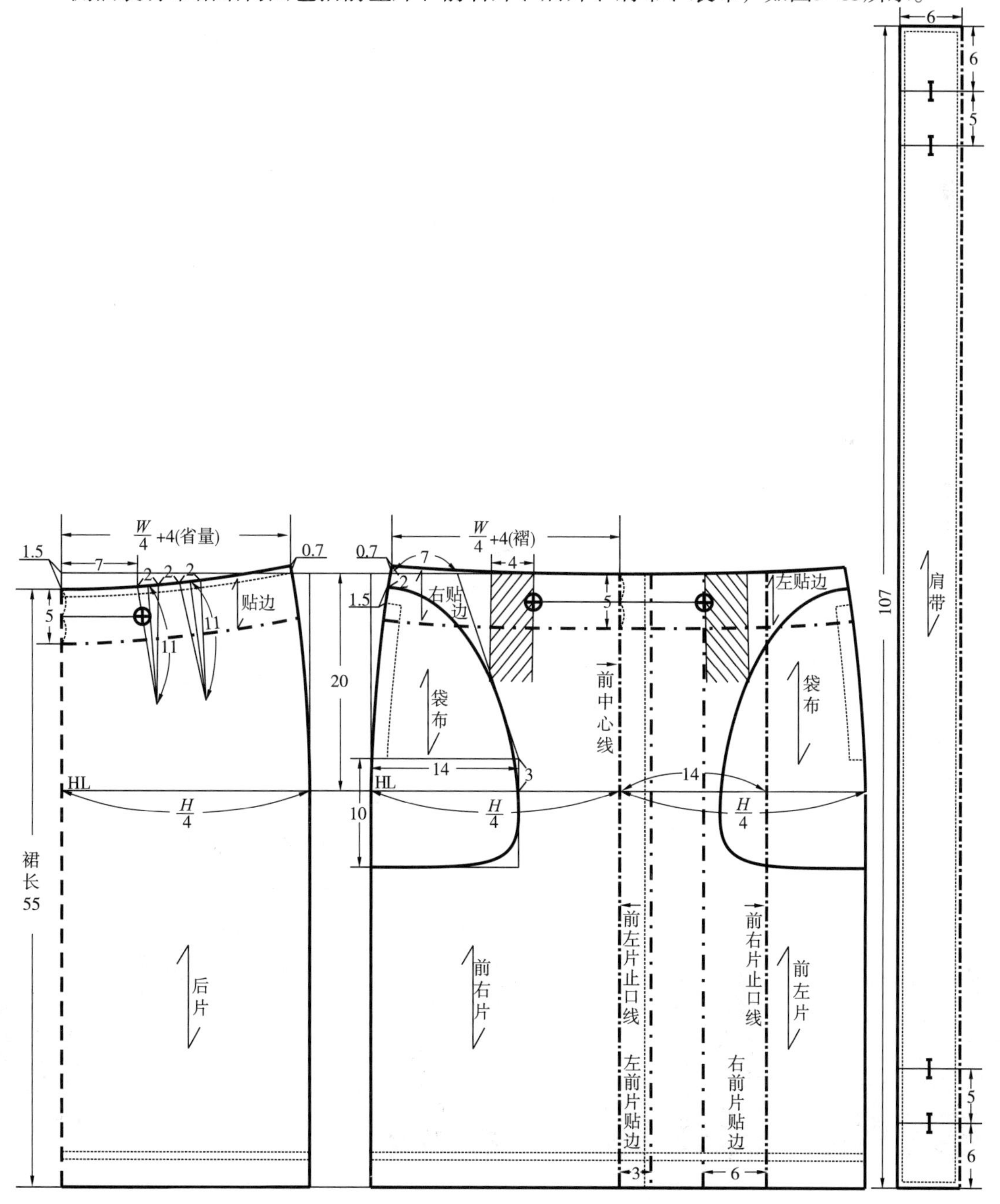

图5-65　侧插袋背带裙结构制图（单位：cm）

图5-66 包缠式拼接短裙效果图

七、包缠式拼接短裙

1. 款式说明

包缠式拼接短裙，如图5-66所示。包臀短裙是一款很显成熟的半身裙，它可以展现女性成熟的“S”曲线。这款裙子在腰头的设计上采用蝴蝶结系带式，裙子的前面为包臀拼接的设计手法，拼接式裙子可以给人眼前一亮的感觉，并且具有拉长腿部线条的效果，使服装整体风格在视觉上更加凸显女性柔美的魅力。包缠式拼接短裙可以搭配修身开衫、纯色T恤、毛衣、大衣等。

2. 款式图

包缠式拼接短裙款式图，如图5-67所示。

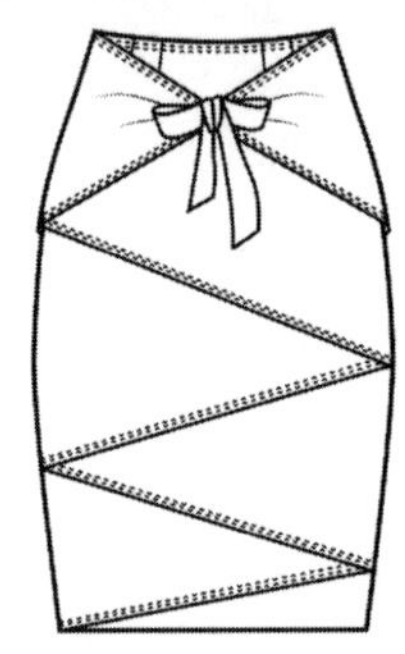

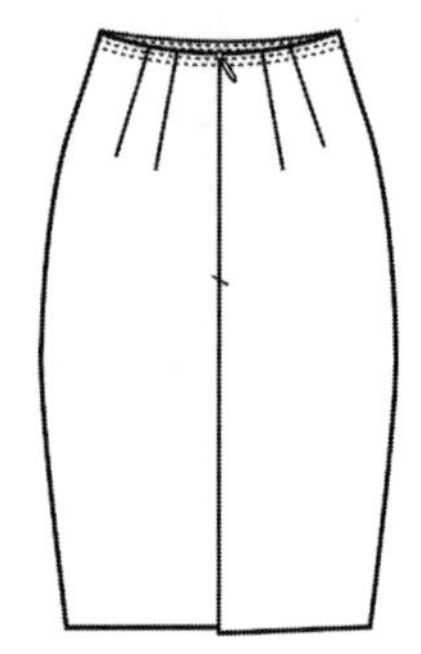

图5-67 包缠式拼接短膝裙款式图

3. 面料、辅料的选择

（1）面料：包缠式拼接短裙可选择的面料有纯棉布、PU、牛仔布等，如图5-68所示。

（2）辅料：包缠式拼接短裙选择的辅料有隐形拉链、丝带，如图5-69所示。

4. 规格尺寸

（1）尺寸计算，以160/68A为例。

腰围（W）：人体净腰围+放松量=68cm+2cm=70cm；

臀围（H）：人体净臀围+放松量=90cm+4cm=94cm；

腰长：人体净腰长=18～20cm；

纯棉面料

PU面料

牛仔面料

图5-68 包缠式拼接短裙常用面料

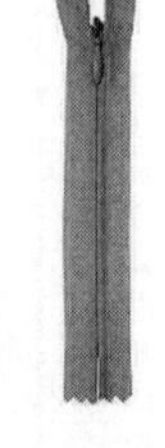

隐形拉链

丝带

图5-69 包缠式拼接短裙常用辅料

裙长：裙长至膝盖上5cm，为55cm（设计量）。因为该裙没有腰头，故裙长等于裙身长。

（2）尺寸表。依据我国使用的女装号型GB/T 1335.2—2008《服装号型　女子》，成衣规格是160/68A。基准测量部位及参考尺寸，见表5-13。

表 5-13　包缠式拼接短裙参考尺寸　　单位：cm

名称	裙长	腰长	腰围	臀围	下摆围
规格尺寸	55	18~20	70	94	88

5. 结构图

包缠式拼接短裙结构图包括前片的各拼接片、后片、蝴蝶结，如图5-70所示。

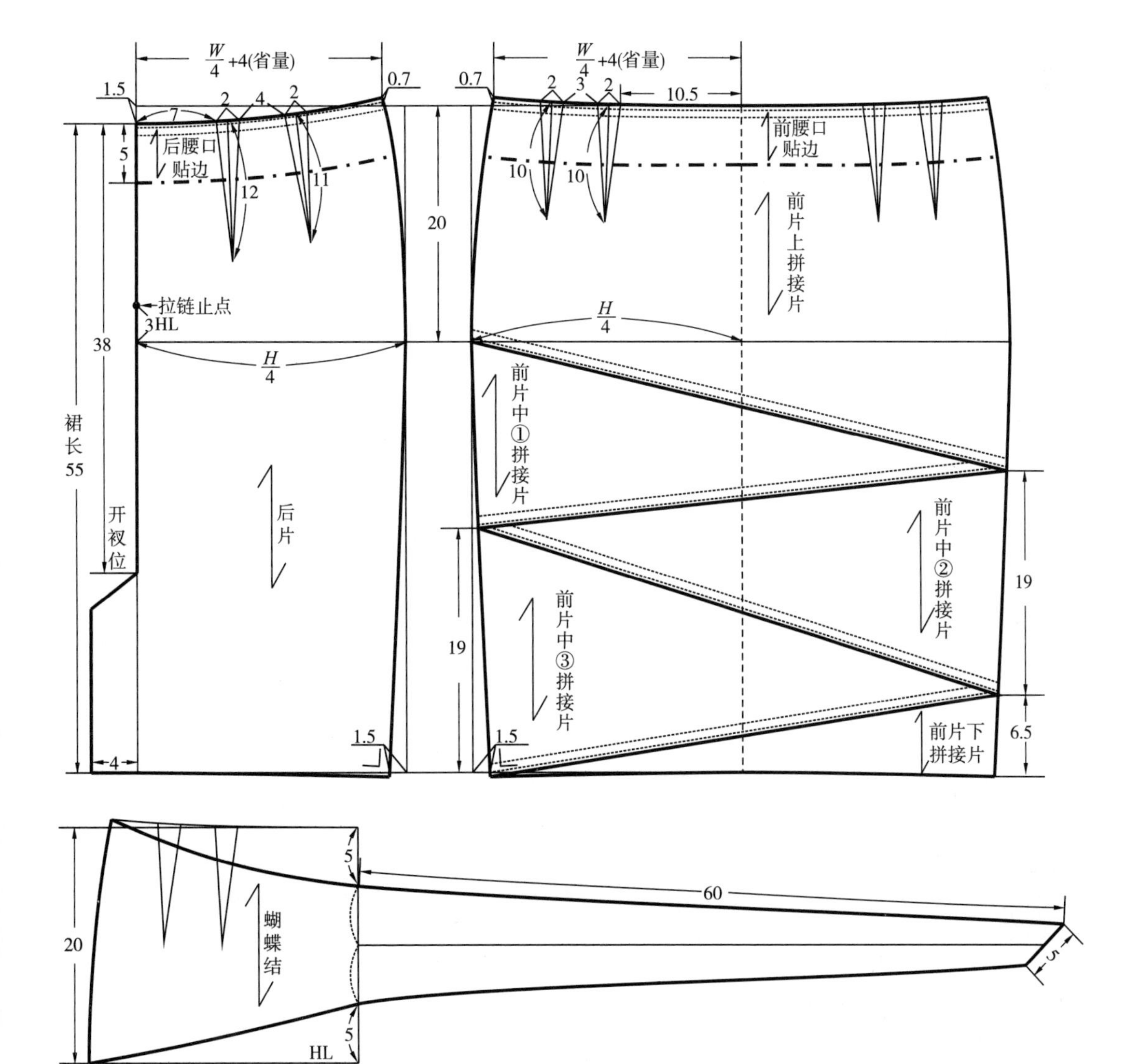

图5-70　包缠式拼接短裙结构制图（单位：cm）

注　蝴蝶结面料和裙子面料相同，是一整块面料，无接缝。

图5-71 插片式毛边牛仔及膝裙效果图

八、插片式毛边牛仔及膝裙

1. 款式说明

插片式毛边牛仔及膝裙，如图5-71所示。裙的正面做成鱼尾型半裙，裙的下摆做成不规则的鱼尾设计，让裙子更富有动感，不管是年轻女性还是成熟女性，这种半裙都很适合。在搭配方面，可以选择简单T恤、衬衫，也可以搭配外套。

2. 款式图

插片式毛边牛仔及膝裙款式图，如图5-72所示。

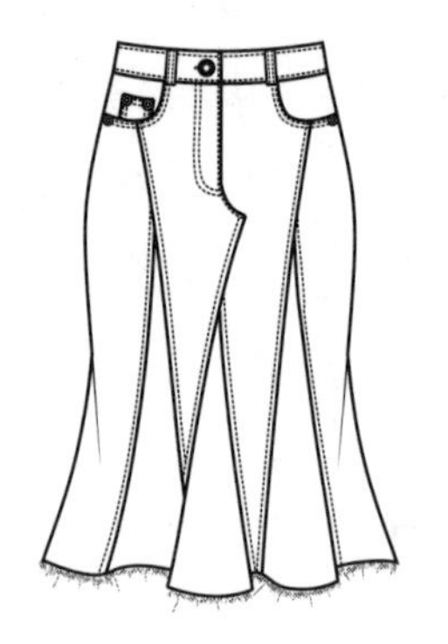

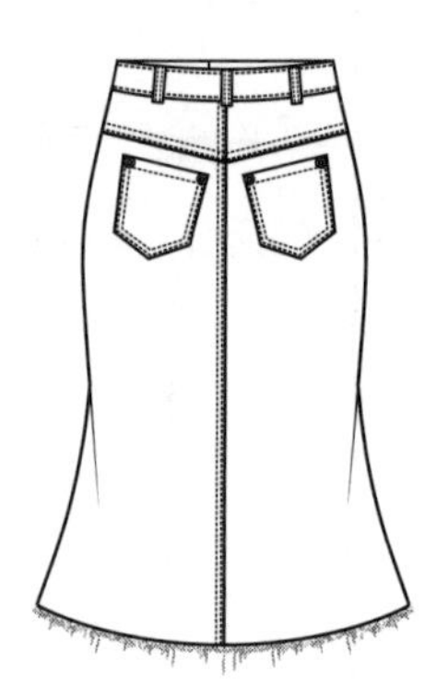

图5-72 插片式毛边牛仔及膝裙款式图

3. 面料、辅料的选择

（1）面料：插片式毛边牛仔及膝裙可选择的面料有深浅牛仔布、牛仔印花布等，如图5-73所示。

深牛仔面料

浅牛仔面料

牛仔印花面料

图5-73 插片式毛边牛仔及膝裙常用面料

（2）辅料：插片式毛边牛仔及膝裙选择的辅料有金属扣、隐形拉链，如图5-74所示。

金属扣　　　　隐形拉链

图5-74　插片式毛边牛仔及膝裙常用辅料

4. 规格尺寸

（1）尺寸计算，以160/68A为例。

腰围（W）：人体净腰围+放松量=68cm+2cm=70cm；

臀围（H）：人体净臀围+放松量=90cm+4cm=94cm；

腰长：人体净腰长=18～20cm；

裙长：裙长至膝盖下5cm，为60cm（设计量）。注意，这里的裙长为裙身长与腰头宽之和。

（2）尺寸表。依据我国使用的女装号型GB/T 1335.2—2008《服装号型　女子》，成衣规格是160/68A。基准测量部位及参考尺寸，见表5-14。

表5-14　插片式毛边牛仔及膝裙参考尺寸　　单位：cm

名称	裙长	腰长	腰围	臀围	下摆围
规格尺寸	60	18~20	70	94	160

5. 结构图

插片式毛边牛仔及膝裙结构图包括左前片、右前片、左右前侧片、后片、右前片装饰插片、左前片装饰插片等，如图5-75、图5-76所示。

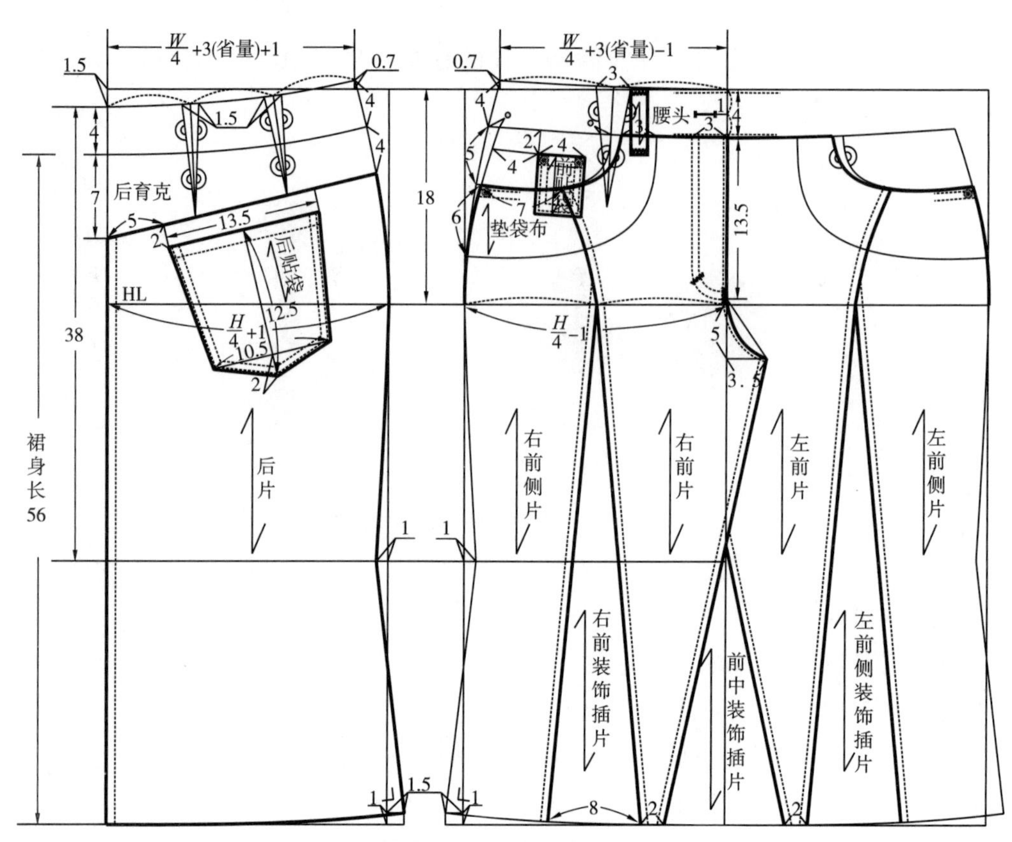

图5-75 插片式毛边牛仔及膝裙裙身结构制图（单位：cm）

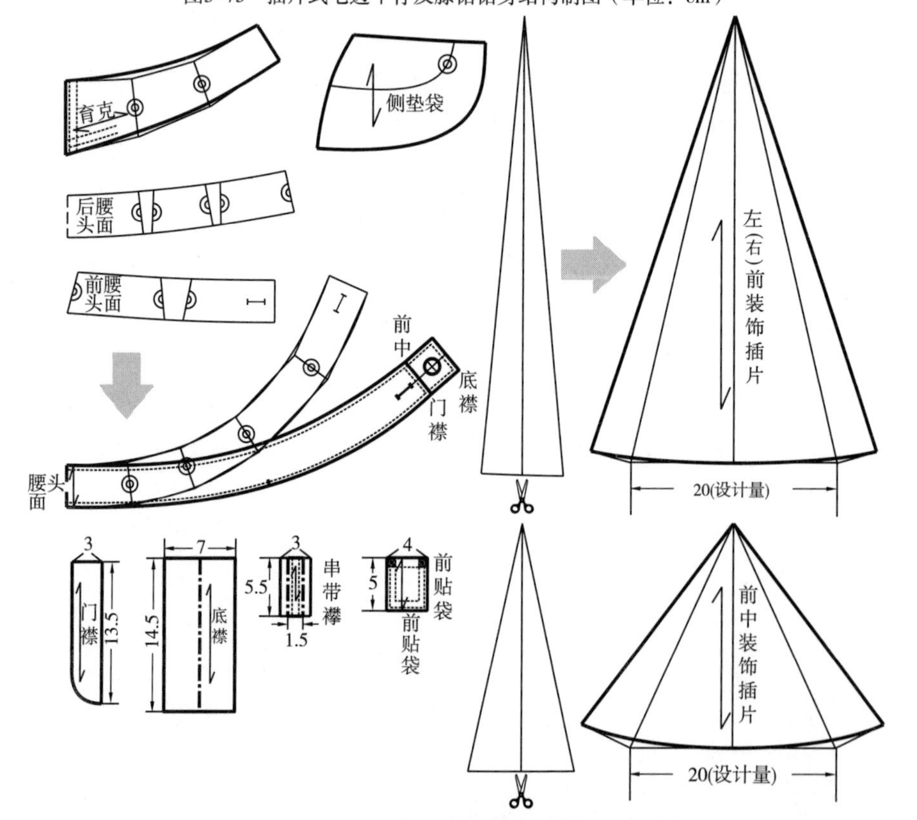

图5-76 插片式毛边牛仔及膝裙零部件结构制图（单位：cm）

九、不规则蛋糕及膝裙

1. 款式说明

不规则蛋糕及膝裙，如图5-77所示。不规则的裙摆造型感十足，既能够遮住臀部美化身体线条，又能修饰双腿，使人看起来更加俏皮可爱，减龄必备。在搭配方面，可选择短款T恤、露肩上衣、甜美吊带、圆领衬衫。

2. 款式图

不规则蛋糕及膝裙款式图，如图5-78所示。

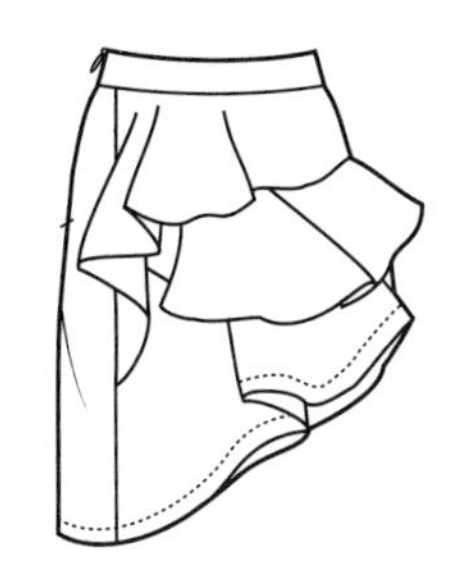

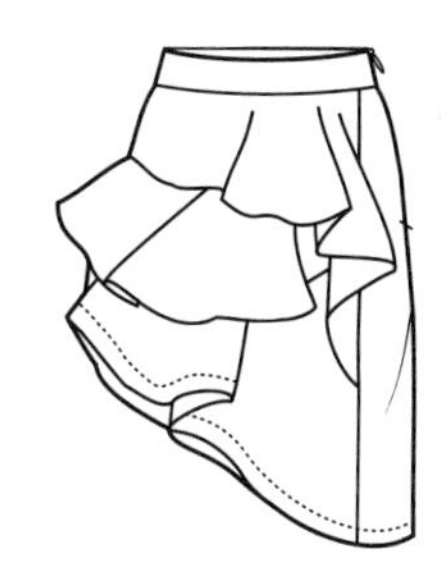

图5-78　不规则蛋糕及膝裙款式图

3. 面料、辅料的选择

（1）面料：不规则蛋糕及膝裙可选择的面料有雪纺、纯棉布、提花布等，如图5-79所示。

（2）辅料：不规则蛋糕及膝裙选择的辅料有隐形拉链，如图5-80所示。

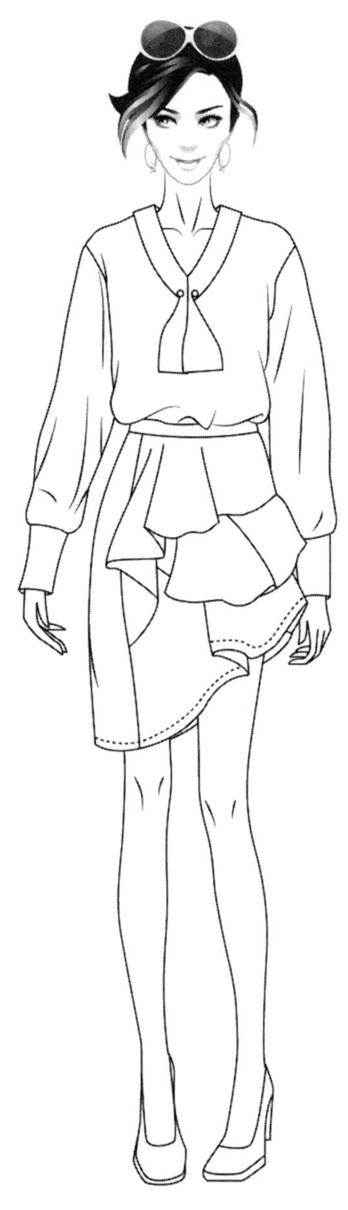

图5-77　不规则蛋糕及膝裙效果图

雪纺面料

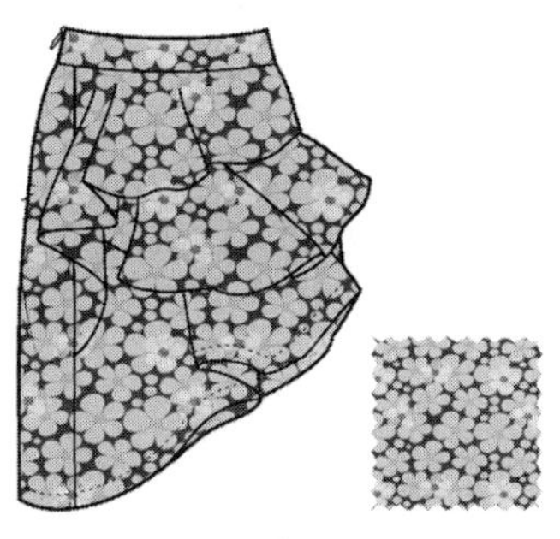

纯棉面料

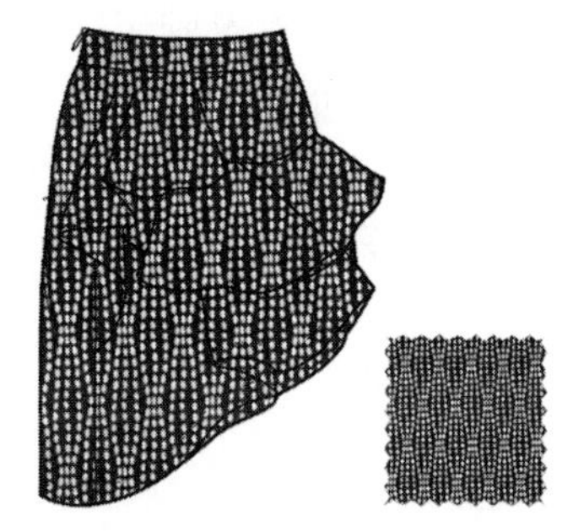

提花面料

图5-79　不规则蛋糕及膝裙常用面料

图5-80　不规则蛋糕及膝裙常用辅料

4. **规格尺寸**

（1）尺寸计算，以160/68A为例。

腰围（W）：人体净腰围+放松量=68cm+2cm=70cm；

臀围（H）：人体净臀围+放松量=90cm+4cm=94cm；

腰长：人体净腰长=18～20cm；

裙长：裙长至膝盖上5cm，约55cm（设计量）。注意，这里的裙长为裙身长与腰头宽之和。

（2）尺寸表。依据我国使用的女装号型GB/T 1335.2—2008《服装号型　女子》，成衣规格是160/68A。基准测量部位及参考尺寸，见表5-15。

表5-15　不规则蛋糕及膝裙参考尺寸　　单位：cm

名称	裙长	腰长	腰围	臀围	下摆围（展开后）
规格尺寸	55	18~20	70	94	370

5. **结构图**

不规则蛋糕及膝裙的结构图包括腰头、裙身，如图5-81所示。左后裙片上、左前裙片上；左后裙片中、左前裙片中；左后片裙摆、左前片裙摆结构图，如图5-82所示。各裙片展开结构图，如图5-83所示。

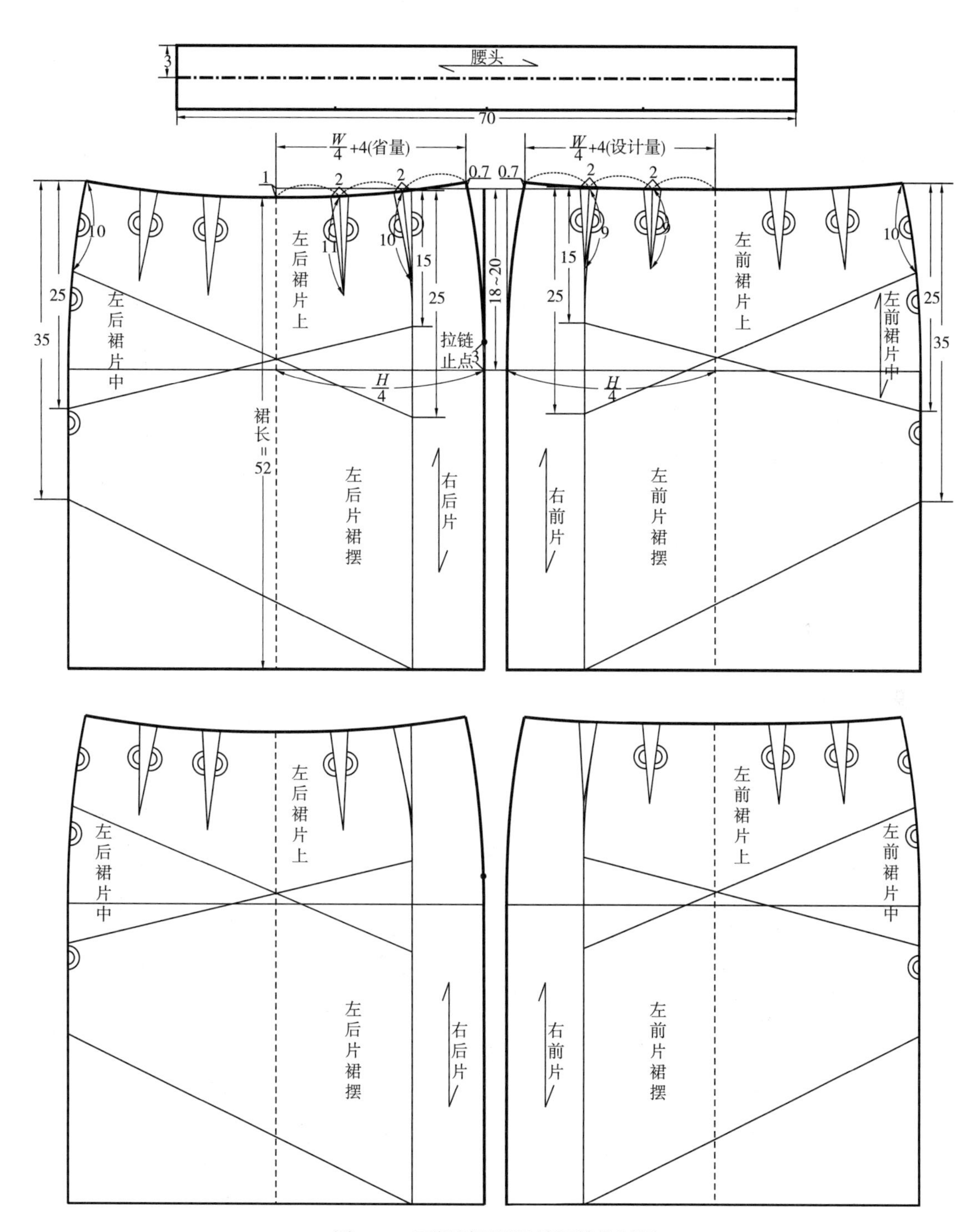

图5-81　不规则蛋糕及膝裙结构制图

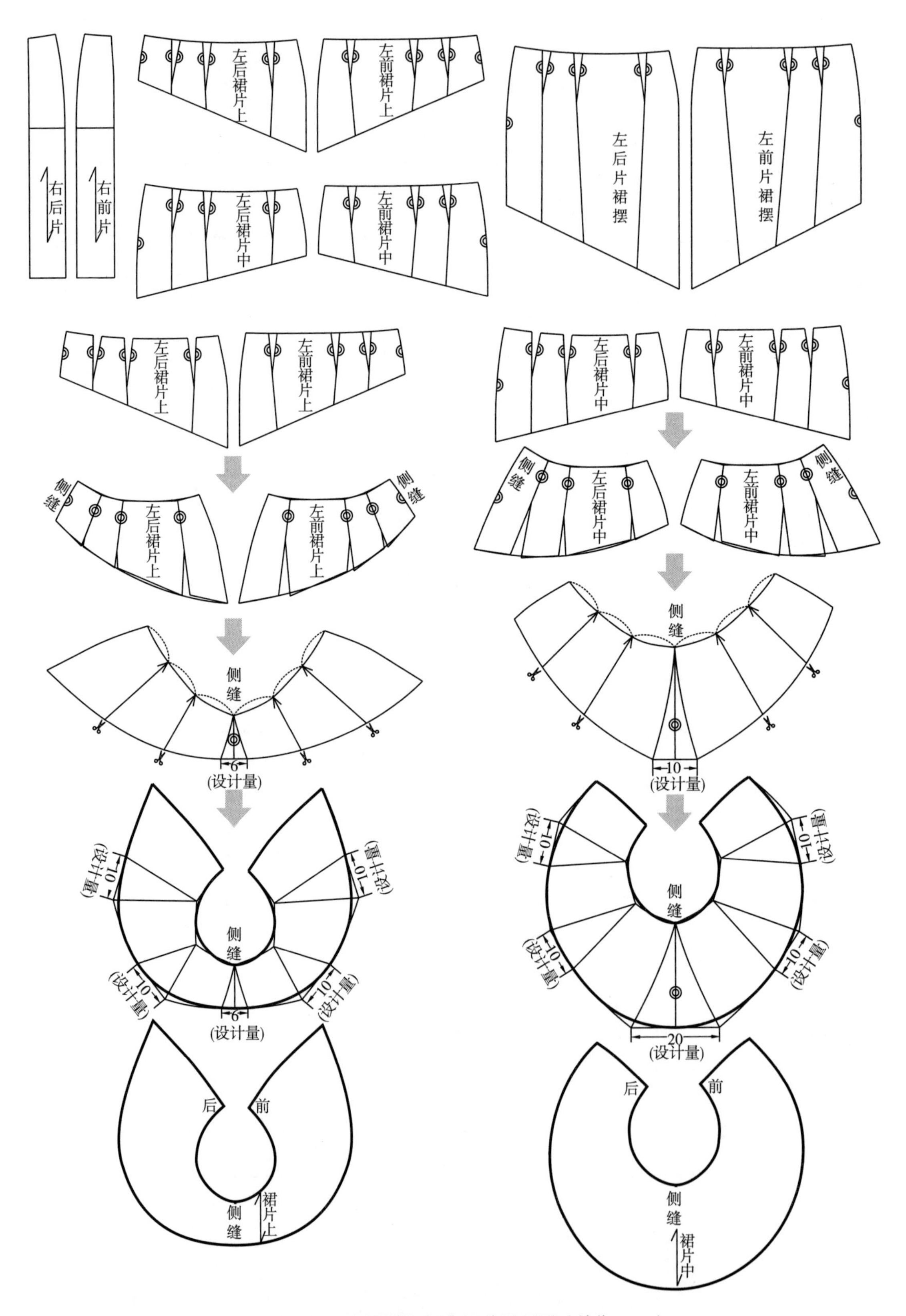

图5-82 不规则蛋糕短裙各裙片展开图（单位：cm）

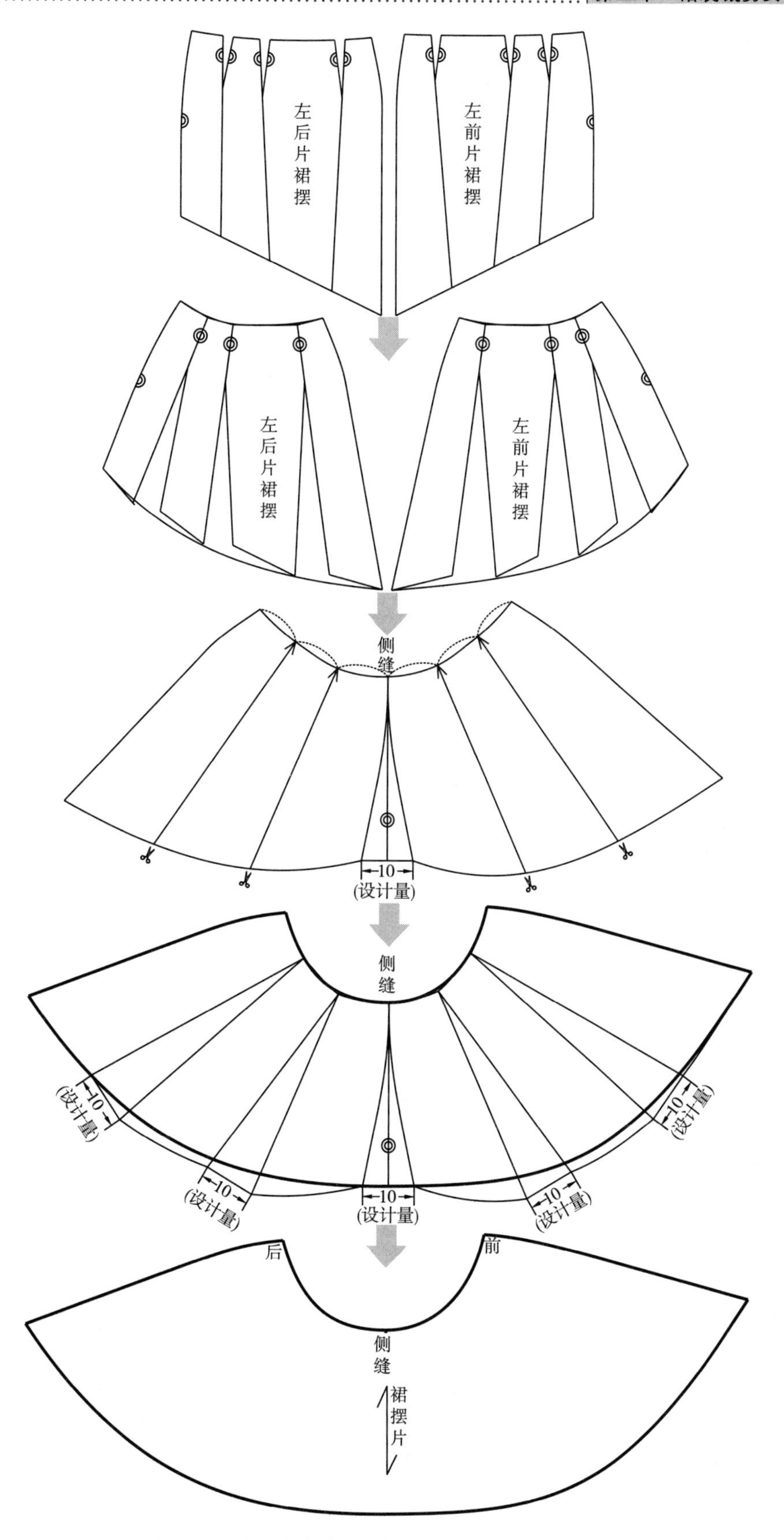

图5-83　不规则蛋糕短裙各裙片展开图（单位：cm）

图5-84 高腰花苞及膝裙效果图

十、高腰花苞及膝裙

1. 款式说明

高腰花苞及膝裙，以华丽的立体造型突出重围，成为当下新宠，如图5-84所示，上窄下宽的设计既突出了腰部的纤细，又对下身起到恰到好处的掩饰作用，百褶与茧型轮廓相结合甜美感十足，再加上腰间的绑带使此裙更添活力。在搭配方面，可选择雪纺上衣、短袖T恤、露肩上衣、镂空吊带等。

2. 款式图

高腰花苞及膝款式图，如图5-85所示。

图5-85 高腰花苞及膝裙款式图

3. 面料、辅料的选择

（1）面料：高腰花苞及膝裙可选择的面料有纯棉布、雪纺、精纺毛呢等面料，如图5-86所示。

（2）辅料：高腰花苞及膝裙选择的辅料有隐形拉链、丝带，如图5-87所示。

纯棉面料

雪纺面料

精纺毛呢面料

图5-86 高腰花苞及膝裙常用面料

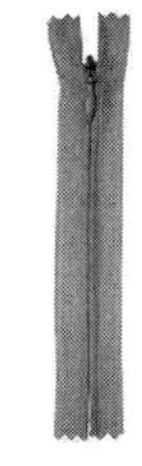

隐形拉链

丝带

图5-87　高腰花苞及膝裙常用辅料

4. 规格尺寸

（1）尺寸计算，以160/68A为例。

腰围（W）：人体净腰围+放松量=68cm+2cm=70cm；

臀围（H）：人体净臀围+放松量=90cm+4cm=94cm；

腰长：人体净腰长=18 ~ 20cm；

裙长：裙长至膝盖上10cm，为55cm（设计量）。此处的裙长即为裙身长。

（2）尺寸表。依据我国使用的女装号型GB/T 1335.2—2008《服装号型　女子》，成衣规格是160/68A。基准测量部位及参考尺寸，见表5-16。

表 5-16　高腰花苞及膝裙参考尺寸

单位：cm

名称	裙长	腰长	腰围	臀围	下摆围（展开后）
规格尺寸	55	18~20	70	94	300

5. 结构图

高腰花苞及膝裙结构图包括前片、后片、腰里贴边、腰带、腰襻、前后腰贴边，如图5-88、图5-89所示。

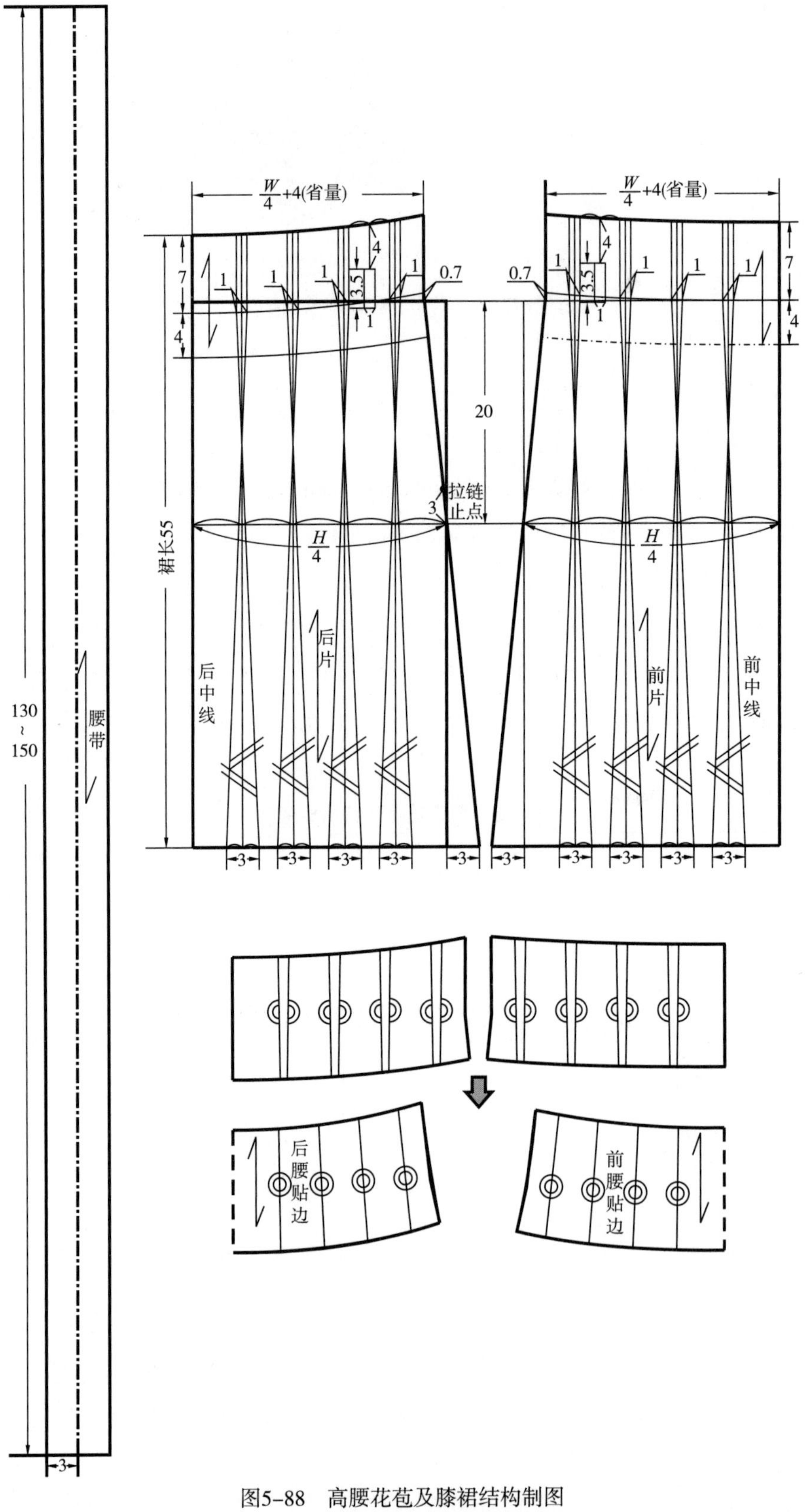

图5-88 高腰花苞及膝裙结构制图

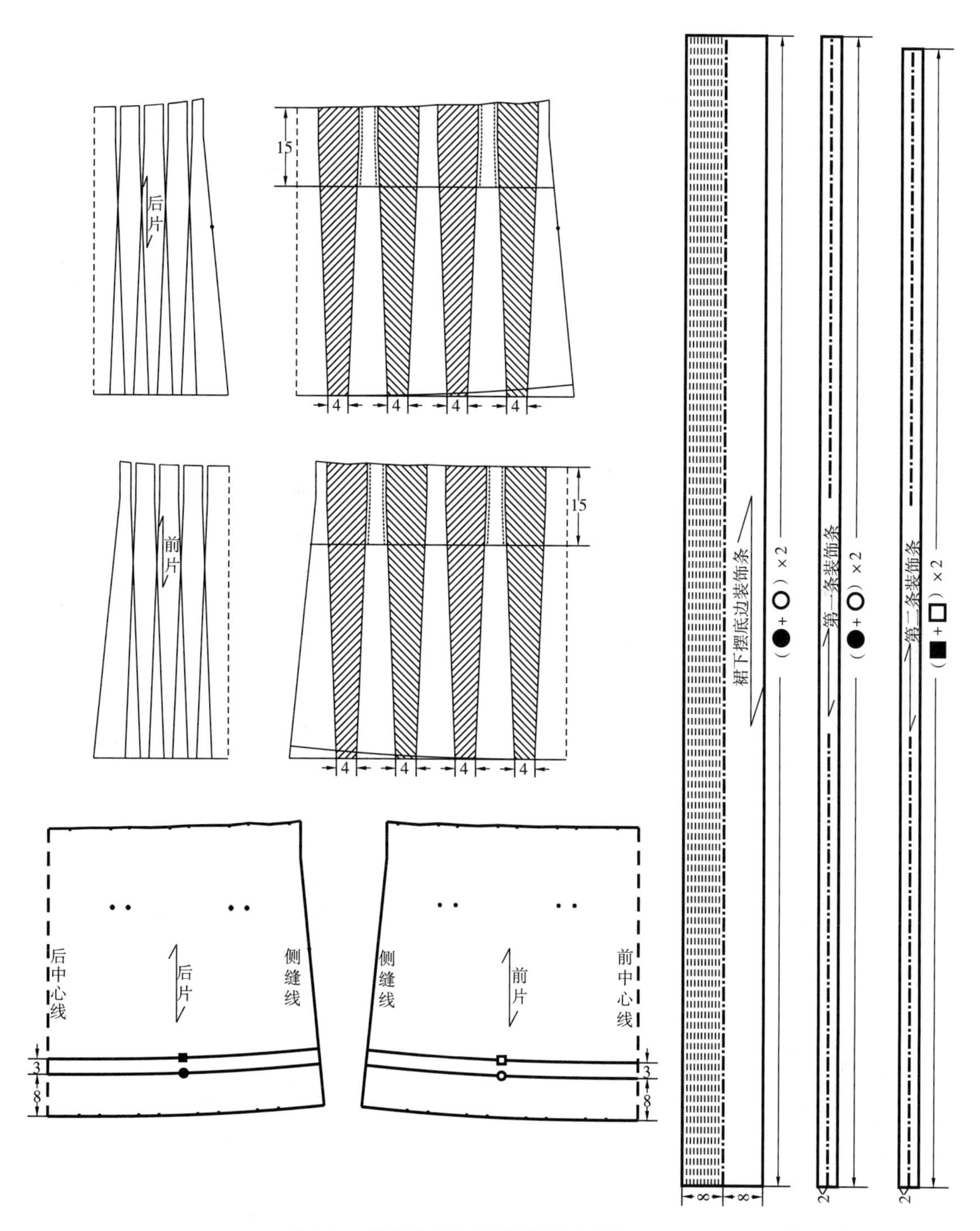

图5-89　高腰花苞及膝裙展开图（单位：cm）

图5-90 侧拉链牛仔过膝裙效果图

十一、侧拉链牛过膝裙

1. 款式说明

侧拉链牛仔过膝裙，如图5-90所示。设计在右侧开衩处装1条侧拉链，方便腿部的活动，裙子腰部有腰襻可以使用腰带，既实用又有装饰作用，裙子后边有两个明贴袋，前面有1个贴袋，两个挖袋集实用与装饰于一体。该裙少女和成熟的女性都可以穿着。年轻女孩可搭配丰富格调的上衣，显示年轻女孩子的青春活力；成熟女性可搭配较时尚面料的上衣，更能表达出女性的干练。

2. 款式图

侧拉链牛仔过膝裙款式图，如图5-91所示。

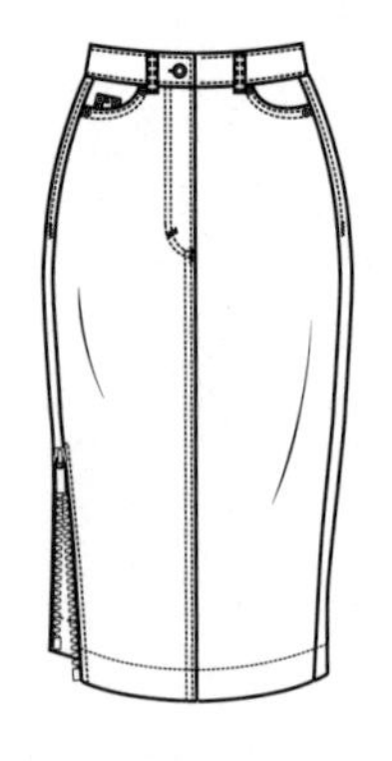

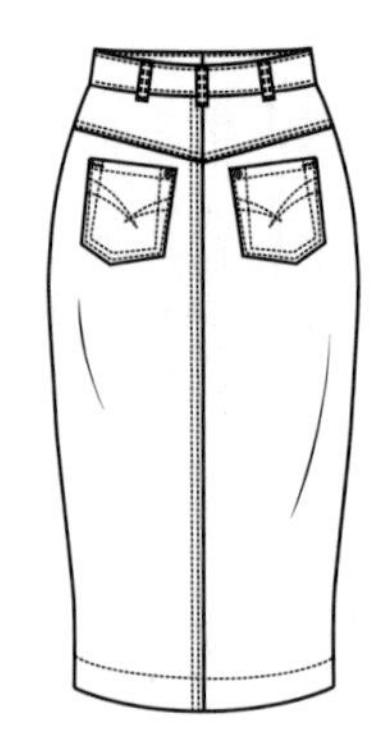

图5-91 侧拉链牛仔过膝裙款式图

3. 面料、辅料的选择

（1）面料：侧拉链牛仔过膝裙可选择的面料有深浅牛仔布、提花牛仔布等，如图5-92所示。

深牛仔面料

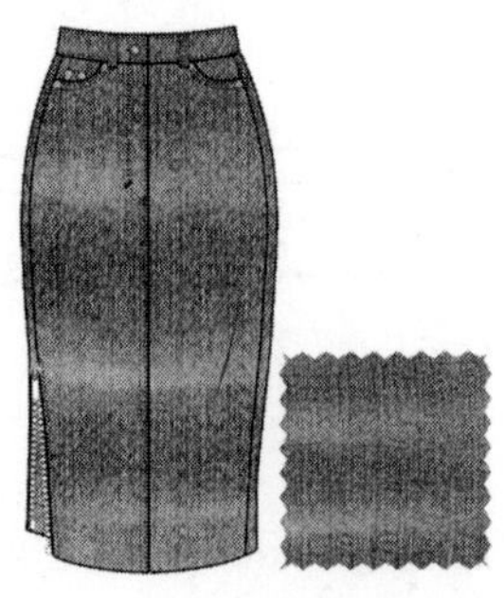

浅牛仔面料

提花牛仔面料

图5-92 侧拉链牛仔过膝裙常用面料

（2）辅料：侧拉链牛仔过膝裙选择的辅料有金属扣、隐形拉链等，如图5-93所示。

金属扣

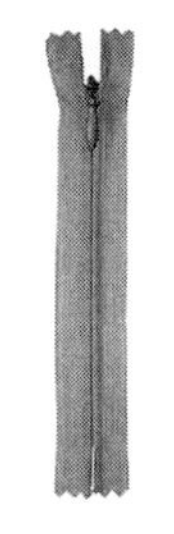

隐形拉链

图5-93　侧拉链牛仔过膝裙常用辅料

4. 规格尺寸

（1）尺寸计算，以160/68A为例。

腰围（W）：人体净腰围+放松量=68cm+2cm=70cm；

臀围（H）：人体净臀围+放松量=90cm+4cm=94cm；

腰长：人体净腰长=18～20cm；

裙长：裙长至膝盖下5cm，60cm（设计量）。该裙的裙长为裙身长与腰头宽之和，其中腰头宽为4cm。

（2）尺寸表。依据我国使用的女装号型GB/T 1335.2—2008《服装号型　女子》，成衣规格是160/68A。基准测量部位及参考尺寸，见表5-17。

表5-17　侧拉链牛仔过膝裙参考尺寸　单位：cm

名称	裙长	腰长	腰围	臀围	下摆围
规格尺寸	60	18~20	70	94	90

5. 结构图

侧拉链牛仔过膝裙结构图包括裙片、腰头、前后贴袋、门襟、底襟、串带襻、垫袋布、育克等，如图5-94所示。

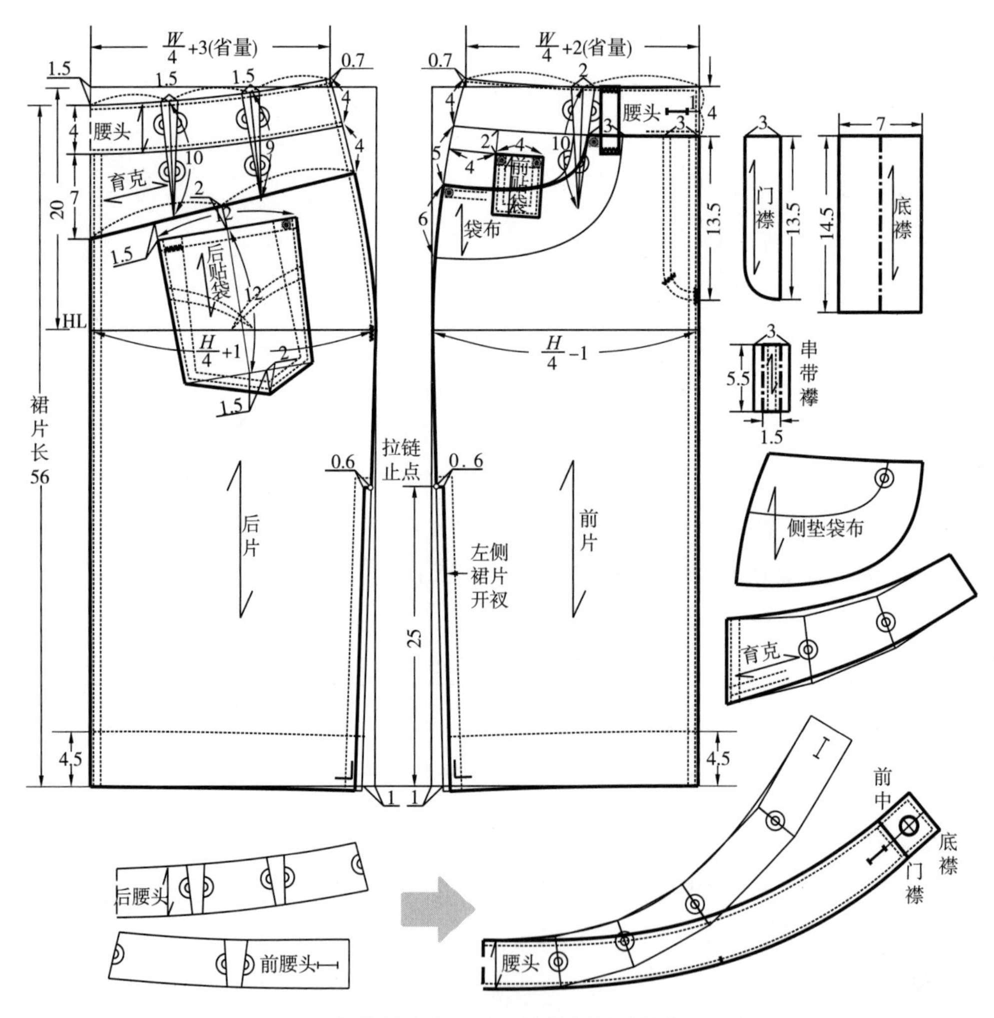

图5-94 侧拉链牛仔过膝裙结构制图（单位：cm）

十二、六片鱼尾过膝裙

图5-95 六片鱼尾过膝裙效果图

1. 款式说明

六片鱼尾过膝裙，既修身又可展现完美身材，款式如图5-95所示。六片式鱼尾裙更加合身，过膝的长度尽显端庄、优雅。这款较为修身的裙型，搭配高跟鞋会更加完美，上衣可以选择宽肩上衣、雪纺上衣和白色T恤等。

2. 款式图

六片裙鱼尾过膝裙款式图，如图5-96所示。

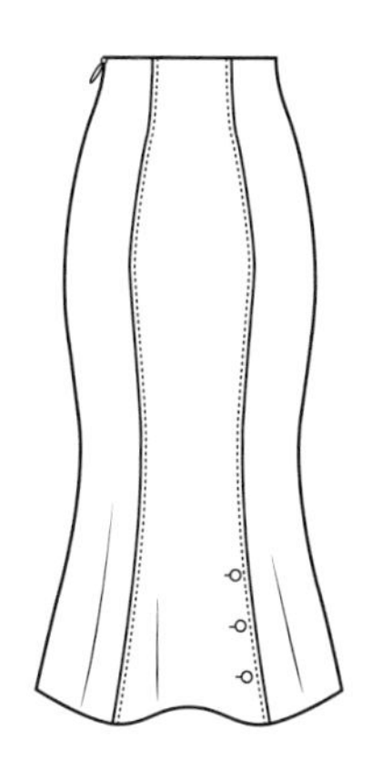

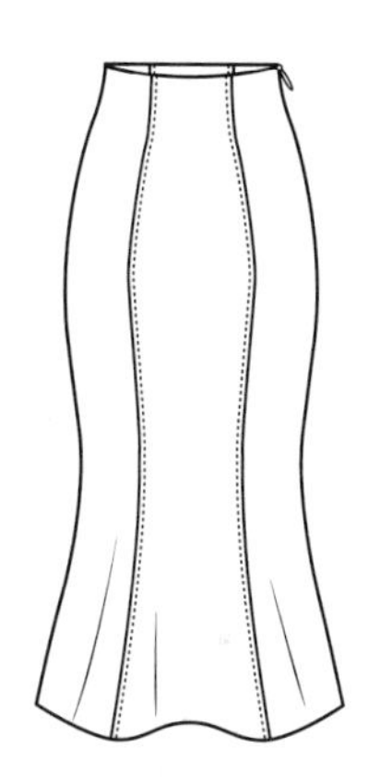

图5-96 六片鱼尾过膝裙款式图

3. 面料、辅料的选择

（1）面料：六片鱼尾过膝裙可选择的面料有提花布、丝绒、雪纺等，如图5-97所示。

提花面料

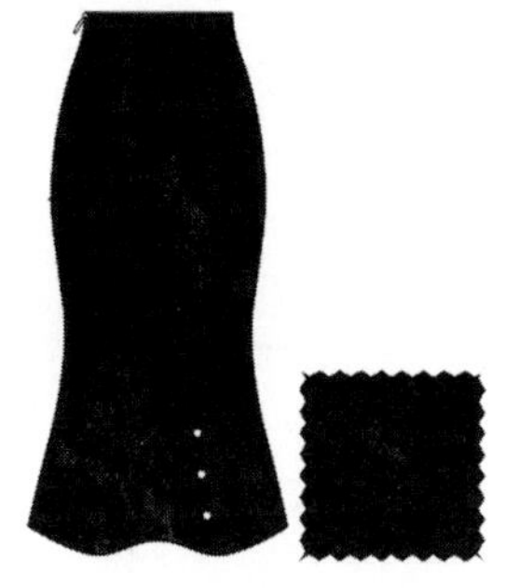

丝绒面料

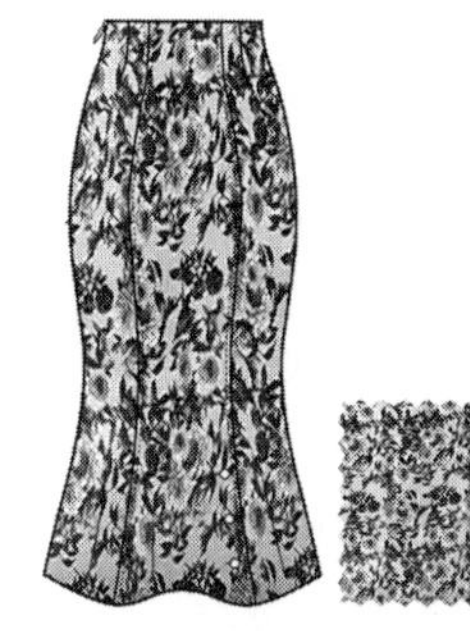

雪纺面料

图5-97 六片鱼尾过膝裙常用面料

（2）辅料：六片鱼尾过膝裙选择的辅料有隐形拉链、扣子，如图5-98所示。

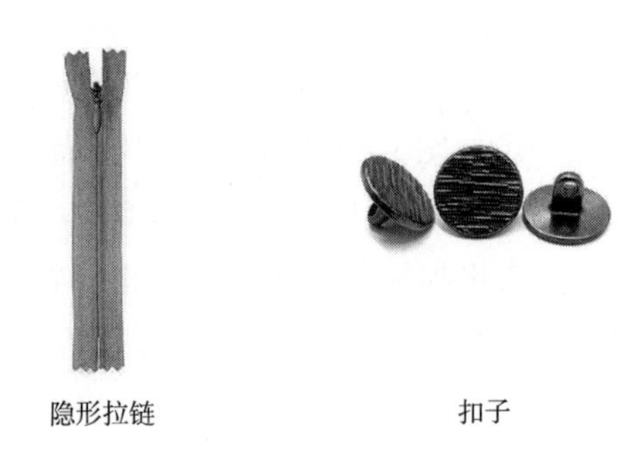

图5-98 六片鱼尾过膝裙常用辅料

4. 规格尺寸

（1）尺寸计算，以160/68A为例。

腰围（*W*）：人体净腰围+放松量=68cm+2cm=70cm；

臀围（*H*）：人体净臀围+放松量=90cm+4cm=94cm；

腰长：人体净腰长=18～20cm；

裙长：裙长至膝盖下5～10cm，为65cm（设计量）。注意，此处的裙长即为裙身长。

（2）尺寸表。依据我国使用的女装号型GB/T 1335.2—2008《服装号型 女子》，成衣规格是160/68A。基准测量部位及参考尺寸，见表5-18。

表5-18 六片鱼尾过膝裙参考尺寸 单位：cm

名称	裙长	腰长	腰围	臀围	下摆围
规格尺寸	65	18~20	70	94	123

5. 结构图

六片鱼尾过膝裙结构图包括裙身、前腰贴边、后腰贴边，如图5-99所示。

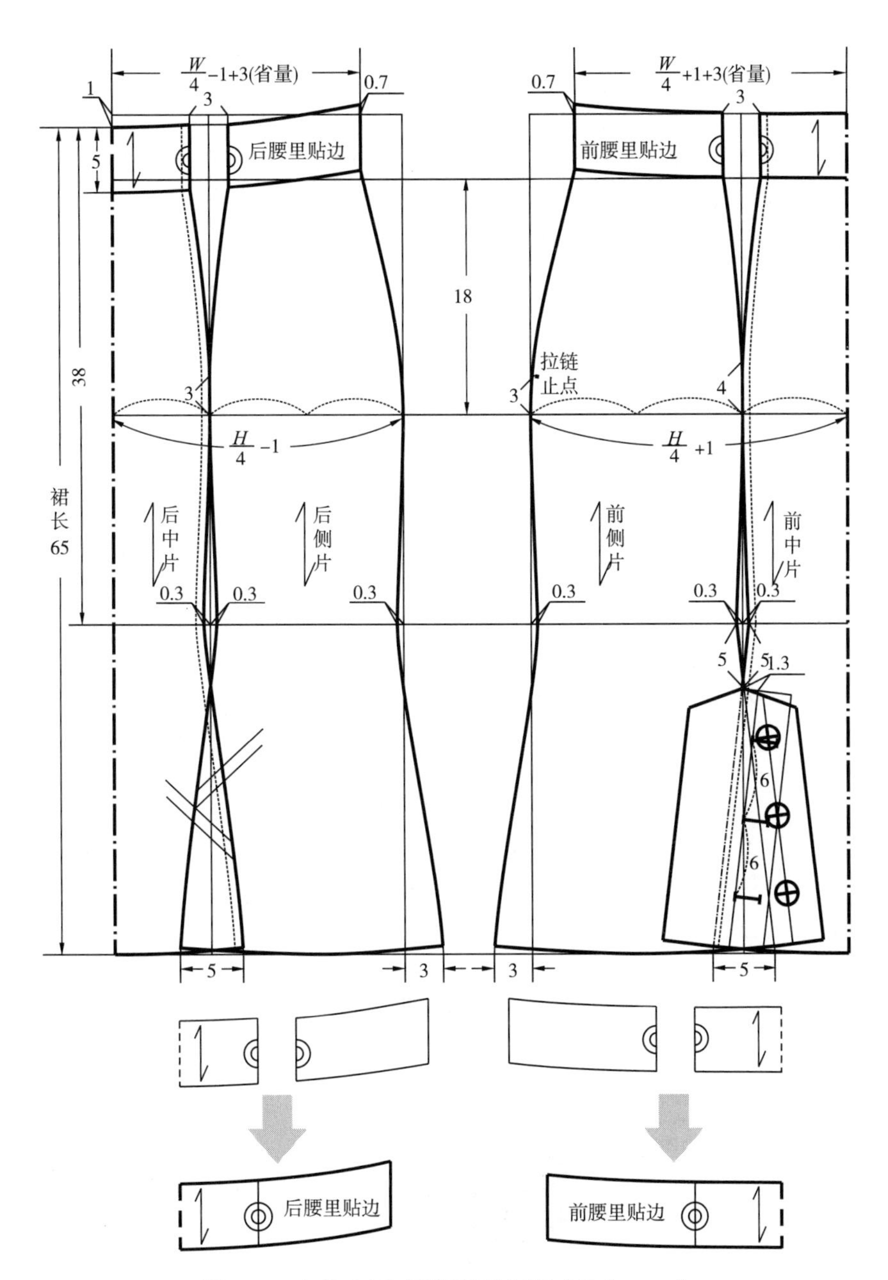

图5–99　六片鱼尾过膝裙结构制图（单位：cm）

图5-100 拼接鱼尾过膝裙效果图

十三、拼接鱼尾过膝裙

1. 款式说明

拼接鱼尾过膝裙，款式如图5-100所示。鱼尾裙是近几年流行的一款裙子，冬天穿百褶裙，夏天就要尝试穿鱼尾裙。鱼尾裙与一款百搭的短款T恤，就能很好地被穿着者驾驭，无袖款式的短上衣和长袖衬衣也可以很好地搭配鱼尾裙，职业衬衣搭配鱼尾裙可以在凸显青春活力的同时，更有一丝成熟女人味。

2. 款式图

拼接鱼尾过膝裙款式图，如图5-101所示。

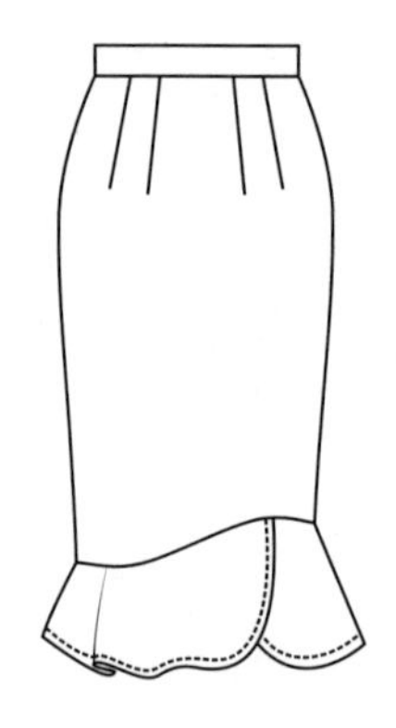

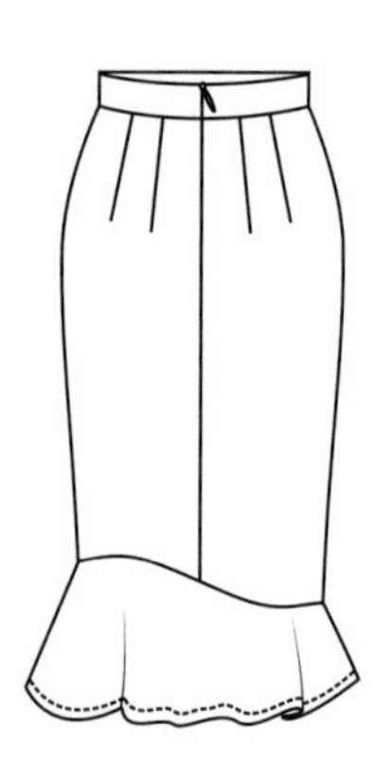

图5-101 拼接鱼尾过膝裙款式图

3. 面料、辅料的选择

（1）面料：拼接鱼尾过膝裙可选择的面料有雪纺、牛仔布、蕾丝等，如图5-102所示。

雪纺面料

牛仔面料

蕾丝面料

图5-102 拼接鱼尾过膝裙常用面料

（2）辅料：拼接鱼尾过膝裙选择的辅料为隐形拉链，如图5-103所示。

隐形拉链

图5-103　拼接鱼尾过膝裙常用辅料

4. 规格尺寸

（1）尺寸计算，以160/68A为例。

腰围（*W*）：人体净腰围+放松量=68cm+2cm=70cm；

臀围（*H*）：人体净臀围+放松量=90cm+4cm=94cm；

腰长：人体净腰长=18～20cm；

裙长：裙长至膝盖下5～10cm，为64cm（设计量）。注意，这里的裙长为裙身长与腰头宽之和。

（2）尺寸表。依据我国使用的女装号型GB/T 1335.2—2008《服装号型　女子》，成衣规格是160/68A。基准测量部位及参考尺寸，见表5-19。

表5-19　拼接鱼尾过膝裙参考尺寸　单位：cm

名称	裙长	腰长	腰围	臀围	下摆围
规格尺寸	64	18~20	70	94	138

5. 结构图

拼接鱼尾过膝裙结构图包括裙身、腰头、裙摆边，如图5-104所示。

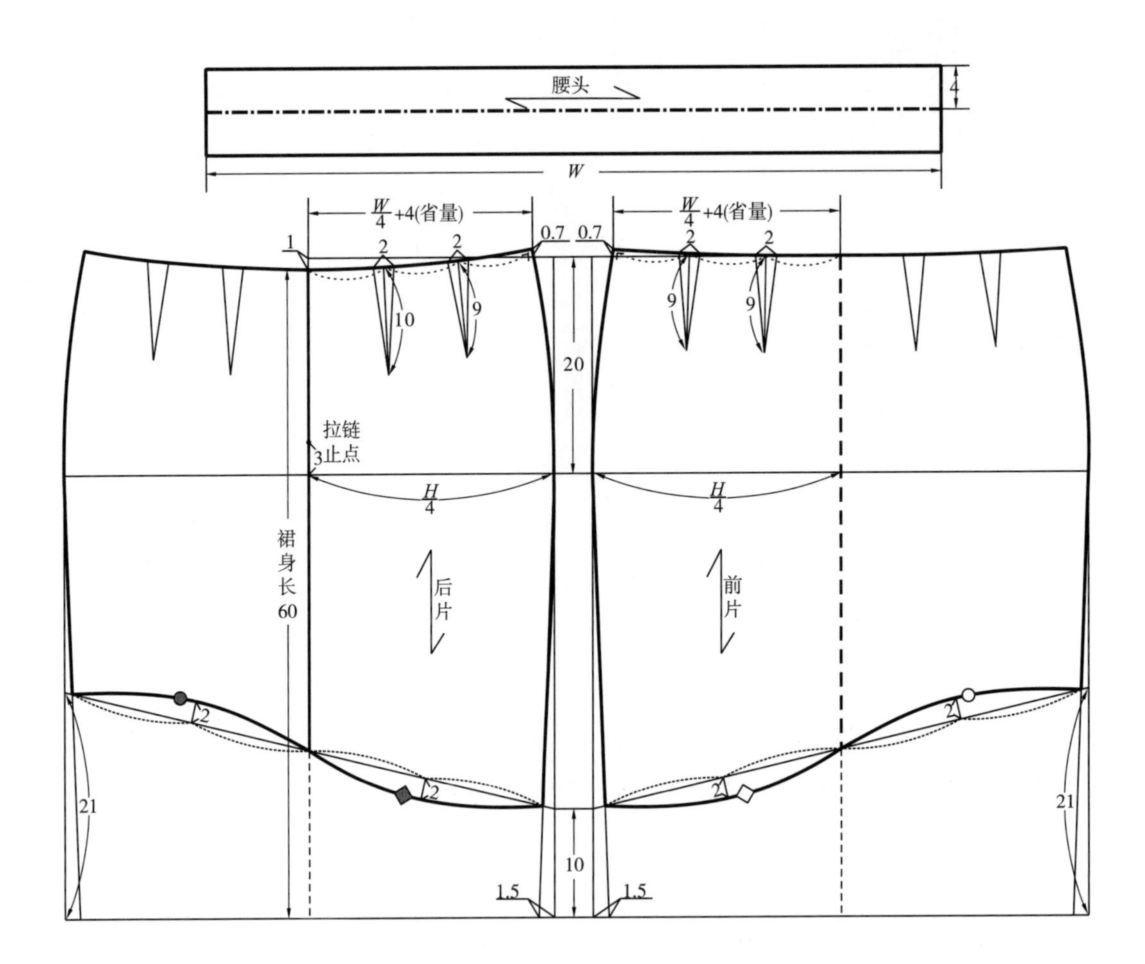

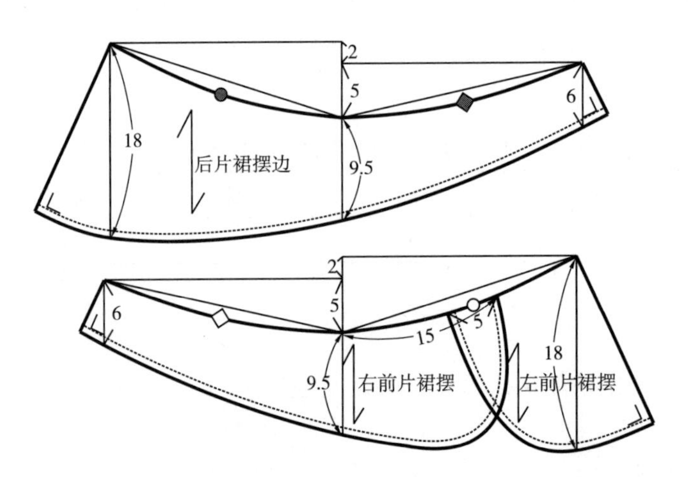

图5-104　拼接鱼尾过膝裙结构制图（单位：cm）

十四、明贴袋前开衩A型过膝裙

1. 款式说明

明贴袋前开衩A型过膝裙，如图5-105所示。A型裙前开衩在视觉上纵向延伸了身体线条，打造显瘦又显高的视觉效果。明贴袋的设计是这款裙子的点睛之笔，使这款裙子前卫又有青春活力。可以选择搭配休闲Polo衫、宽松T恤、短款卫衣、吊带等。

图5-105 明贴袋前开衩A型过膝裙效果图

2. 款式图

明贴袋前开衩A型过膝裙款式图，如图5-106所示。

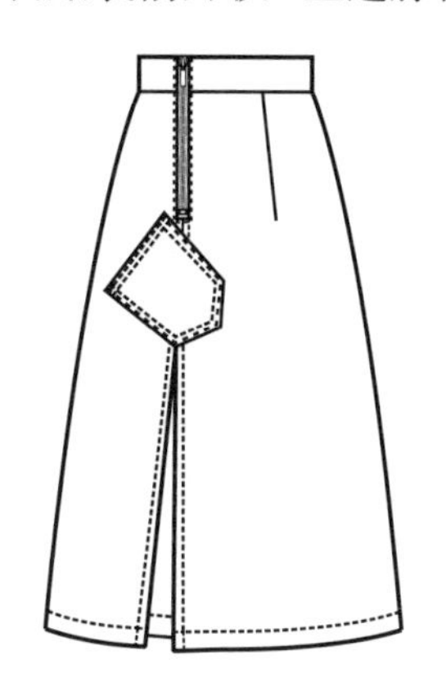

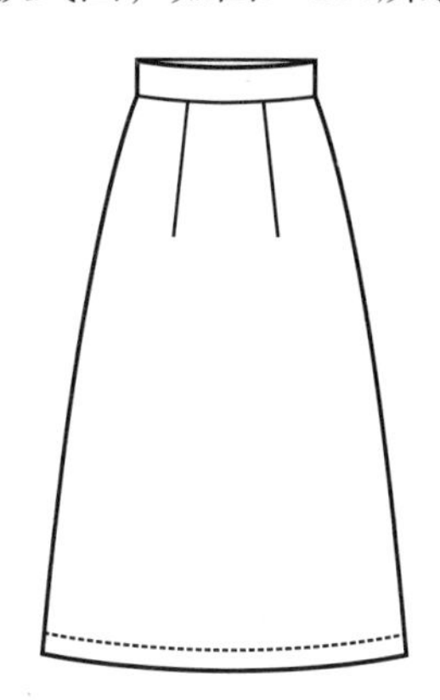

图5-106 明贴袋前开衩A型过膝裙款式图

3. 面料、辅料的选择

（1）面料：明贴袋前开衩A型过膝裙可选择的面料有涤纶、牛仔布、PU等，如图5-107所示。

（2）辅料：明贴袋前开衩A型过膝裙选择的辅料为拉链，如图5-108所示。

4. 规格尺寸

（1）尺寸计算，以160/68A为例。

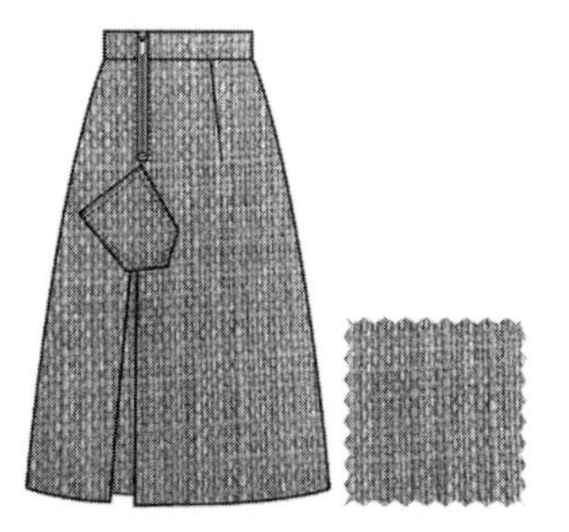

涤纶面料

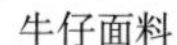

牛仔面料

PU面料

图5-107 明贴袋前开衩A型过膝裙常用面料

腰围（W）：人体净腰围+放松量=68cm+2cm=70cm；

臀围（H）：人体净臀围+放松量=90cm+4cm=94cm；

腰长：人体净腰长=18～20cm；

裙长：裙长至膝盖下10～15cm，为70cm（设计量）。注意，此处的裙长为裙身长与腰头宽之和。

（2）尺寸表。依据我国使用的女装号型GB/T 1335.2—2008《服装号型　女子》，成衣规格是160/68A。基准测量部位及参考尺寸，见表5–20。

拉链

图5–108　明贴袋前开衩A型过膝裙常用辅料

表5–20　明贴袋前开衩A型过膝裙参考尺寸　　单位：cm

名称	裙长	腰长	腰围	臀围	下摆围
规格尺寸	70	18~20	70	94	122

5. 结构图

明贴袋前开衩A型过膝裙结构图包括裙身、腰头，如图5–109所示。

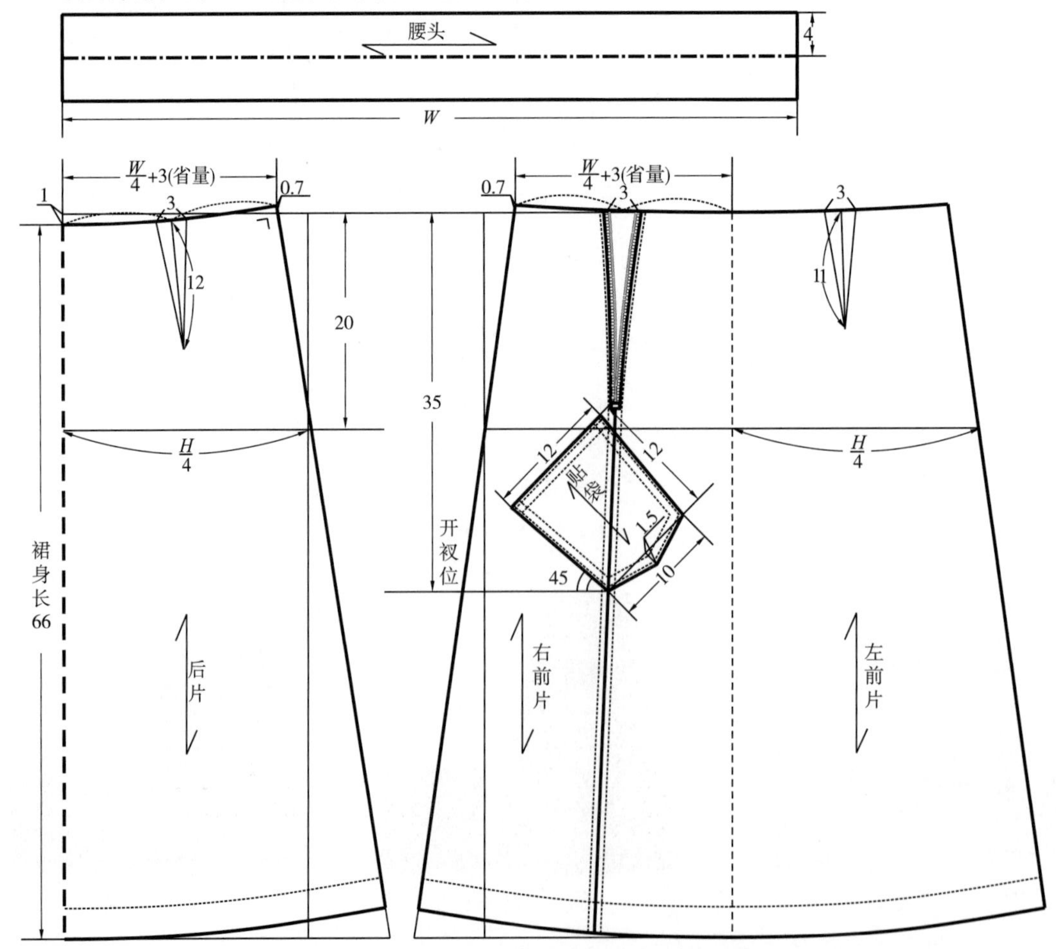

图5–109　明贴袋前开衩A型过膝裙结构制图（单位：cm）

图5-110　不规则下摆长裙效果图

十五、不规则下摆长裙

1. **款式说明**

不规则下摆长裙，如图5-110所示。裙子的下摆做成不规则的设计让裙子更加飘逸，走动起来富有动感，不管是年轻还是成熟女性穿上这种裙子都适合，不规则下摆长裙可以选择搭配的上衣款式有简单T恤、衬衫、外套等。

2. **款式图**

不规则下摆长裙款式图，如图5-111所示。

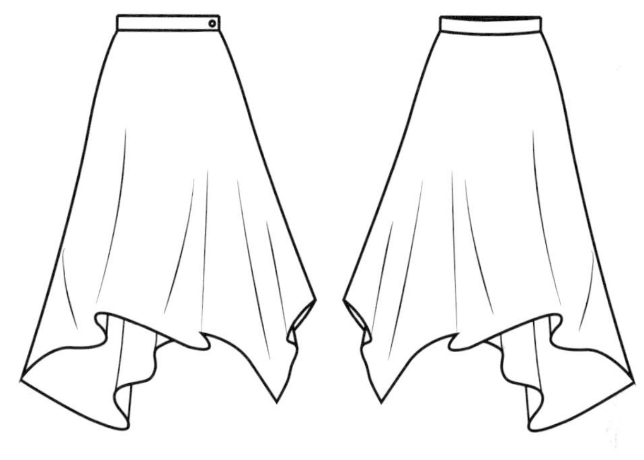

图5-111　不规则下摆长裙款式图

3. **面料、辅料的选择**

（1）面料：不规则下摆长裙可选择的面料有蕾丝、提花布、欧根纱等面料，如图5-112所示。

蕾丝面料

提花面料

欧根纱面料

图5-112　不规则下摆长裙常用面料

（2）辅料：不规则下摆长裙选择的辅料有隐形拉链、纽扣，如图5-113所示。

图5-113 不规则下摆长裙常用辅料

4. 规格尺寸

（1）尺寸计算，以160/68A为例。

腰围（W）：人体净腰围+放松量=68cm+2cm=70cm；

裙长：可根据款式设计要求决定，该款为78cm。注意，此处的裙长为裙身长与腰头宽之和。

（2）尺寸表。依据我国使用的女装号型GB/T 1335.2—2008《服装号型 女子》，成衣规格是160/68A。基准测量部位及参考尺寸，见表5-21。

表5-21 不规则下摆长裙参考尺寸 单位：cm

名称	裙长	腰围	下摆围
规格尺寸	78	70	260

5. 结构图

不规则下摆长裙结构图包括裙身、腰头，如图5-114所示。

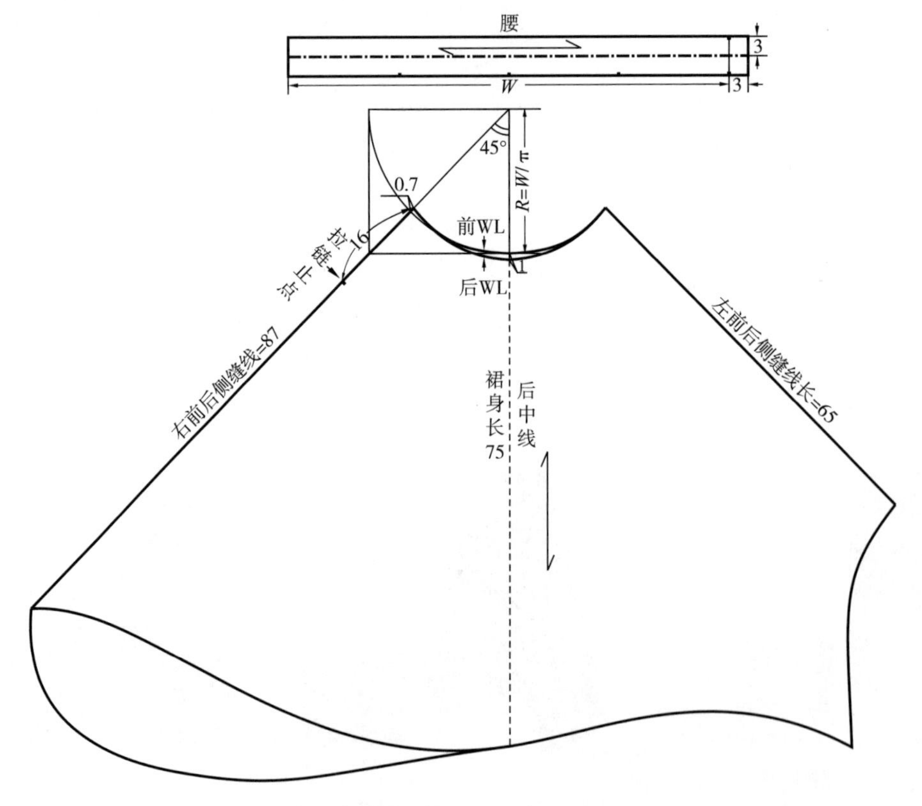

图5-114 不规则下摆长裙结构制图（单位：cm）

图5-115　包缠式长裙效果图

十六、包缠式长裙

1. 款式说明

包缠式长裙，如图5-115所示。裙子的腰部设计拉长了腰线，腰带起装饰作用，侧面有八粒扣子，既有实用功能又具有美观的效果。裙子的反面是包缠式的长裙。这款裙子比较适合身材高挑的女性，服装的搭配可以选择款式简单T恤、衬衫等。

2. 款式图

包缠式长裙款式图，如图5-116所示。

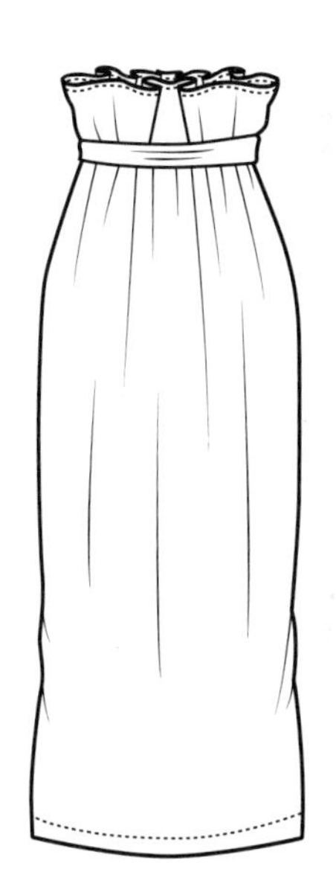

图5-116　包缠式长裙款式图

3. 面料、辅料的选择

（1）面料：包缠式长裙可选择的面料有牛仔布、纯棉布、雪纺等，如图5-117所示。

牛仔面料

纯棉面料

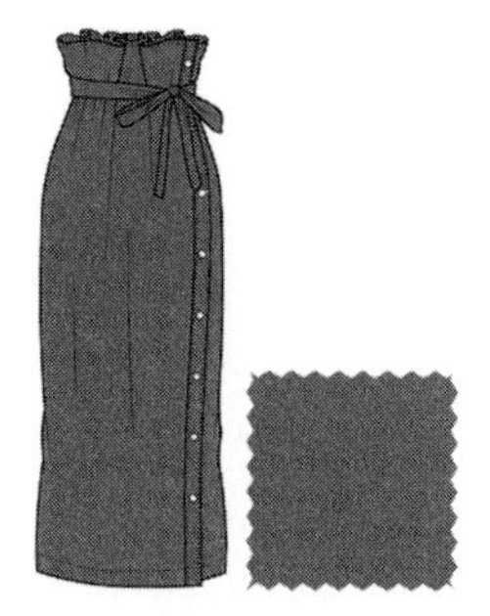

雪纺面料

图5-117　包缠式长裙常用面料

（2）辅料：包缠式长裙选择的辅料有四合扣、丝带，如图5-118所示。

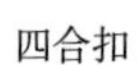

图5-118　包缠式长裙常用辅料

4. 规格尺寸

（1）尺寸计算，以160/68A为例。

腰围（W）：人体净腰围+放松量=68cm+32cm=100cm；

裙长：裙长至小腿，为85cm。该裙的裙长即为裙身长。

（2）尺寸表。依据我国使用的女装号型GB/T 1335.2—2008《服装号型　女子》，成衣规格是160/68A。基准测量部位以及参考尺寸，见表5-22所示。

表5-22　包缠式长裙参考尺寸　　单位：cm

名称	裙长	腰围	下摆围
规格尺寸	85	100	100

5. 结构图

包缠式长裙结构图包括裙身、底襟、腰带，如图5-119所示。

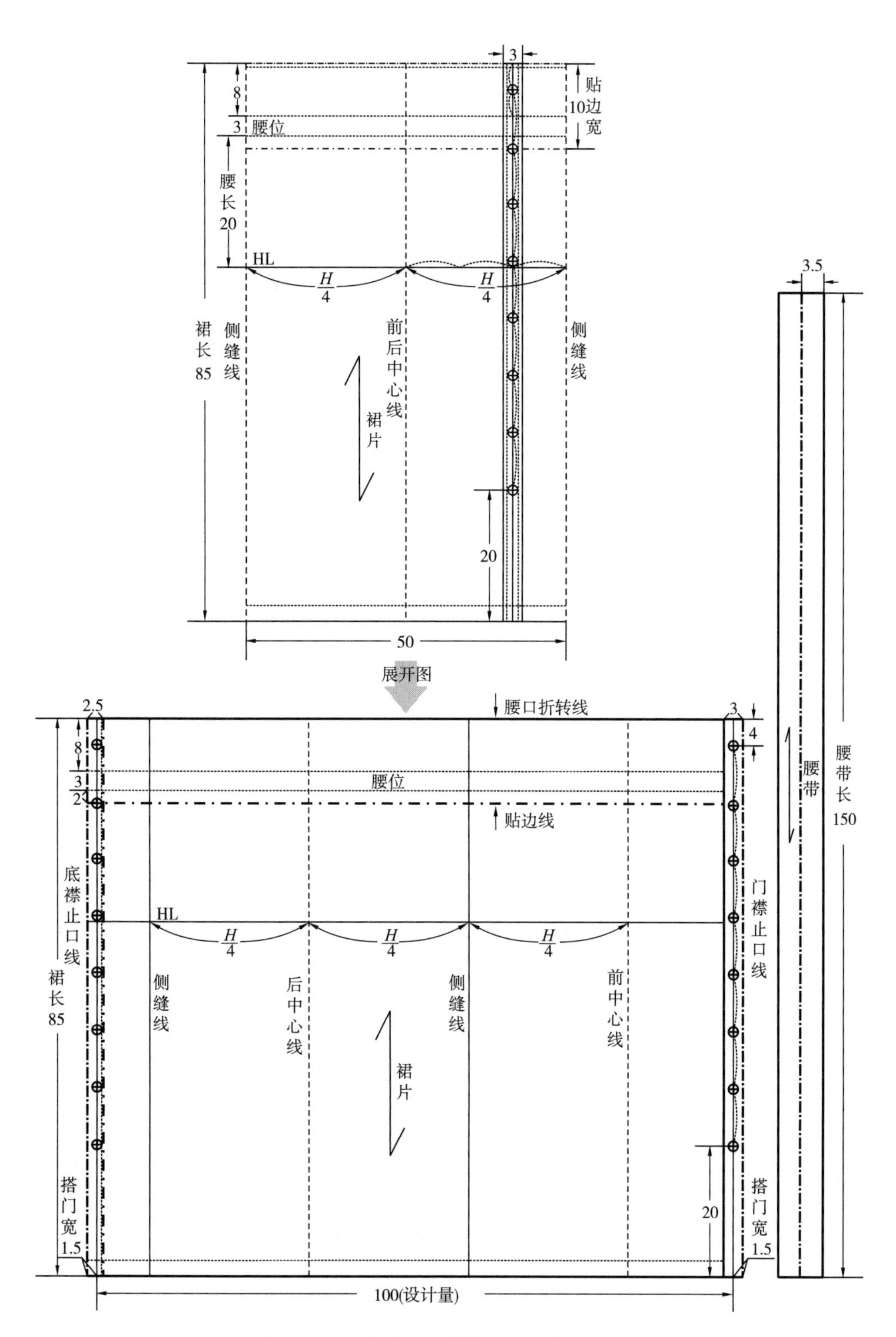

图5-119 包缠式长裙结构制图（单位：cm）

图5-120 一片式开衩长裙效果图

十七、一片式开衩长裙

1. 款式说明

一片式开衩长裙，如图5-120所示。裙子的整体造型是A型长裙，设计非常大气。腰部的飘带使裙子更加飘逸，活动起来更加灵动。这款裙子比较偏向成熟优雅的女性。上衣可以选择搭配简单的T恤、衬衫等。

2. 款式图

一片式开衩长裙款式图，如图5-121所示。

图5-121 一片式开衩长裙款式图

3. 面料、辅料的选择

（1）面料：一片式开衩长裙可选择的面料有雪纺、真丝、丝绒等，如图5-122所示。

（2）辅料：一片式开衩长裙选择的辅料为丝带，如图5-123所示。

雪纺面料

真丝面料

丝绒面料

图5-122 一片式开衩长裙常用面料

丝带

图5-123 一片式开衩长裙常用辅料

4. **规格尺寸**

（1）尺寸计算，以160/68A为例。

腰围（W）：人体净腰围+放松量=68cm+2cm=70cm；

臀围（H）：人体净臀围+放松量=90cm+4cm=94cm；

腰长：人体净腰长=18～20cm；

裙长：裙长至脚踝，为90cm。注意，该裙裙长为裙身长与腰头宽之和。

（2）尺寸表。依据我国使用的女装号型GB/T 1335.2—2008《服装号型　女子》，成衣规格是160/68A。基准测量部位及参考尺寸，见表5-23。

表5-23　一片式开衩长裙参考尺寸　　单位：cm

名称	裙长	腰长	腰围	臀围	下摆围
规格尺寸	90	18~20	70	94	192

5. **结构图**

一片式开衩长裙结构图包括裙身、腰头、镶边等，如图5-124所示。

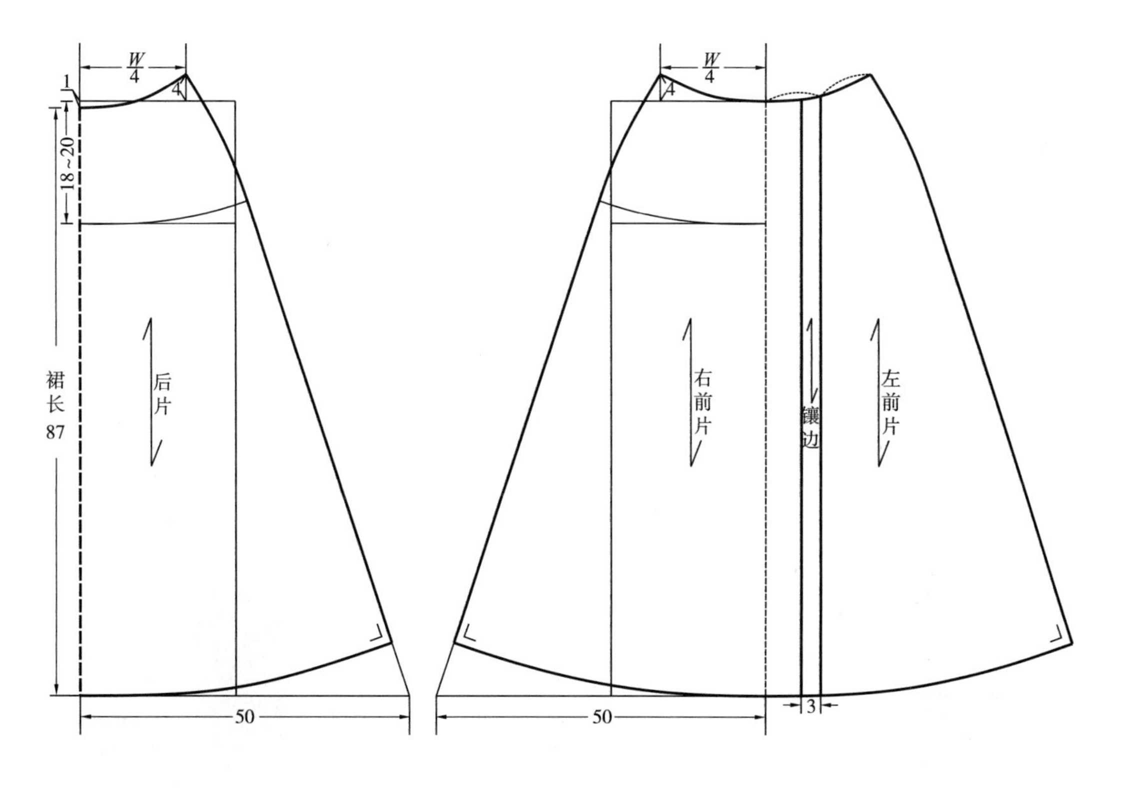

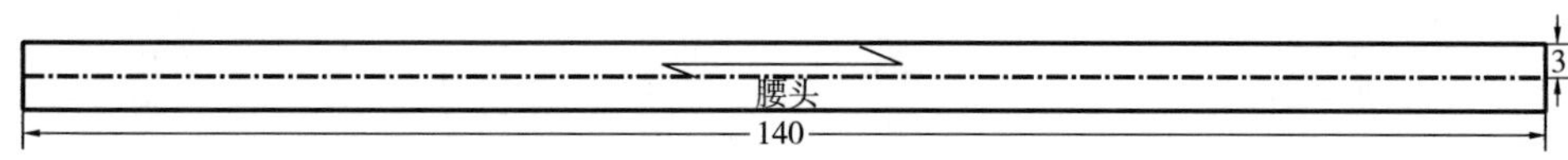

图5-124　一片式开衩长裙结构制图（单位：cm）

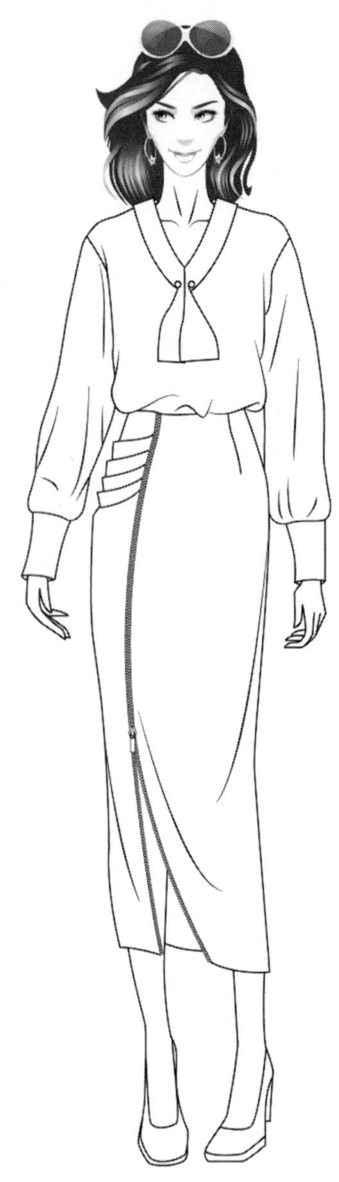

图5-125 低腰位侧拉链修身长裙效果图

十八、低腰位侧拉链修身长裙

1. 款式说明

低腰位侧拉链修身长裙，如图5-125所示。裙子正面是包臀的长裙，侧面有褶皱设计。其侧拉链的设计既实用又美观，并且拉链可以根据不同的需要控制开衩的高度，非常方便腿部的活动。这款长裙适合身材比较高挑的女性，上衣可以选择搭配简单的T恤、衬衫等。

2. 款式图

低腰位侧拉链修身长裙款式图，如图5-126所示。

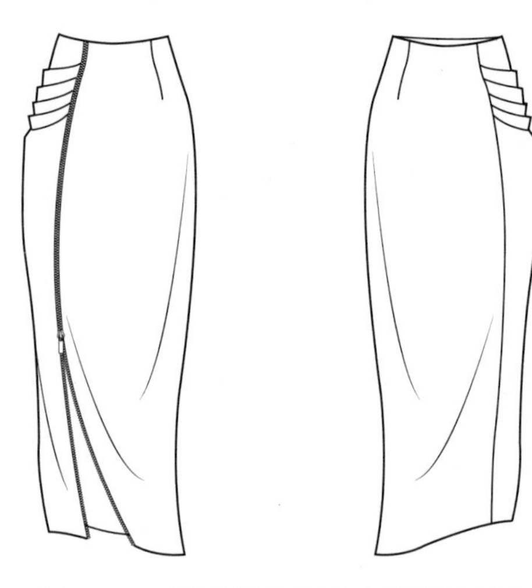

图5-126 低腰位侧拉链修身长裙款式图

3. 面料、辅料的选择

（1）面料：低腰位侧拉链修身长裙可选择的面料有丝绒、雪纺、纯棉布等，如图5-127所示。

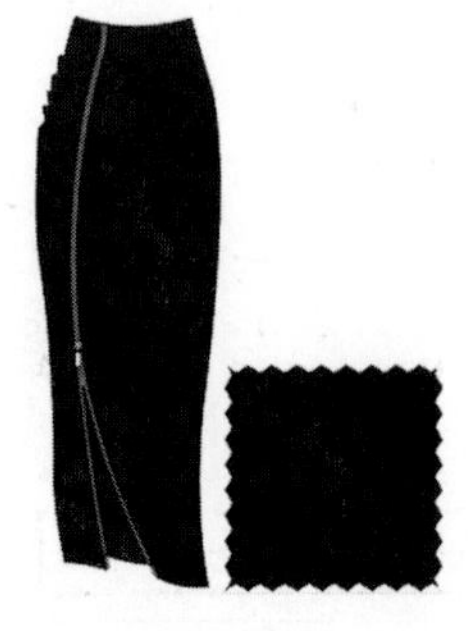

丝绒面料

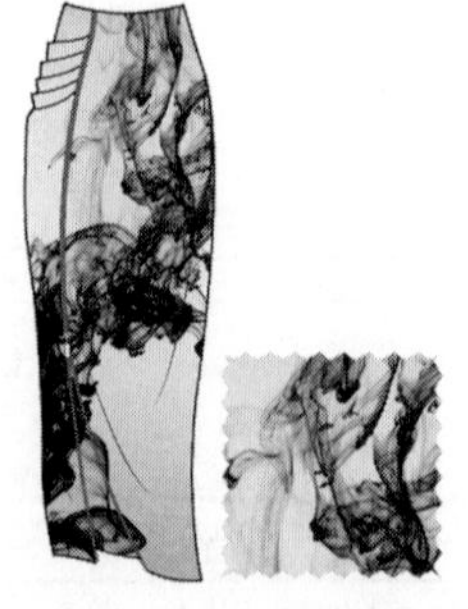

雪纺面料

纯棉面料

图5-127 低腰位侧拉链修身长裙常用面料

（2）辅料：低腰位侧拉链修身长裙选择的辅料为拉链，如图5–128所示。

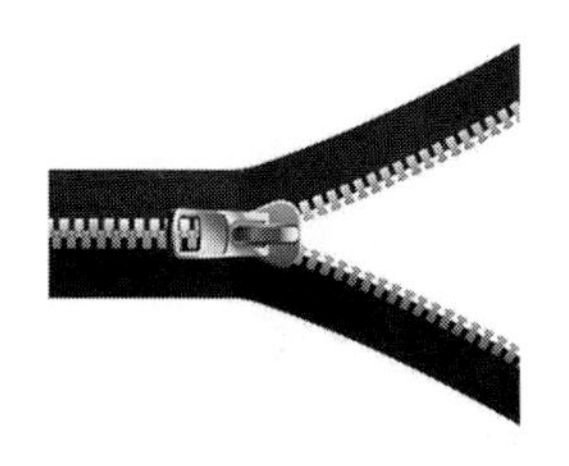

拉链

图5–128　低腰位侧拉链修身长裙常用辅料

4. **规格尺寸**

（1）尺寸计算，以160/68A为例。

腰围（W）：人体净腰围+放松量=68cm+2cm=70cm；

臀围（H）：人体净臀围+放松量=90cm+4cm=94cm；

腰长：人体净腰长=17cm；

裙长：裙长至膝盖下10～15cm，为75cm（设计量）。该裙裙长即为裙身长。

（2）尺寸表。依据我国使用的女装号型GB/T 1335.2—2008《服装号型　女子》，成衣规格是160/68A。基准测量部位及参考尺寸，见表5–24。

表5–24　低腰位侧拉链修身长裙参考尺寸　　单位：cm

名称	裙长	腰长	腰围	臀围	下摆围
规格尺寸	75	17	70	94	86

5. **结构图**

低腰位侧拉链修身长裙结构图包括裙身、侧缝片，如图5–129所示。

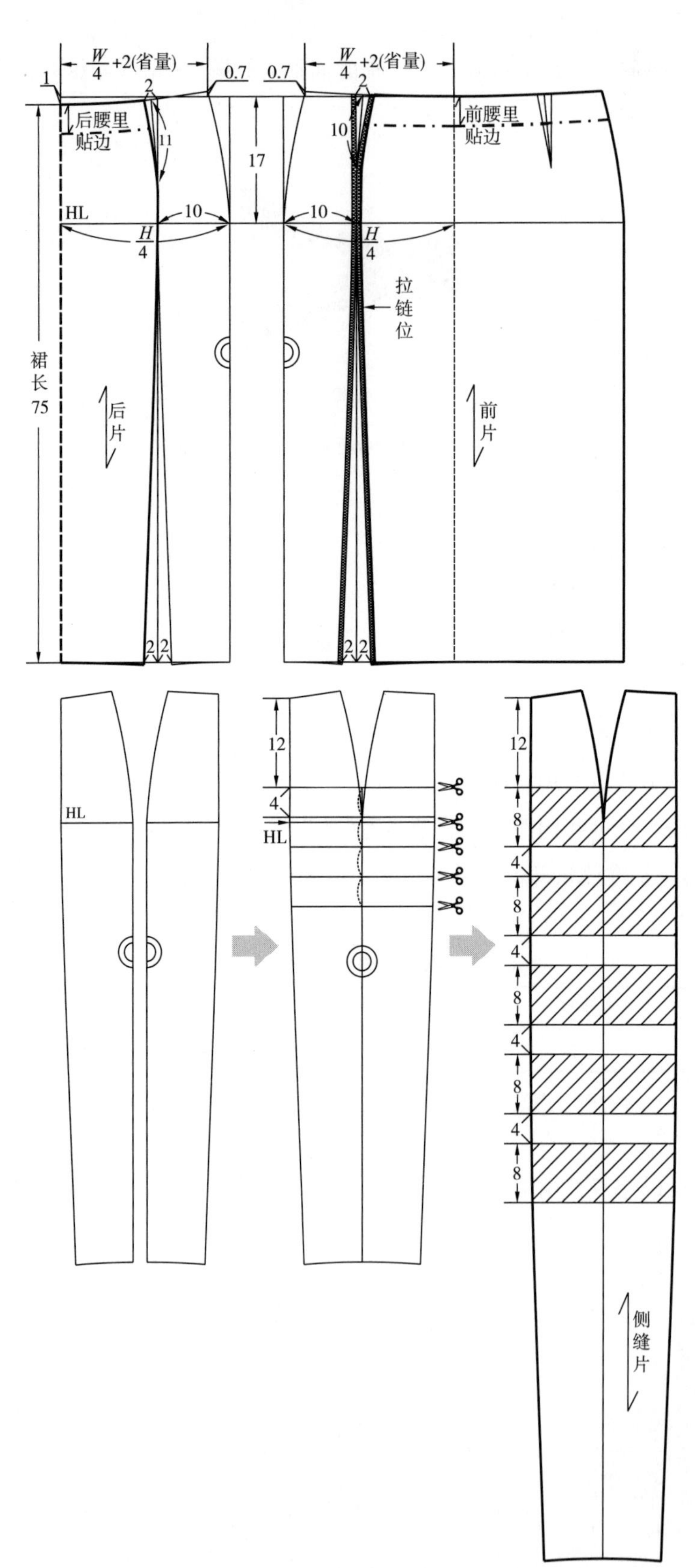

图5-129　侧拉链修身长裙结构制图（单位：cm）

图5-130 哆啦A梦口袋直筒背带裙效果图

十九、哆啦A梦口袋直筒背带裙

1. 款式说明

哆啦A梦口袋直筒背带裙，如图5-130所示。长款的直筒裙配以背带，背带前短后长，穿着时利用背带把裙子吊起，既方便又实用。裙子前片装饰有大小两个口袋，这种款式适合的人群比较广泛，胖瘦都适合，可以选择搭配短款的T恤、衬衫或者外套。

2. 款式图

哆啦A梦口袋直筒背带裙款式图，如图5-131所示。

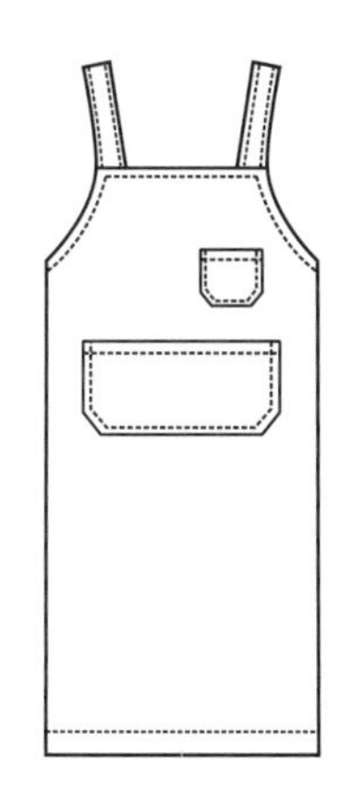

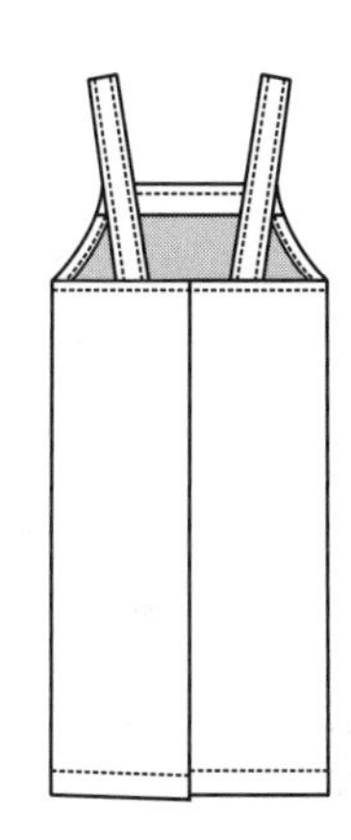

图5-131 哆啦A梦口袋直筒背带裙款式图

3. 面料、辅料的选择

（1）面料：哆啦A梦口袋直筒背带裙可选择的面料有牛仔布、灯芯绒、丝绒等，如图5-132所示。

牛仔面料

灯芯绒面料

丝绒面料

图5-132 哆啦A梦口袋直筒背带裙常用面料

（2）辅料：哆啦A梦口袋直筒背带裙选择的辅料有隐形拉链，如图5-133所示。

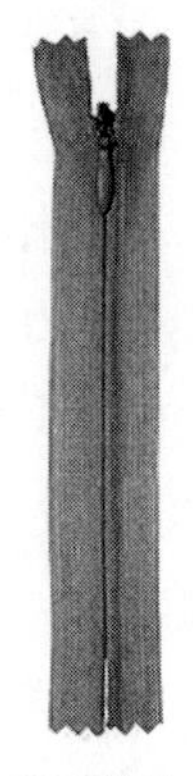

隐形拉链

图5-133　哆啦A梦口袋直筒背带裙常用辅料

4. 规格尺寸

（1）尺寸计算，以160/68A为例。

胸围：人体净胸围+放松量=84cm+26cm=110cm；

下摆围：110cm；

裙长：裙长至小腿，为90cm。注意，该裙长为裙身上。

（2）尺寸表。依据我国使用的女装号型GB/T 1335.2—2008《服装号型　女子》，成衣规格是160/68A。基准测量部位及参考尺寸，见表5-25。

表5-25　哆啦A梦口袋直筒背带裙参考尺寸　单位：cm

名称	裙长	胸围	下摆围
规格尺寸	90	110	110

5. 结构图

哆啦A梦口袋直筒背带裙结构图包括裙身、肩带、胸袋、前贴袋，如图5-134所示。

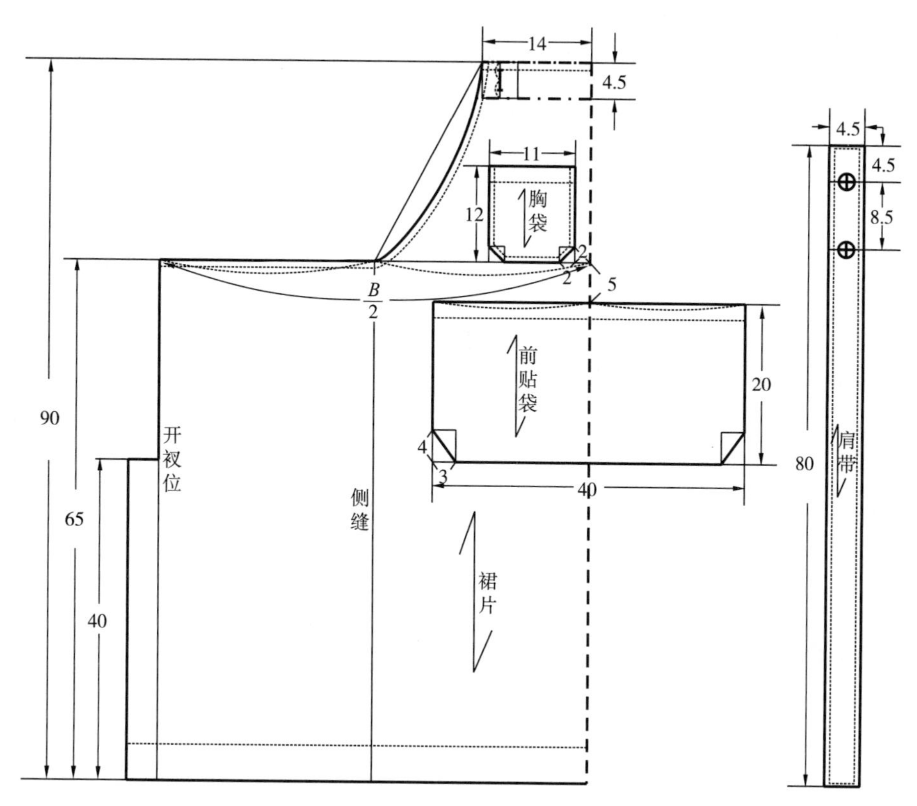

图5-134　哆啦A梦口袋直筒背带裙结构制图（单位：cm）

第六章　裤子裁剪实例

第一节　裤子变化原理及基本结构

裤子设计的变化原理主要考虑人体下肢特征及人体运动功能，在款式设计中要解决人体下肢静态特征与裤子的结构关系及人体下肢动态特征与裤子的结构关系。

一、裤子变化原理

（一）围度尺寸设计

1. 腰围加放量设计

（1）不系腰带裤子腰围尺寸=腰围净尺寸+2cm；

（2）系腰带裤子腰围尺寸=腰围净尺寸+3cm。

以160/68A为例，着装者的实际人体净腰围尺寸为68cm（皮尺直接测量值），不系腰带裤子成衣腰围尺寸为70cm，系腰带裤子成衣腰围尺寸为71cm。

2. 臀围加放量设计

（1）基本裤子臀围尺寸=臀围净尺寸+4cm（最小值）+2cm（抬腿的运动量）；

（2）紧身裤子臀围尺寸=臀围净尺寸+4cm（最小值）+（0~4）cm（弹性面料时可以为负数）；

（3）合体裤子臀围尺寸=臀围净尺寸+4cm（最小值）+（4~8）cm；

（4）适体裤子臀围尺寸=臀围净尺寸+4cm（最小值）+（8~12）cm；

（5）宽松裤子臀围尺寸=臀围净尺寸+4cm（最小值）+12cm以上。

以160/68A为例，着装者的实际人体净臀围尺寸为90cm（皮尺直接测量值），基础裤子臀围成衣尺寸为96cm；紧身裤子臀围成衣尺寸为94cm；合体裤子臀围成衣尺寸为98cm；适体裤子臀围成衣尺寸为102cm；宽松裤子臀围成衣尺寸为106cm以上。

（二）裤子结构设计的依据

从图6-1中可以看出当人体静态站立时，从侧面可以观察到：腰臀间的范围为贴合区，贴合的形式是由裤子的腰省、腰褶裥形成密切的贴合区；臀围与臀底间的范围为功能区，它属于运动功能的中心部位；臀底与大腿根部间的范围为自由区，它在下肢运动时对臀底产生影响，是裤子裆部结构自由造型的空间；下肢为裤管造型自由设计区，可以看出裤子造型变化主要是在这个部位，如直筒裤、锥形裤、喇叭裤的设计。

（三）前后裆弯结构形成的依据

人体臀部造型类似椭圆形。以侧缝线为基准线，前身的凸点靠上为腹凸，靠下较平缓的部分正是前裆弯；后身的凸点靠下为臀凸，同时也是后裆弯。从臀部前后形体比较来看，在裤子结构的处理上，后裆弯要大于前裆弯，这也是形成前、后裆弯的重要依据，如图6-2所示。另外，根据人体臀部屈大于伸的活动规律看，后裆的宽度要增加必要的活动量，这是后裆弯大于前裆弯的一个重要原因。由此得出，裆弯宽度的改变有利于臀部和大腿的运动，但不宜变动其深度。

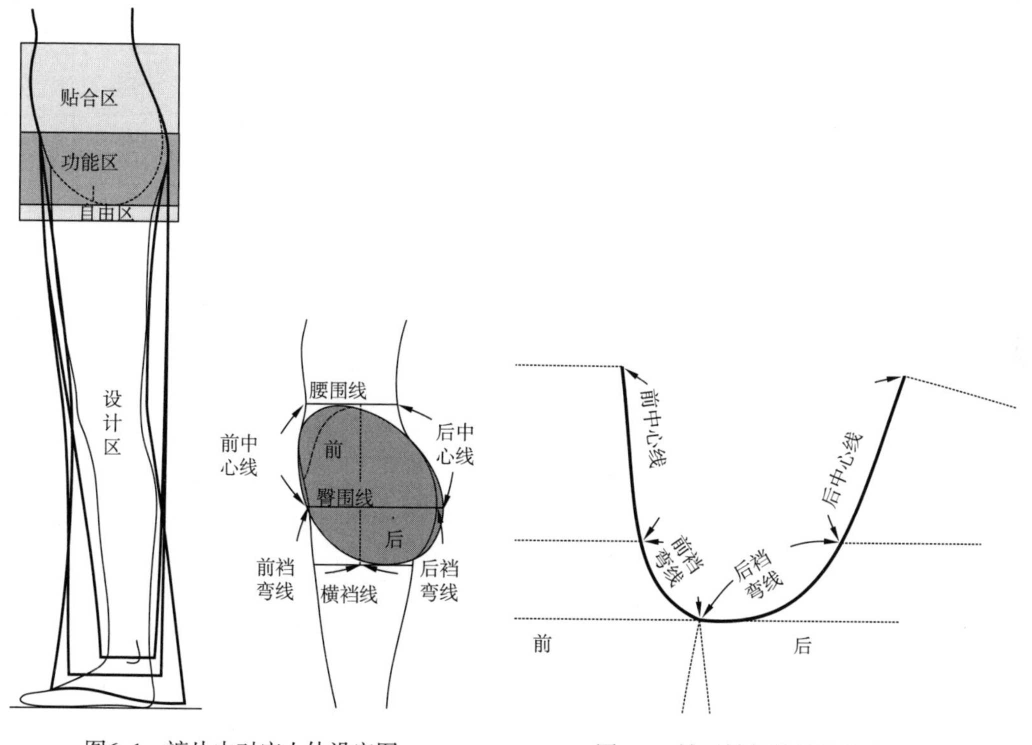

图6-1　裤片中对应人体设定图

图6-2　裤子裆部结构的构成

（四）腰围与臀围的差量设计

合体裤子确定前、后裤片腰部省量时要遵循一个共同原则，即前身设定省量都要小于后身，而不能相反。这是因为裤子省量的设定不带有更多的造型因素，而是尽量与实体接近，因此它有一定的局限性，这是由臀部的凸度大于腹部的凸度所决定的。从人体腰、臀横截面的局部特征分析，臀大肌的凸度和后腰差最大，大转子凸度和侧腰差量次之，最小的差量是腹部凸肚和前腰的省量，这就确定了前、后裤片基本纸样中省量设定依据。同时，为了使臀部外观造型丰满美观，要将过于集中的省量进行平衡分配，所以在基本前、后裤片中，后片设定两个省量，前片设定一个省量。腰、臀差的结构处理是裤装结构设计的关键部分，决定了裤装外观款式造型和舒适性。通常在进行结构设计时，裤装的臀围与腰围的差数取决于人体的结构及人体运动、造型等加放量，腰、臀差以前裤片打褶、侧缝省、后裤片省、后中心线倾斜角等形式进行设计，如图6–3所示。

（五）后片起翘、后中心线斜度的关系

后裤片后翘量的形成其实是为了使后中心线与后裆弯的总长增加，以满足臀部前屈时，裤子后身用量增加。后中心线的斜度取决于臀大肌的造型。它们的关系是成正比的，即臀大肌的挺度越大，其结构中的后中心线斜度越明显，后翘越大，后裆弯自然加宽，如图6–4所示。

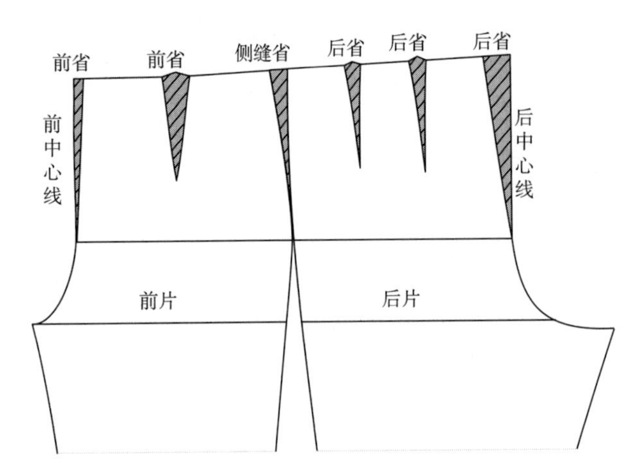

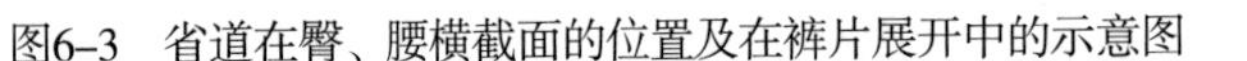
图6–3 省道在臀、腰横截面的位置及在裤片展开中的示意图

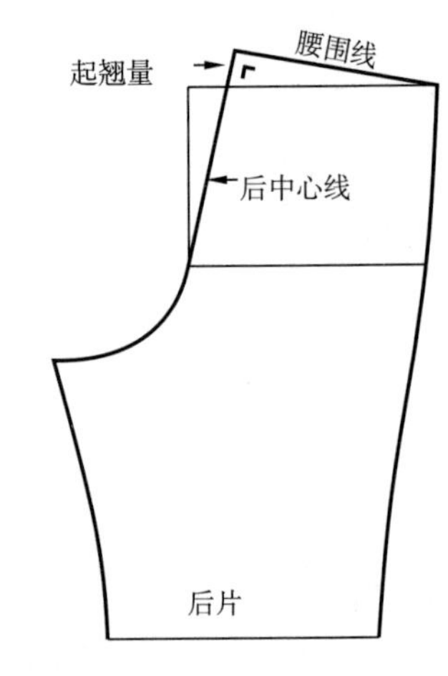

图6–4 后片起翘、后中心线斜度的关系

二、裤子基本结构——三大基本裤型结构设计

基础裤型是指最基本的裤子造型，不考虑分割线变化和褶裥变化的裤型。

基础裤型的分类是：直筒裤（适身裤）、锥型裤（宽松裤）、喇叭裤（紧身裤），如图6–4所示。裤子造型决定了它们各自的结构特点，影响裤子造型的结构因素有臀、腰差量的设计，裤子腰位的高低，裤脚口宽度设计与裤长的设计。这三种裤子廓型的结构组合构成了裤子造型变化的内在规律，形成了与之配套的款式特征，对裤子的纸样设计具有指导性意义，如图6–5所示。

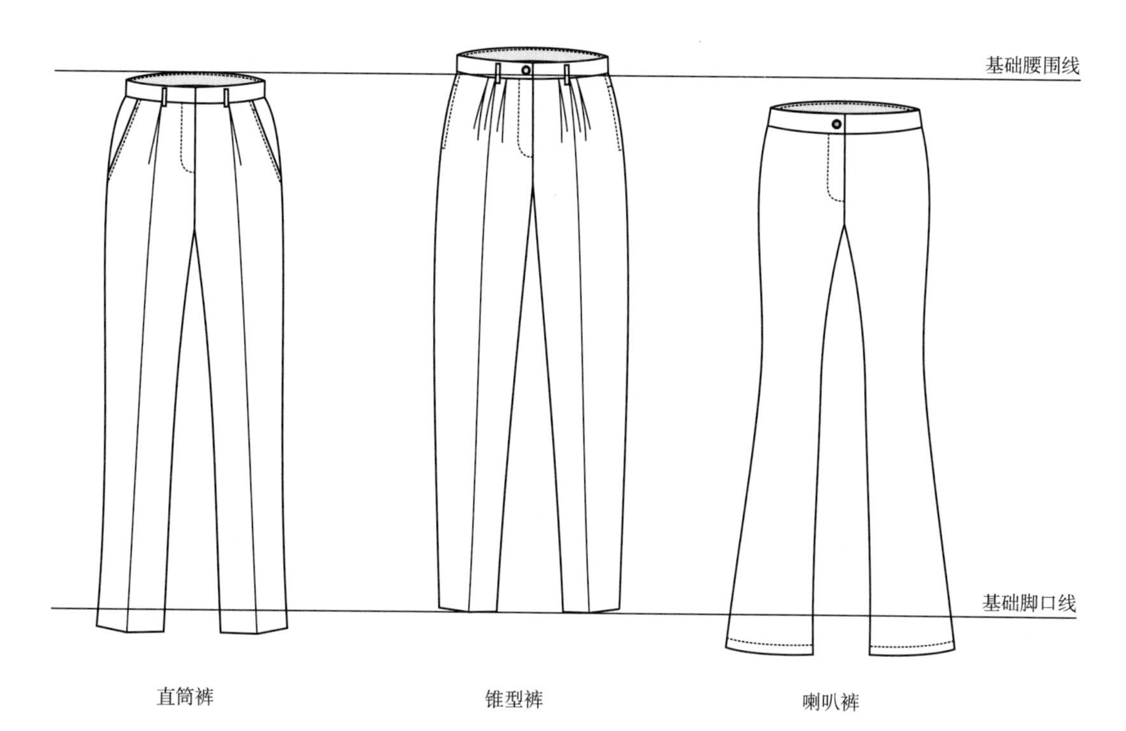

图6-5　三大基本裤型

图6-6　直筒裤效果图

（一）直筒裤

1. 款式说明

直筒裤，如图6-6所示。搭配的上衣可以束在裤腰里，从而提高腰线，在视觉上拉长下半身的比例，呈现完美的身材比例。直筒裤端庄大气，经典百搭且随意显气质，可以搭配吊带、衬衫、T恤等。

图6-7　直筒裤款式图

2. 款式图

直筒裤款式图，如图6–7所示。

3. 面料、辅料的选择

（1）面料：直筒裤可选择的面料有条纹布、灯芯绒、牛仔布等，如图6–8所示。

（2）辅料：直筒裤选择的辅料有尼龙拉链、树脂扣、袋布，如图6–9所示。

图6–8　直筒裤常用面料

图6–9　直筒裤常用辅料

4. 规格尺寸

（1）尺寸计算，以160/68A为例。

腰围（W）：人体净腰围+放松量=68cm+（2～3）cm=（70～71）cm；

臀围（H）：人体净臀围+放松量=90cm+6cm=96cm；

裤长：裤长至鞋跟上2cm，为100cm，也可根据设计确定。

（2）尺寸表。依据我国使用的女装号型GB/T 1335.2—2008《服装号型　女子》，成衣规格是160/68A。基准测量部位及参考尺寸，见表6–1。

表6–1　直筒裤参考尺寸　　单位：cm

名称	裤长	腰围	臀围	脚口围	腰头宽
规格尺寸	100	70	96	39	3.5

5. 结构图

直筒裤的结构制图包括前片、后片、门襟、底襟、串带襻、腰头、斜袋布、垫袋布，如图6-10所示。

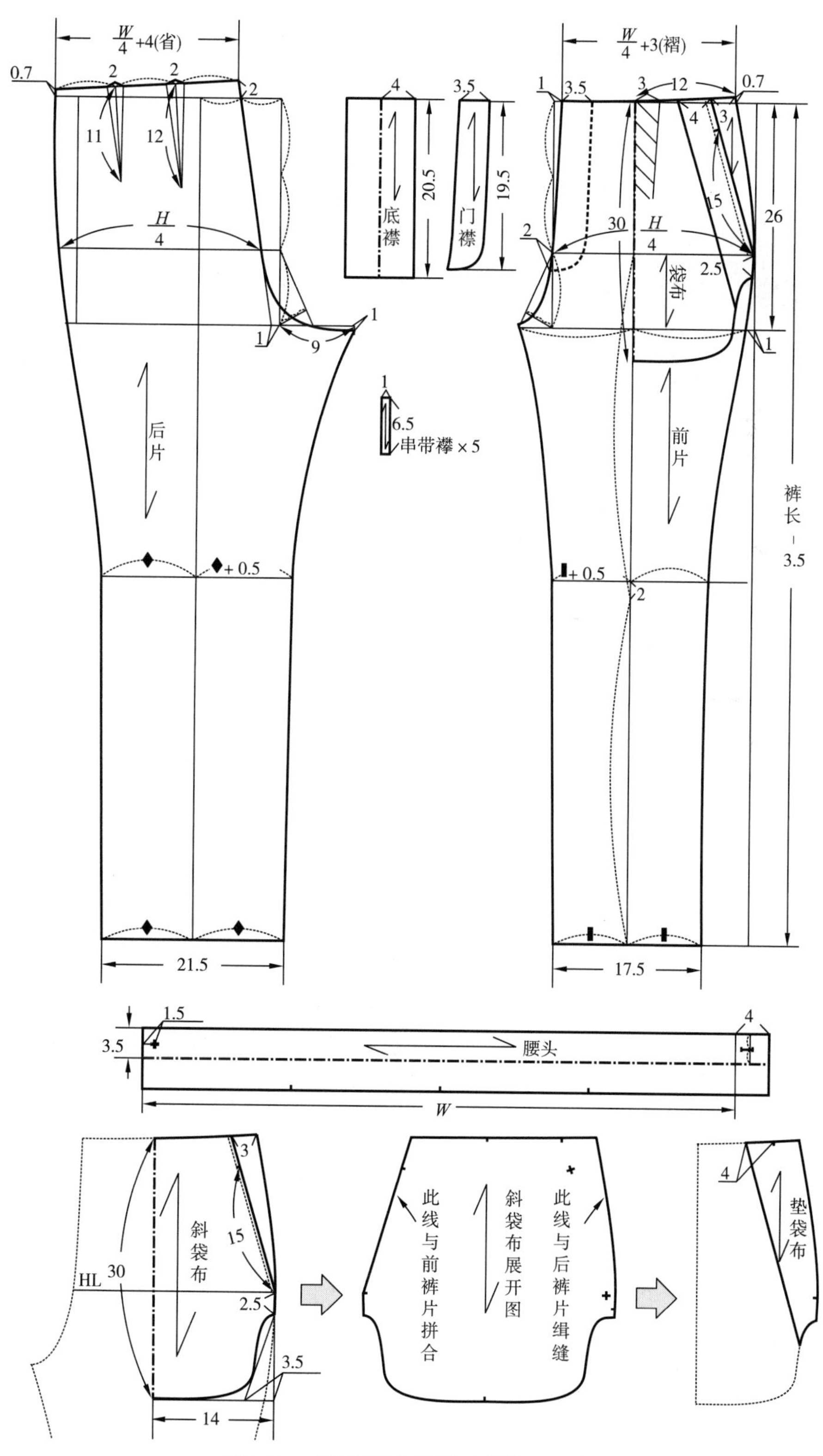

图6-10 直筒裤结构制图（单位：cm）

（二）锥型裤

1. 款式说明

锥型裤，如图6–11所示。锥型裤的裤型从上向下渐趋收紧，从腰部到裤脚口尺寸逐渐缩小，裤脚口尺寸一般与鞋口尺寸差不多。锥型裤能使女生气质倍增，并且非常百搭。上衣可搭配衬衫、T恤。

2. 款式图

锥型裤款式图，如图6–12所示。

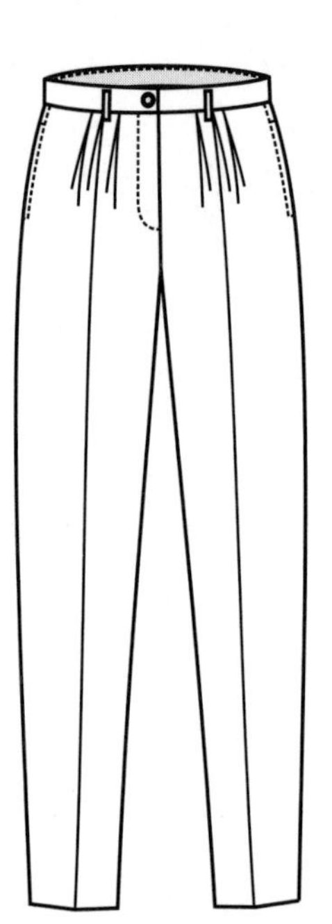

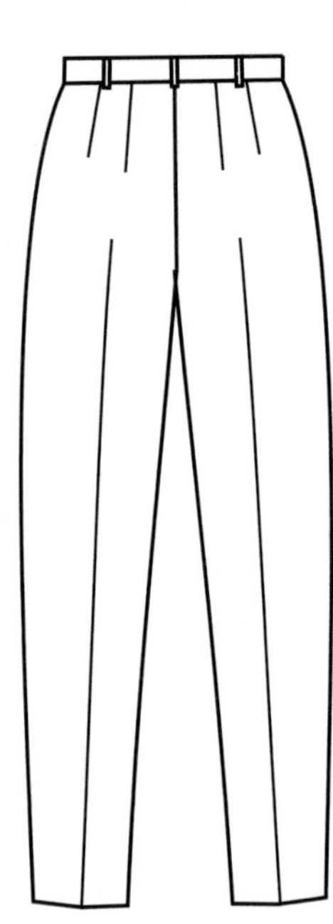

图6–12 锥型裤款式图

3. 面料、辅料的选择

（1）面料：锥型裤可选择的面料有毛呢、条绒布、棉麻布等，如图6–13所示。

（2）辅料：锥型裤选择的辅料有尼龙拉链、树脂扣、袋布，如图6–14所示。

图6–11 锥型裤效果图

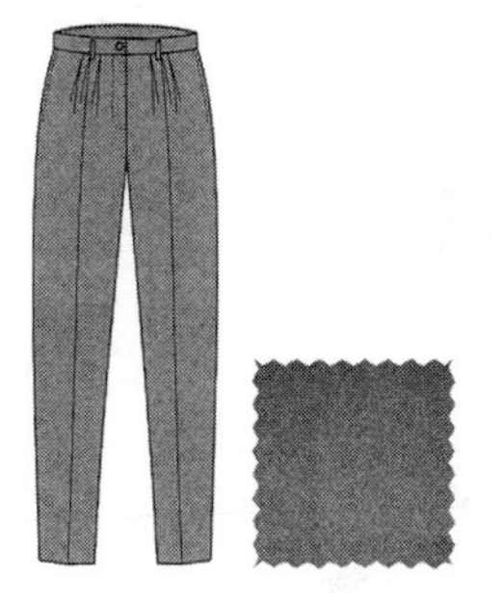

毛呢面料

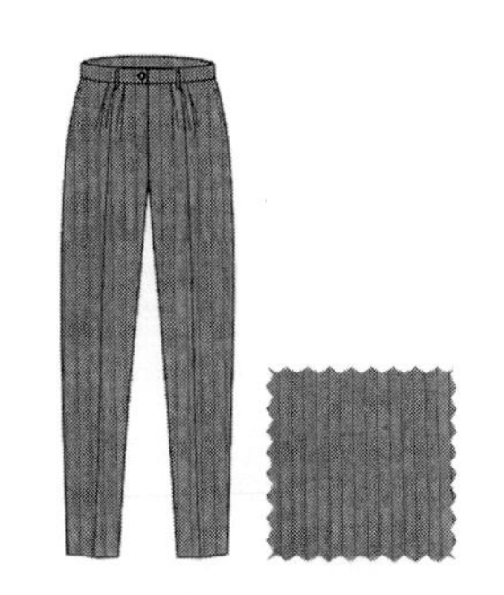

条绒面料

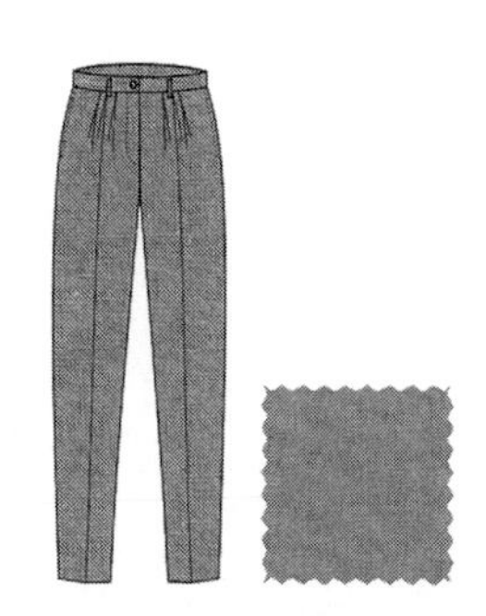

棉麻面料

图6-13　锥型裤常用面料

尼龙拉链

树脂扣

图6-14　锥形裤常用辅料

4. **规格尺寸**

（1）尺寸计算，以160/68A为例。

腰围（W）：人体净腰围+放松量=68cm+（2～3）cm=（70～71）cm；

臀围（H）：人体净臀围+放松量=90cm+6cm=96cm；

裤长：裤长至脚踝，为100cm。

（2）尺寸表。成衣规格是160/68A，依据我国使用的女装号型GB/T 1335.2—2008《服装号型　女子》。基准测量部位以及参考尺寸，见表6-2。

表6-2　锥形裤参考尺寸　　单位：cm

名称	裤长	腰围	臀围	脚口围	腰头宽
规格尺寸	100	70	96	32	3.5

5. **结构图**

锥型裤的结构制图包括前片、后片、门襟、底襟、腰头，如图6-15所示。

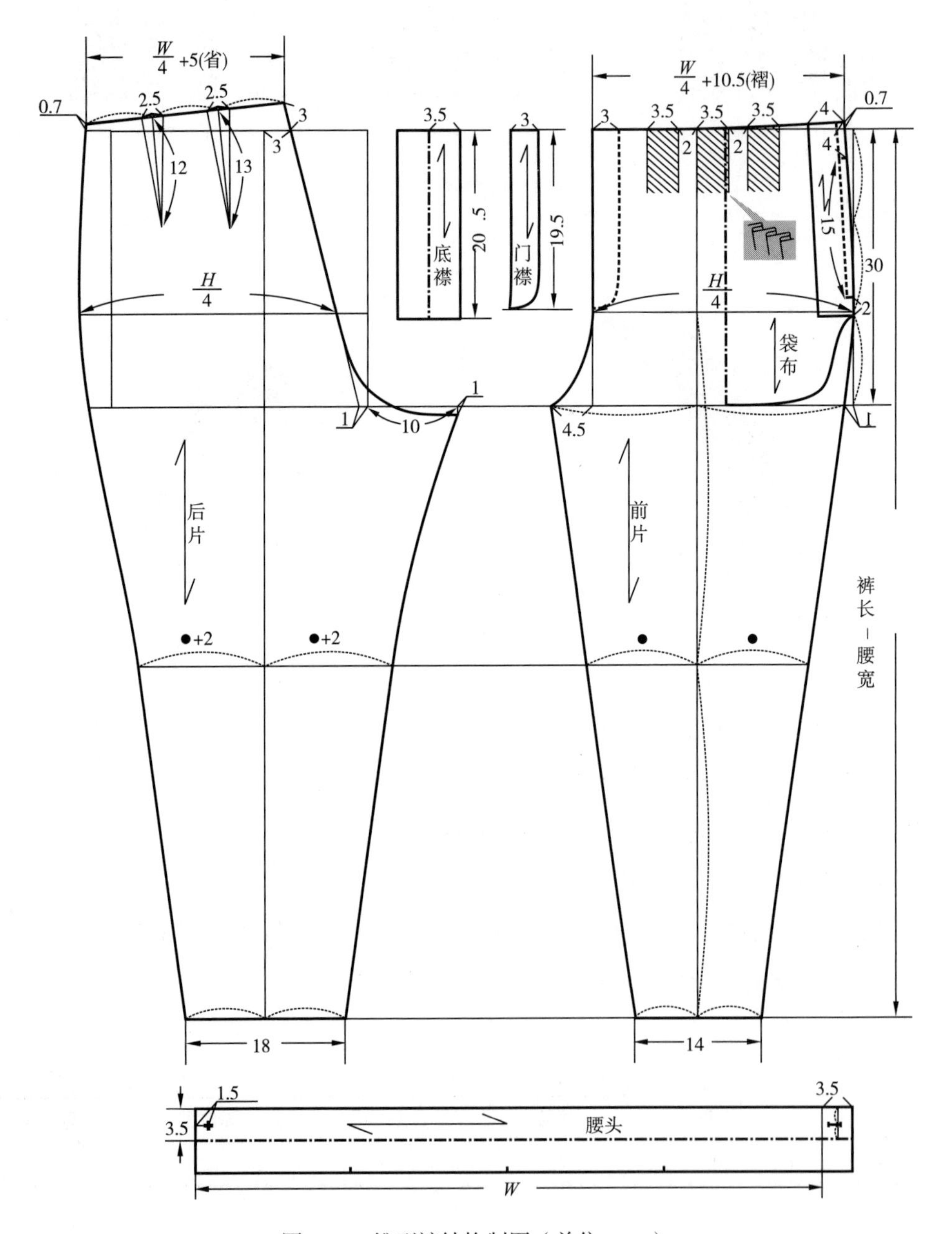

图6-15　锥型裤结构制图（单位：cm）

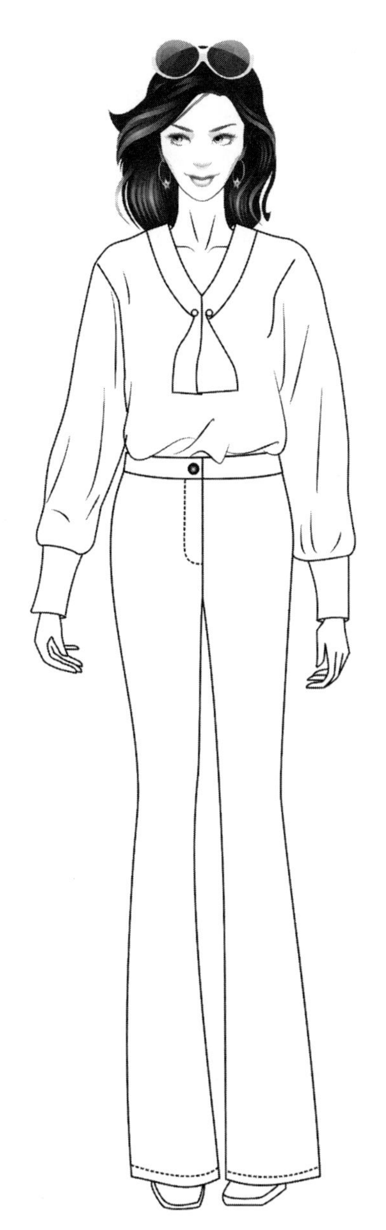
图6-16　喇叭裤效果图

（三）喇叭裤

1. **款式说明**

喇叭裤，如图6-16所示。喇叭裤的裤腿是上窄下宽，从膝盖以下逐渐张开，裤脚口的尺寸明显大于膝盖的尺寸，形成喇叭状。喇叭裤的设计是在西裤的基础上将上裆、臀围放松量、中裆部位的尺寸缩小，使膝盖以上的部位更加合体，体现女性的曲线美。喇叭裤的搭配总能显示出浓浓的复古风，T恤、格子或印花衬衫都是很好的选择。

2. **款式图**

喇叭裤款式图，如图6-17所示。

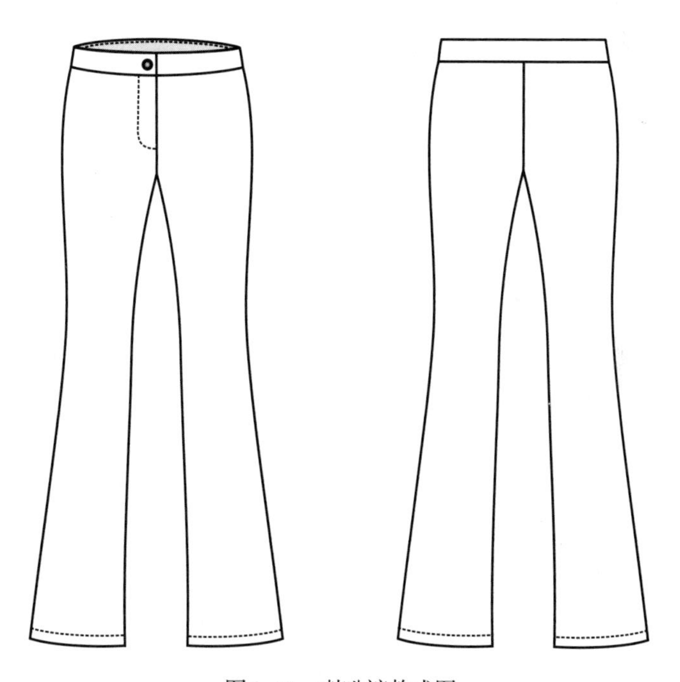
图6-17　喇叭裤款式图

3. **面料、辅料的选择**

（1）面料：喇叭裤可选择的面料有棉麻布、牛仔布、棉布等，如图6-18所示。

（2）辅料：喇叭裤选择的辅料有尼龙拉链、树脂扣、袋布，如图6-19所示。

图6-18 喇叭裤常用面料

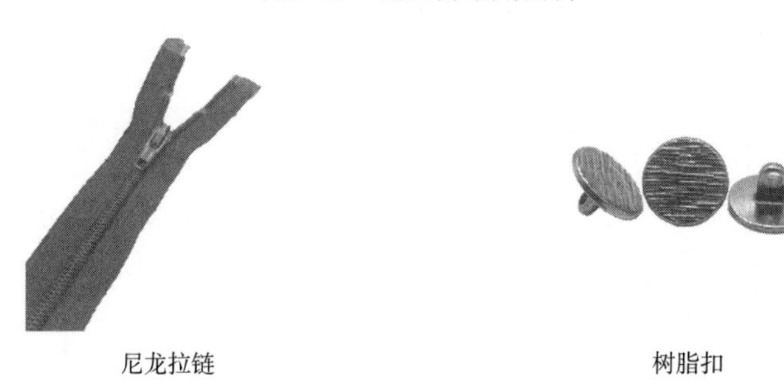

图6-19 喇叭裤常用辅料

4. **规格尺寸**

（1）尺寸计算，以160/68A为例。

腰围（W）：人体净腰围+放松量=68cm+2cm=70cm；

臀围（H）：人体净臀围+放松量=90cm+4cm=94cm；

裤长：裤长至鞋跟上2cm，为100cm，也可根据设计需要确定

（2）尺寸表。依据是我国使用的女装号型是GB/T 1335.2—2008《服装号型　女子》，成衣规格是160/68A。基准测量部位及参考尺寸，见表6-3。

表6-3 喇叭裤参考尺寸　　单位：cm

名称	裤长	腰围	成品腰围	臀围	脚口围	腰头宽
规格尺寸	100	70	78.5	94	48	3.5

5. **结构图**

喇叭裤的结构图包括前片、后片、底襟、门襟、腰头，如图6-20、图6-21所示。

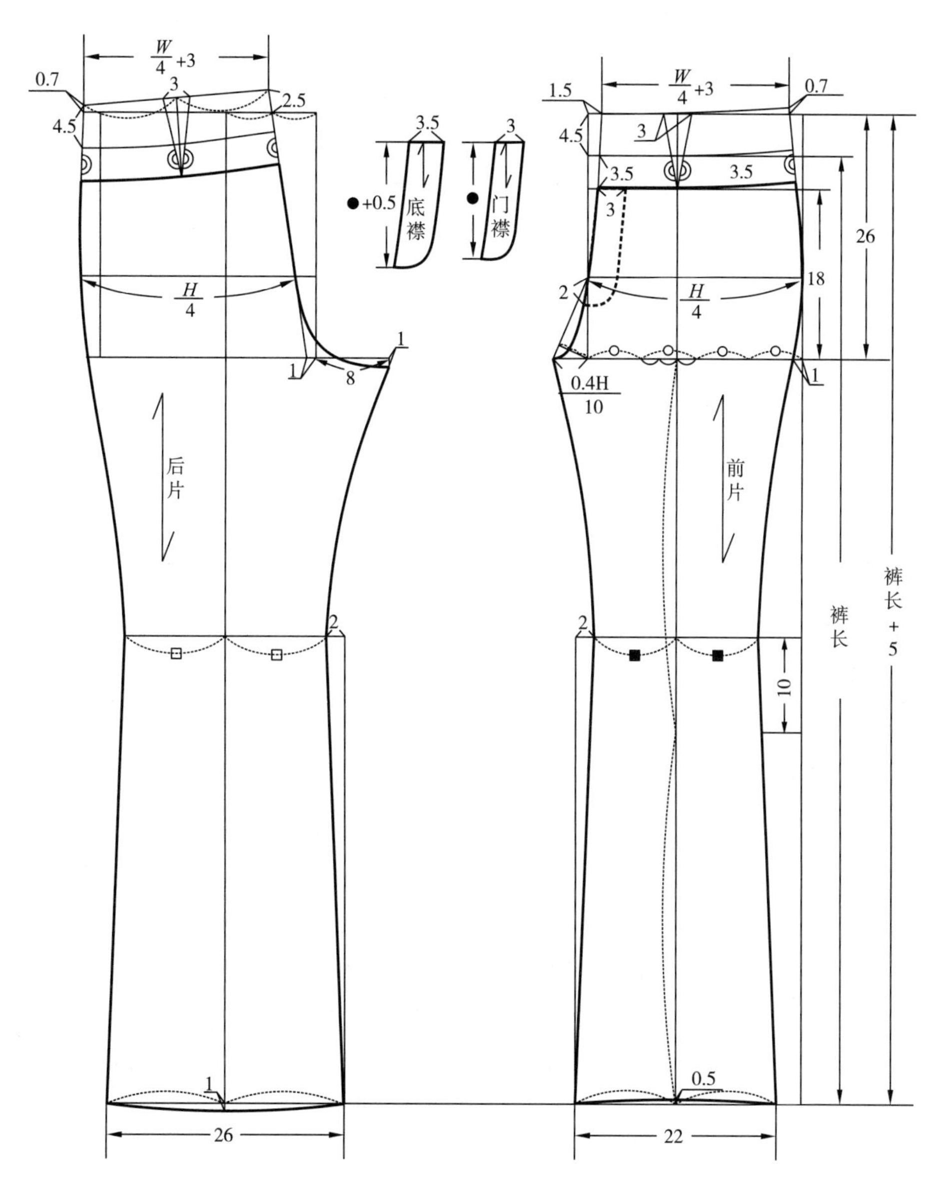

图6-20　喇叭裤结构制图

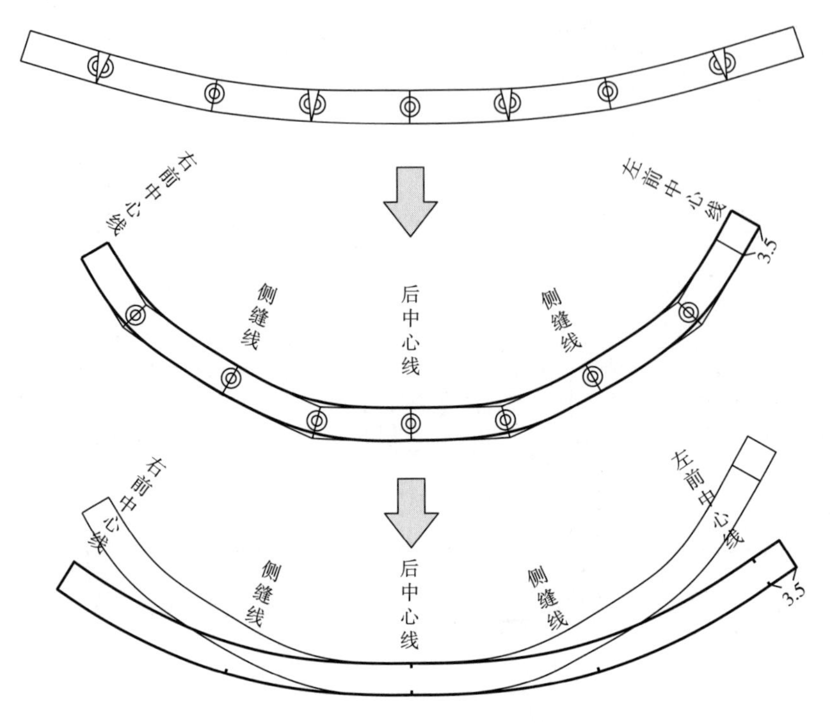

图6-21 喇叭裤腰头结构图（单位：cm）

图6-22 牛仔裤效果图

（四）牛仔裤

1. 款式说明

牛仔裤虽然不属于三大基本裤型，但是由于牛仔裤有育克结构，所以在此进行单独说明，如图6-22所示。若使用弹性面料裁剪，牛仔裤款型更易于贴合腿部并突出腿部和臀部曲线，展现青春气息。牛仔裤通常选用劳动布、牛津布等面料，而这些面料的使用让牛仔裤具有耐磨、耐脏、穿着贴身、舒适等特点。牛仔裤非常百搭，可搭配不同的上衣，如T恤、卫衣、衬衫、针织衫等，打造不同的穿着风格。

2. 款式图

牛仔裤款式图，如图6-23所示。

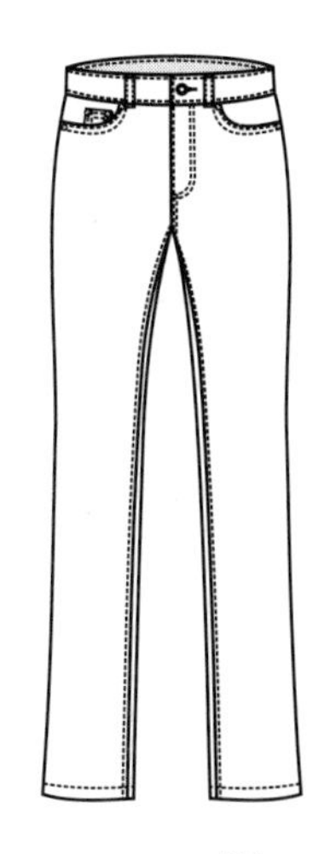
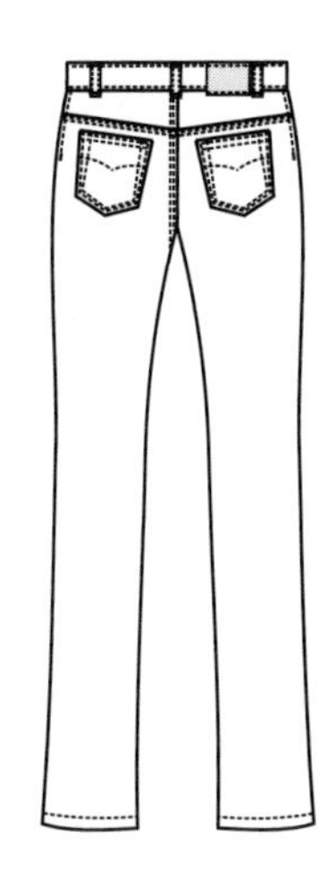

图6-23 牛仔裤款式图

3. **面料、辅料的选择**

（1）面料：牛仔裤可选择的面料有纯棉机织牛仔布、提花牛仔布、水洗牛仔布等，如图6-24所示。

（2）辅料：牛仔裤选择的辅料有金属扣、金属拉链等，如图6-25所示。

4. **规格尺寸**

（1）尺寸计算，以160/68A为例。

腰围（W）：人体净腰围+放松量=68cm+2cm=70cm；

臀围（H）：人体净臀围+放松量=90cm+4cm=94cm；

裤长：为95cm，也可根据设计确定裤长。

（2）尺寸表。依据我国使用的女装号型GB/T 1335.2—2008《服装号型 女子》，成衣规格是160/68A。基准测量部位及参考尺寸，见表6-4。

纯棉机织牛仔布面料

提花牛仔布面料

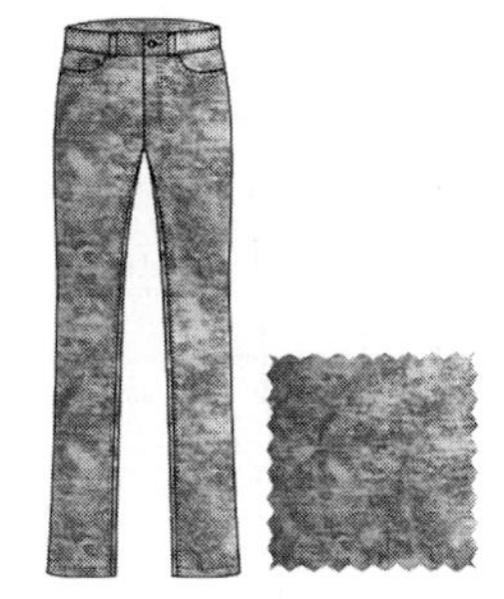

水洗牛仔布面料

图6-24 牛仔裤常用面料

金属扣

金属拉链

图6-25 牛仔裤常用辅料

表 6-4　牛仔裤参考尺寸　　单位：cm

名称	裤长	腰围	臀围	脚口围	腰头宽
规格尺寸	95	70	94	30	3.5

5. **结构图**

牛仔裤结构制图包括前片、后片、底襟、门襟、串带襻、侧垫袋布、袋布、腰头，如图6-26所示。

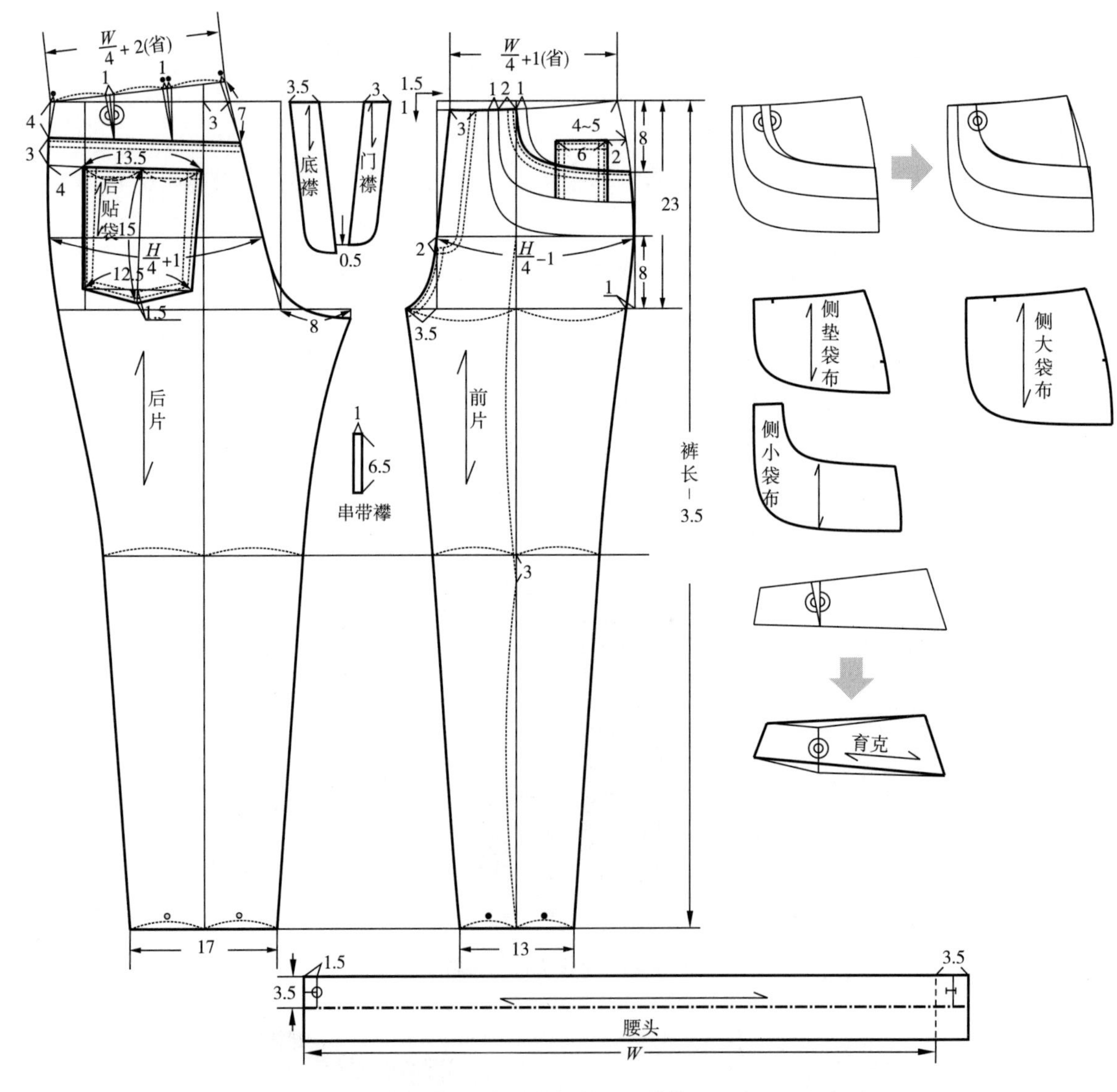

图6-26　牛仔裤结构制图（单位：cm）

第二节　裤子流行款式裁剪实例

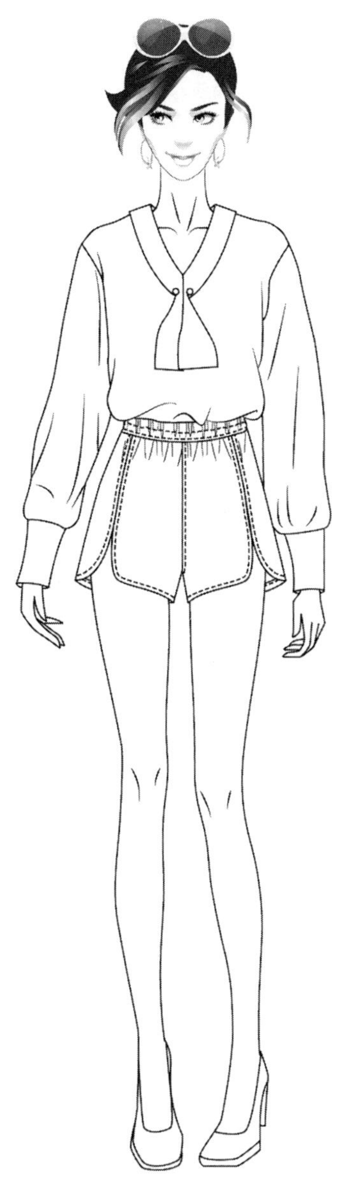

图6-27　弹力腰前开衩运动短裤效果图

一、弹力腰前开衩运动短裤

1. 款式说明

弹力腰前开衩运动短裤，如图6-27所示。短裤腰部为弹力腰口，方便穿脱，短裤裤腿正面做了开衩设计，使腿部更加修长。短裤的背面没有装饰，简单大方。这款短裤的优点是舒适、清凉、轻便，身体可以做大幅度动作，适合年轻的人群。可以选择搭配T恤、背心、衬衫等。

2. 款式图

弹力腰前开衩运动短裤款式图，如图6-28所示。

图6-28　弹力腰前开衩运动短裤款式图

3. 面料、辅料的选择

（1）面料：弹力腰前开衩运动短裤可选择的面料有纯棉布、人造棉、莫代尔等，如图6-29所示。

（2）辅料：弹力腰前开衩运动短裤选择的辅料有橡筋带等，如图6-30所示。

纯棉面料

人造棉面料

莫代尔面料

图6-29　弹力腰前开衩运动短裤常用面料

4. 规格尺寸

（1）尺寸计算，以160/68A为例。

腰围（W）：人体净腰围+放松量=68cm+2cm=70cm；

臀围（H）：人体净臀围+放松量=90cm+4cm=94cm；

裤长：裤长至大腿根向下10cm，为40cm。

（2）尺寸表。依据我国使用的女装号型GB/T 1335.2—2008《服装号型 女子》，成衣规格是160/68A。基准测量部位及参考尺寸，见表6-5。

图6-30 弹力腰前开衩运动短裤常用辅料

表 6-5 弹力高腰前开衩运动短裤参考尺寸　　单位：cm

名称	裤长	腰围	臀围	上裆	腰头宽	脚口围
规格尺寸	40	70	94	26	6	56

5. 结构图

弹力腰前开衩运动短裤的结构制图包括前片、后片、抽橡筋带腰头，如图6-31所示。

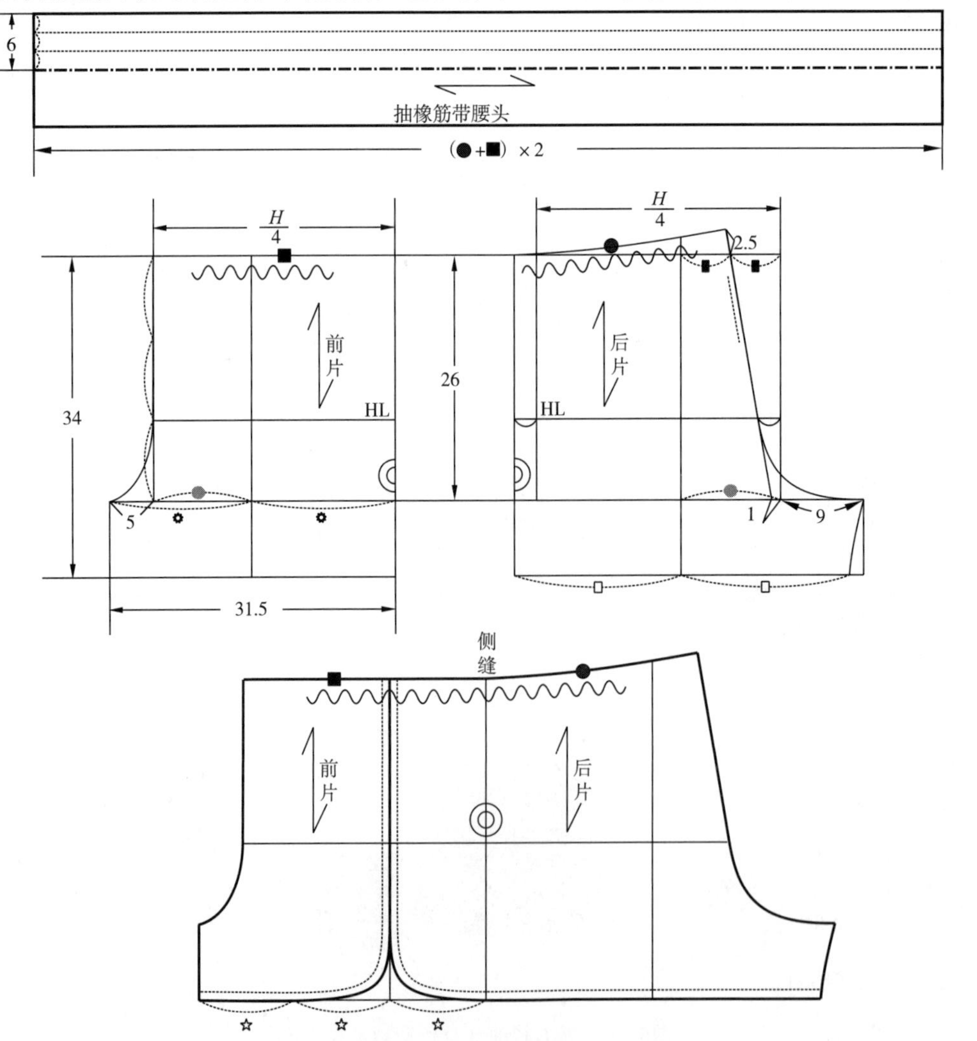

图6-31 弹力腰前开衩运动短裤结构制图（单位：cm）

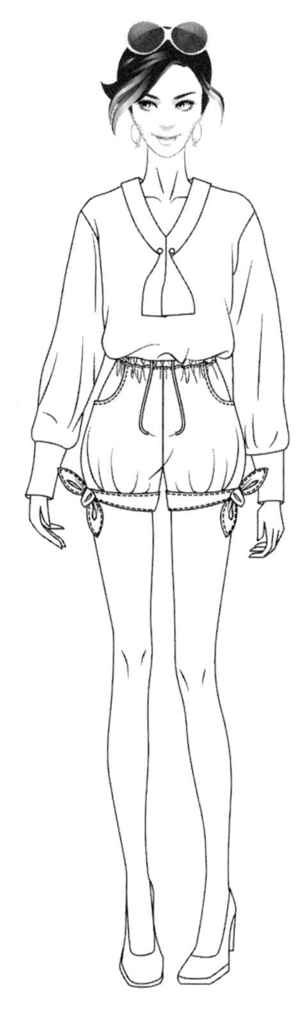

图6-32 可爱风抽绳灯笼短裤效果图

二、可爱风抽绳灯笼短裤

1. 款式说明

可爱风抽绳灯笼短裤，如图6-32所示。短裤腰部为抽绳，方便穿脱。短裤正面有两个插袋，具有实用功能。短裤的裤腿做了灯笼形状的设计，裤口处为绑带设计，具有装饰功能。可以选择搭配T恤、背心等。

2. 款式图

可爱风抽绳灯笼短裤款式图，如图6-33所示。

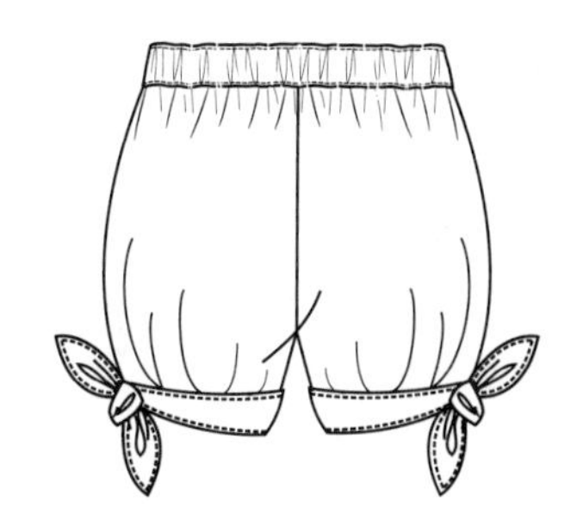

图6-33 可爱风抽绳灯笼短裤款式图

3. 面料、辅料的选择

（1）面料：可爱风抽绳灯笼短裤可选择的面料有牛仔布、纯棉布、腈纶织物等，如图6-34所示。

（2）辅料：可爱风抽绳灯笼短裤选择的辅料包含抽绳等，如图6-35所示。

牛仔面料

纯棉面料

腈纶织物面料

图6-34 可爱风抽绳灯笼短裤常用面料

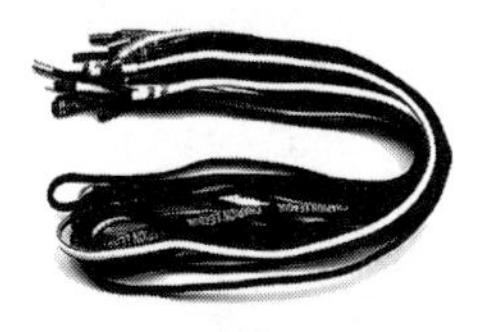

抽绳

图6-35 可爱风抽绳灯笼短裤常用辅料

4. **规格尺寸**

（1）尺寸计算，以160/68A为例。

腰围（*W*）：人体净腰围+放松量=68cm+45cm=113cm；

臀围（*H*）：人体净臀围+放松量=90cm+30cm=120cm；

裤长：裤长至大腿根向下10cm，为40cm。

（2）尺寸表。依据我国使用的女装号型GB/T 1335.2—2008《服装号型　女子》，成衣规格是160/68A。基准测量部位及参考尺寸，见表6-6。

表6-6　可爱风抽绳灯笼短裤参考尺寸　　单位：cm

名称	裤长	腰围	臀围	脚口围	腰头宽
规格尺寸	40	113	120	55	4

5. **结构图**

可爱风抽绳灯笼短裤结构制图包括前片、后片、侧垫袋布、袋布、裤口边、抽橡筋带腰头，如图6-36所示。

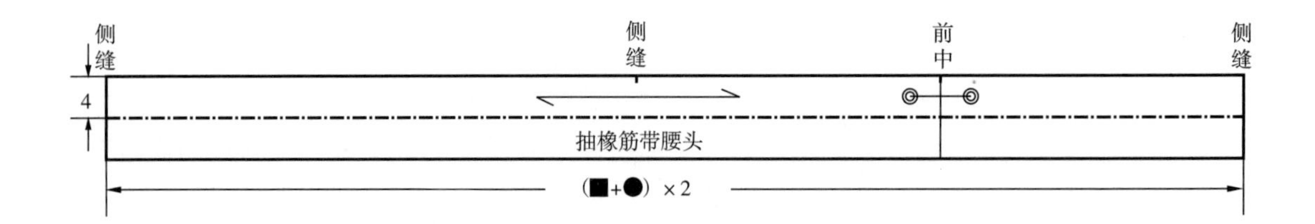

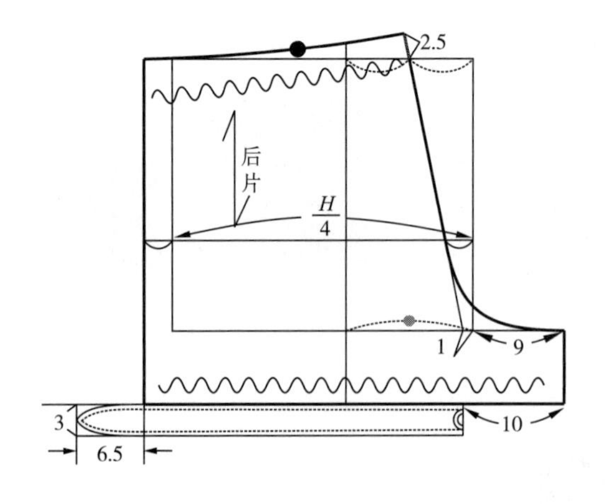

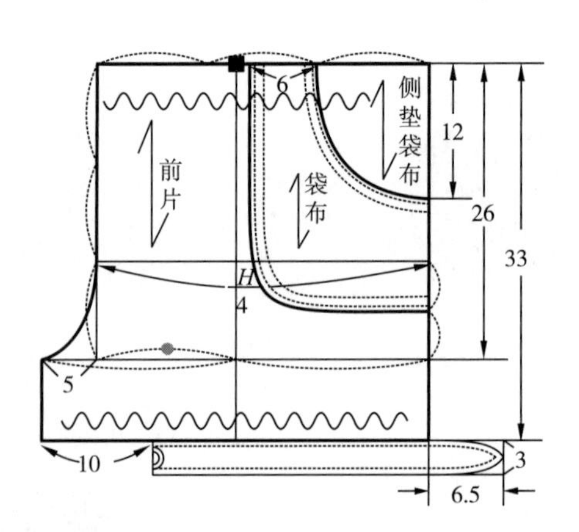

图6-36　可爱风抽绳灯笼短裤结构制图（单位：cm）

三、高腰双排扣 A 型短裤

图6-37　高腰双排扣A型短裤效果图

1. 款式说明

高腰双排扣A型短裤，如图6-37所示。高腰短裤设计，可以抬高人的腰线，拉长腿部线条。短裤正面装六粒扣子，具有装饰作用，短裤的后中装拉链。这款短裤能够凸显细腰翘臀，适合年轻女性和职业女性。可以选择搭配T恤、衬衣、无袖针织上衣等。

2. 款式图

高腰双排扣A型短裤款式图，如图6-38所示。

图6-38　高腰双排扣A型短裤款式图

3. 面料、辅料的选择

（1）面料：高腰双排扣A型短裤可选择的面料有薄毛呢、牛仔布、蕾丝等，如图6-39所示。

（2）辅料：高腰双排扣A型短裤选择的辅料有内衬、树脂扣、隐形拉链，如图6-40所示。

4. 规格尺寸

（1）尺寸计算，以100/68A为例。

腰围（W）：人体净腰围+放松量=68cm+2cm=70cm；

臀围（H）：人体净臀围+放松量=90cm+30cm=120cm；

薄呢面料

牛仔面料

蕾丝面料

图6-39　高腰双排扣A型短裤常用面料

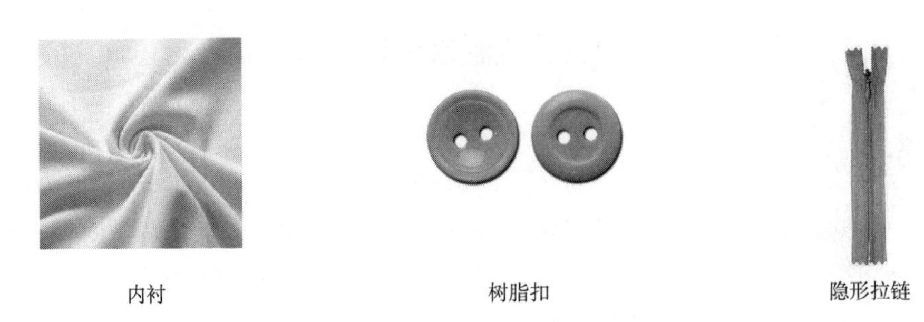

图6-40 高腰双排扣A型短裤常用辅料

裤长：裤长至大腿根向下10～15cm，为42cm。

（2）尺寸表。依据我国使用的女装号型GB/T 1335.2—2008《服装号型 女子》，成衣规格是160/68A。基准测量部位及参考尺寸，见表6-7。

表6-7 高腰双排扣A型短裤参考尺寸 单位：cm

名称	裤长	腰围	臀围	上裆	腰头宽	脚口围
规格尺寸	42	70	120	29	6	94.5

5. **结构图**

高腰双排扣A型短裤结构制图包括前片、后片、腰里贴边，如图6-41所示。

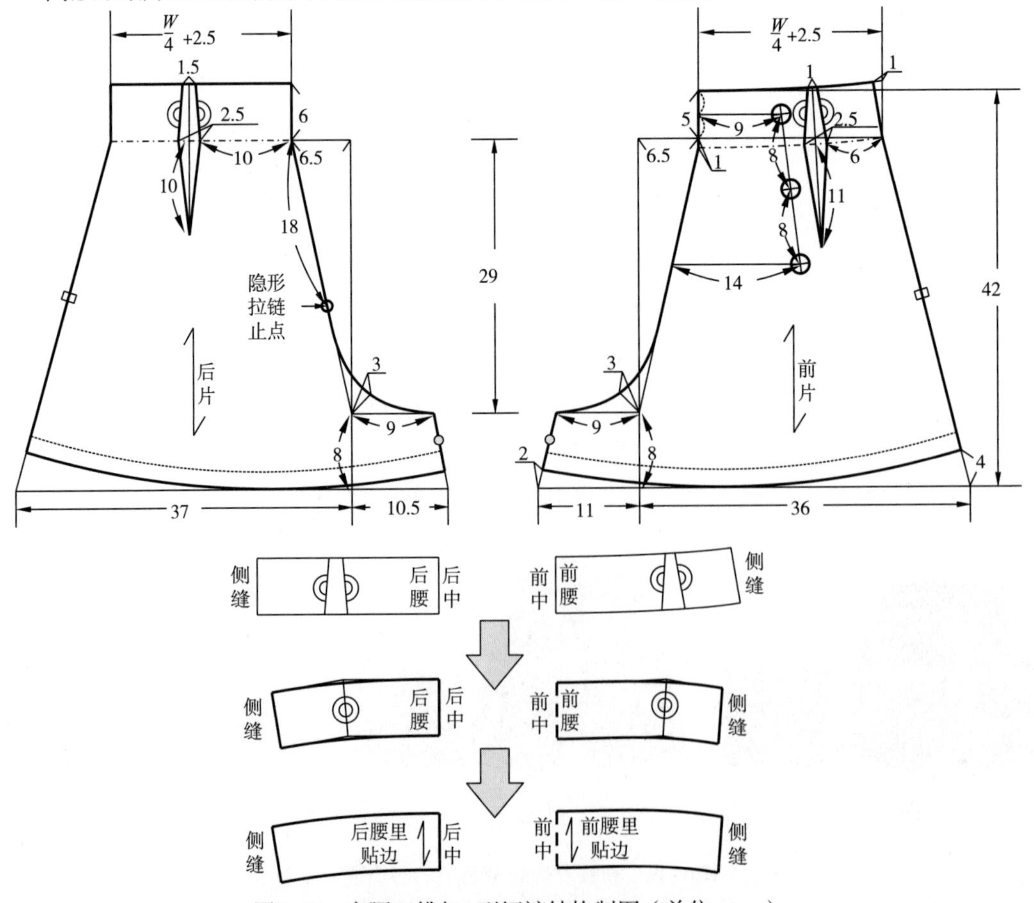

图6-41 高腰双排扣A型短裤结构制图（单位：cm）

四、橡筋弹力腰宽松短裤

1. 款式说明

橡筋弹力腰宽松短裤，如图6-42所示。短裤的腰头为高腰橡筋弹力腰头，抬高了腰线，拉长了腿部线条。短裤的正反两面各有两个活褶，使裤子更贴合人体，短裤的裤口有黑色缎带装饰。这款短裤的优点是轻便、时尚，适合年轻人群。可以选择搭配T恤、背心、衬衫等。

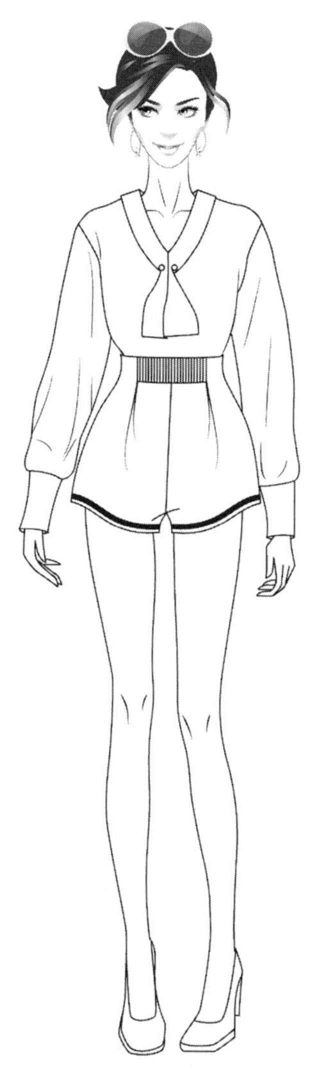

图6-42　橡筋弹力腰宽松短裤效果图

2. 款式图

橡筋弹力腰宽松短裤款式图，如图6-43所示。

图6-43　橡筋弹力腰宽松短裤款式图

3. 面料、辅料的选择

（1）面料：橡筋弹力腰宽松短裤可选择的面料有纯棉布、涤纶布、人造棉布等，如图6-44所示。

（2）辅料：橡筋弹力腰宽松短裤选择的辅料有橡筋带、缎带等，如图6-45所示。

纯棉面料

涤纶面料

人造棉面料

图6-44　橡筋弹力腰宽松短裤常用面料

图6-45　橡筋弹力腰宽松短裤常用辅料

4. **规格尺寸**

（1）尺寸计算：以160/68A为例。

腰围（W）：人体净腰围+放松量=68cm+2cm=70cm；

臀围（H）：人体净臀围+放松量=90cm+20cm=110cm；

裤长：裤长至大腿根向下10～15cm，为42cm。

（2）尺寸表。依据我国使用的女装号型GB/T 1335.2—2008《服装号型　女子》，成衣规格是160/68A。基准测量部位以及参考尺寸，见表6-8。

表6-8　橡筋弹力腰宽松短裤参考尺寸　　单位：cm

名称	裤长	腰围	臀围	上裆	腰头宽	脚口围
尺寸	42	70	110	28	6	76.5

5. **结构图**

橡筋弹力腰宽松短裤结构图包括前片、后片、腰里贴边、腰头，如图6-46所示。

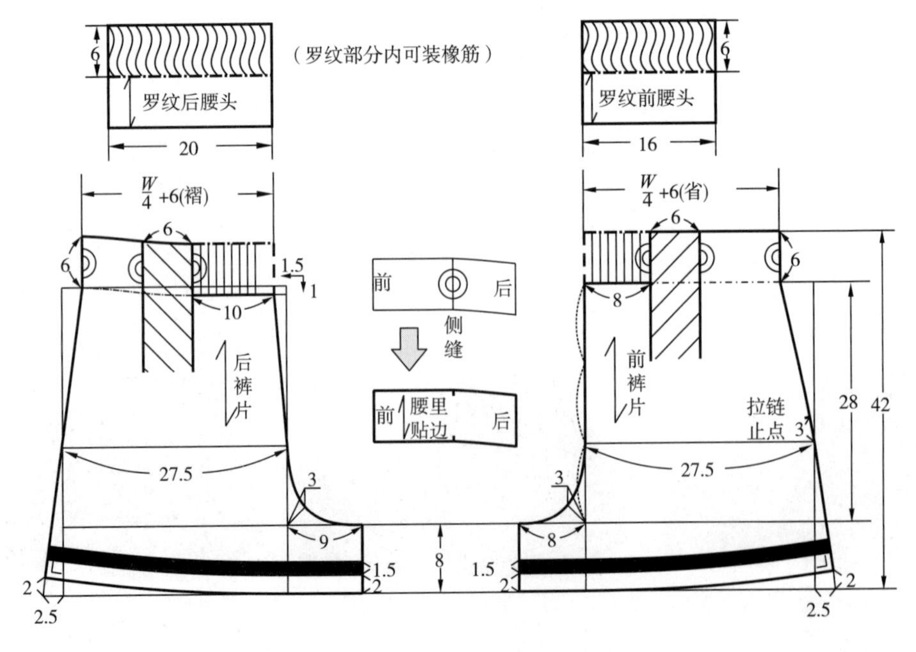

图6-46　橡筋弹力腰宽松短裤结构制图（单位：cm）

图6-47 假两件非对称裙裤效果图

五、假两件非对称裙裤

1. 款式说明

假两件非对称裙裤，如图6-47所示。短裙裤腰头的右半部分有腰带装饰，短裙裤的正面为假两件不对称结构，设计感强。短裙裤的反面为高腰设计，简洁大方。这款短裙裤的优点是轻便、时尚，具有淑女感。可以选择搭配T恤、背心、衬衫等。

2. 款式图

假两件非对称裙裤款式图，如图6-48所示。

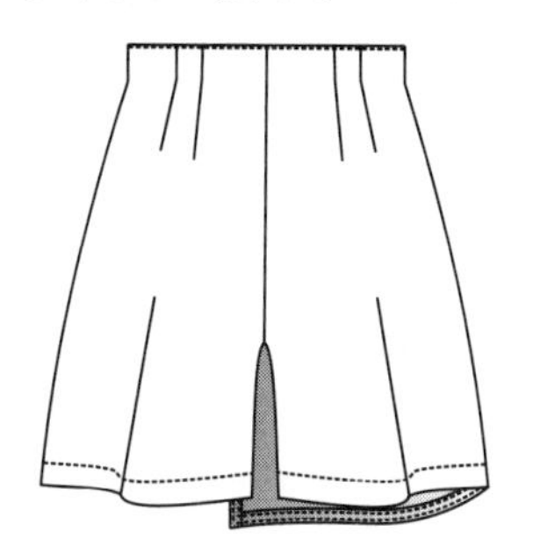

图6-48 假两件非对称裙裤款式图

3. 面料、辅料的选择

（1）面料：假两件非对称裙裤可选择的面料有牛仔布、薄毛呢、PU等，如图6-49所示。

（2）辅料：假两件非对称裙裤选择的辅料有腰带、纽扣、拉链，如图6-50所示。

4. 规格尺寸

（1）尺寸计算，以160/68A为例。

腰围（W）：人体净腰围+放松量=68cm+2cm=70cm；

牛仔面料

薄毛呢面料

PU面料

图6-49 假两件非对称裙裤常用面料

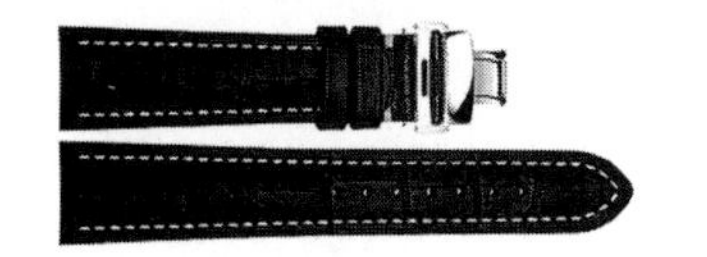

腰带

图6-50 假两件非对称裙裤常用辅料

臀围（H）：人体净臀围+放松量=90cm+20cm=110cm；

裤长：裤长至膝盖上10cm，为48cm。

（2）尺寸表。依据我国使用的女装号型GB/T 1335.2—2008《服装号型 女子》，成衣规格是160/68A。基准测量部位及参考尺寸，见表6-9。

表 6-9 假两件非对称裙裤参考尺 单位：cm

名称	裤长	腰围	臀围	上裆	腰头宽	脚口围
规格尺寸	48	70	110	28	3.5	78.5

5. 结构图

假两件非对称裙裤结构制图包括前裤片、前裙片、后裤片、腰里贴边，如图6-51所示。

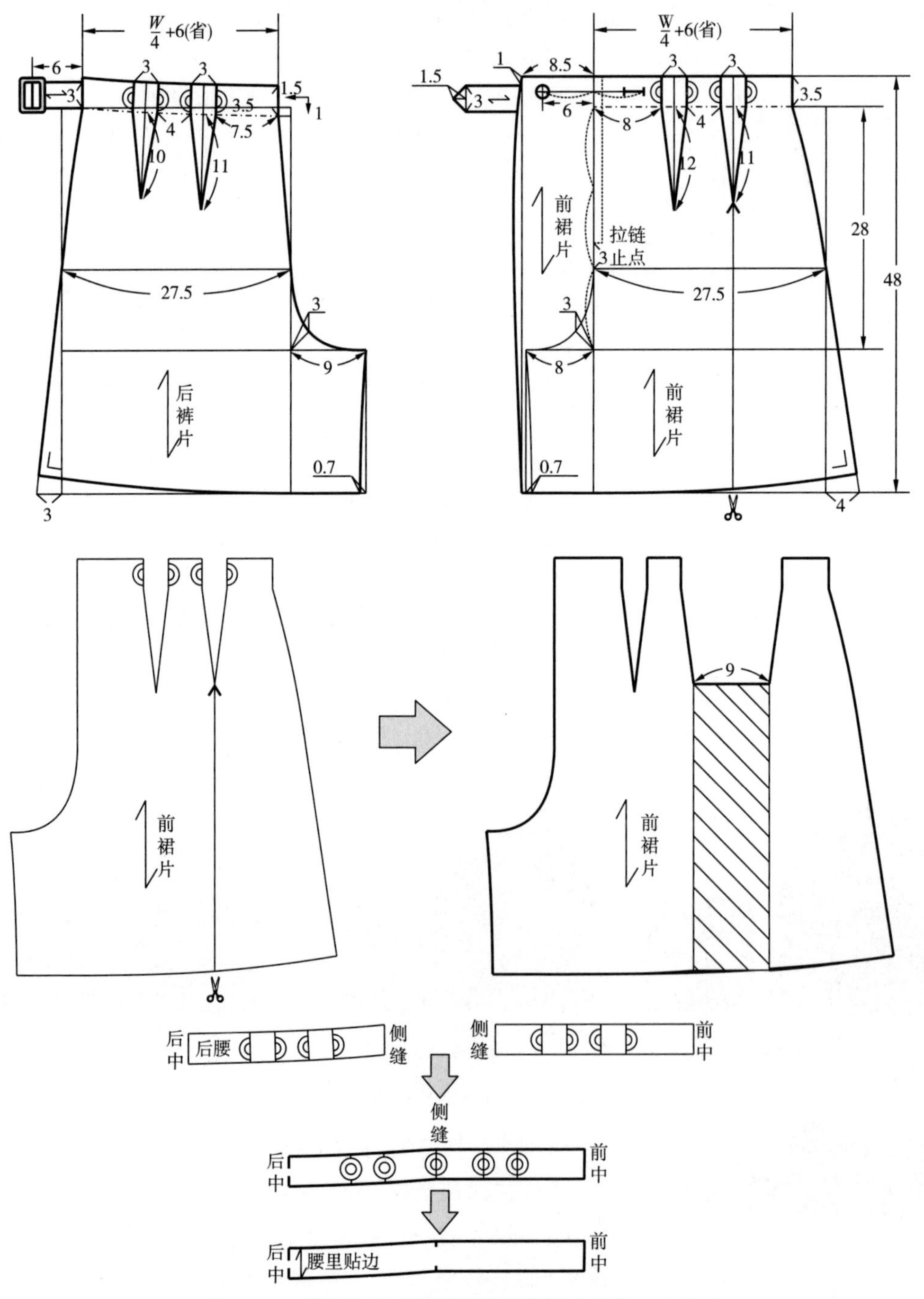

图6-51 假两件非对称裙裤结构制图（单位：cm）

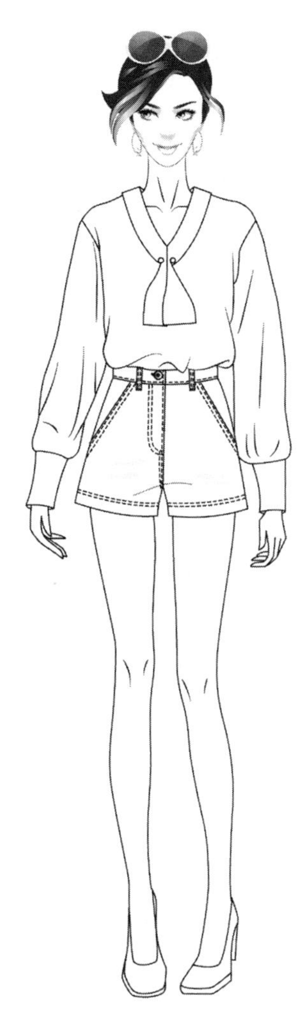

图6-52 双明线斜插袋短裤效果图

六、双明线斜插袋短裤

1. 款式说明

双明线斜插袋短裤，如图6-52所示。短裤的腰头有一粒扣子，也可以用腰带装饰。短裤的正面有两个斜插袋并且袋口缉明线，短裤的后面有两个明贴袋也缉明线。这款短裤为休闲款，方便进行户外活动。可以选择搭配T恤、背心等。

2. 款式图

双明线斜插袋短裤款式图，如图6-53所示。

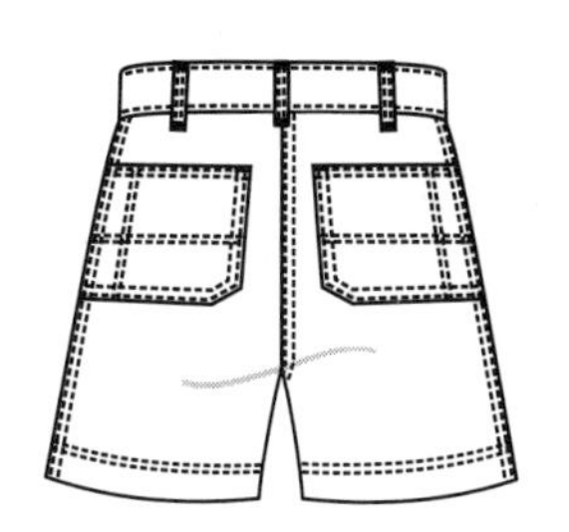

图6-53 双明线斜插袋短裤款式图

3. 面料、辅料的选择

（1）面料：双明线斜插袋短裤可选择的面料有涤纶织物、腈纶织物、锦纶织物等面料，如图6-54所示。

（2）辅料：双明线斜插袋短裤选择的辅料有金属拉链、金属扣，如图6-55所示。

涤纶面料

腈纶面料

锦纶面料

图6-54 双明线斜插袋短裤常用面料

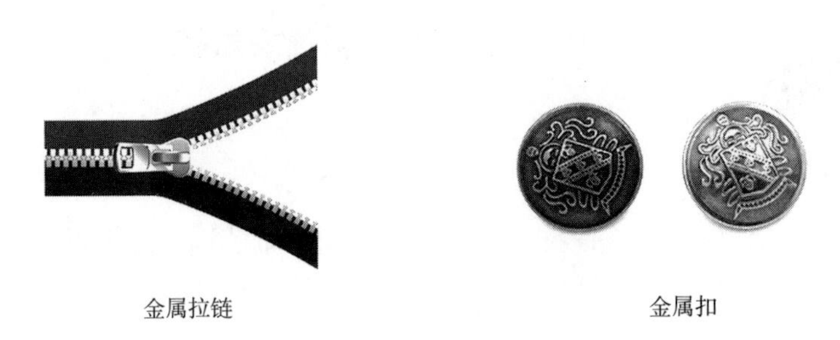

图6-55　双明线斜插袋短裤常用辅料

4. **规格尺寸**

（1）尺寸计算，以160/68A为例。

腰围（W）：人体净腰围+放松量=68cm+2cm=70cm；

臀围（H）：人体净臀围+放松量=90cm+6cm=96cm；

裤长：裤长至大腿根向下10～15cm，为45cm。注意，这里的裤长为裤身长与腰头宽之和。

（2）尺寸表。依据是我国使用的女装号型是GB/T 1335.2—2008《服装号型　女子》，成衣规格是160/68A。基准测量部位及参考尺寸，见表6-10。

表6-10　双明线斜插袋短裤参考尺寸　单位：cm

名称	裤长	腰围	臀围	上裆	腰头宽	脚口围
规格尺寸	45	70	96	23	5	60

5. **结构图**

双明线斜插袋短裤结构图包括前片、后片、门襟、底襟、串带襻、袋布、垫袋布、腰头，如图6-56所示。

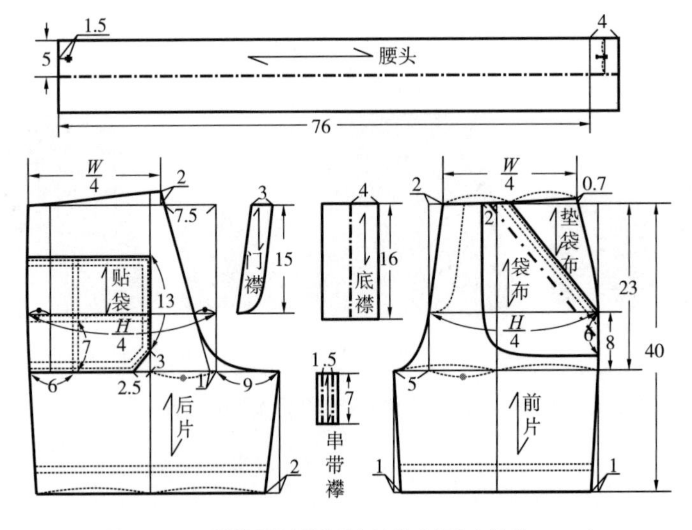

图6-56　双明线斜插袋短裤结构制图（单位：cm）

七、斜插袋收口五分裤

1. **款式说明**

斜插袋收口五分裤，如图6–57所示。短裤的腰部可以用腰带装饰，裤子的正面有两个斜插袋，裤口做了收紧的设计，方便活动。这款裤子的优点是舒适、时尚，适合的人群比较广泛。可以选择搭配长款格子衬衫、吊带背心、碎花雪纺衬衫、小西装等。

图6–57　斜插袋收口五分裤效果图

2. **款式图**

斜插袋收口五分裤款式图，如图6–58所示。

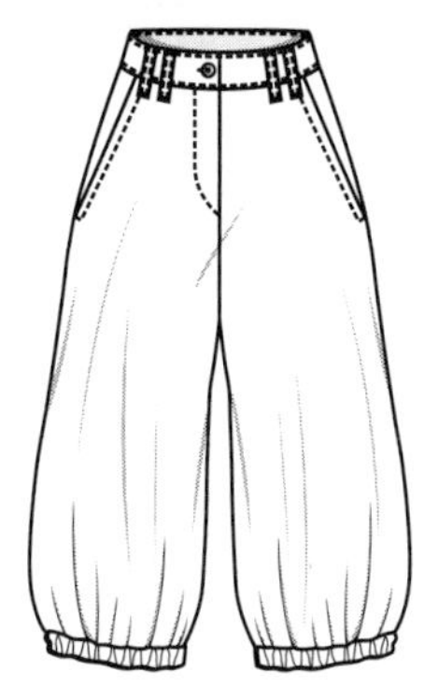

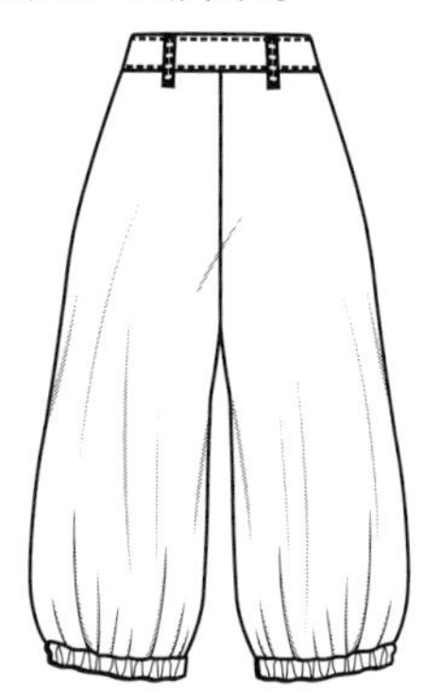

图6–58　斜插袋收口五分裤款式图

3. **面料、辅料的选择**

（1）面料：斜插袋收口五分裤可选择的面料有纯棉布、锦纶织物、牛仔布等，如图6–59所示。

（2）辅料：斜插袋收口五分裤选择的辅料有金属拉链、金属扣，如图6–60所示。

纯棉面料

锦纶面料

牛仔面料

图6–59　斜插袋收口五分裤常用面料

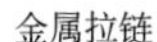

金属拉链

金属扣

图6–60　斜插袋收口五分裤常用辅料

4. **规格尺寸**

（1）尺寸计算，以160/68A为例。

腰围（W）：人体净腰围+放松量=68cm+2cm=70cm；

臀围（H）：人体净臀围+放松量=90cm+6cm=96cm；

裤长：裤长至小腿，为70cm。

（2）尺寸表。依据我国使用的女装号型GB/T 1335.2—2008《服装号型　女子》，成衣规格是160/68A。基准测量部位及参考尺寸，见表6–11。

表 6–11　斜插袋收口五分裤参考尺寸　单位：cm

名称	裤长	腰围	臀围	上裆	腰头宽	脚口围
规格尺寸	70	70	96	26	3.5	54

5. **结构图**

斜插袋收口五分裤结构制图包括前片、后片、门襟、底襟、串带襻、裤口、腰头、口袋和垫袋布，如图6–61、图6–62所示。

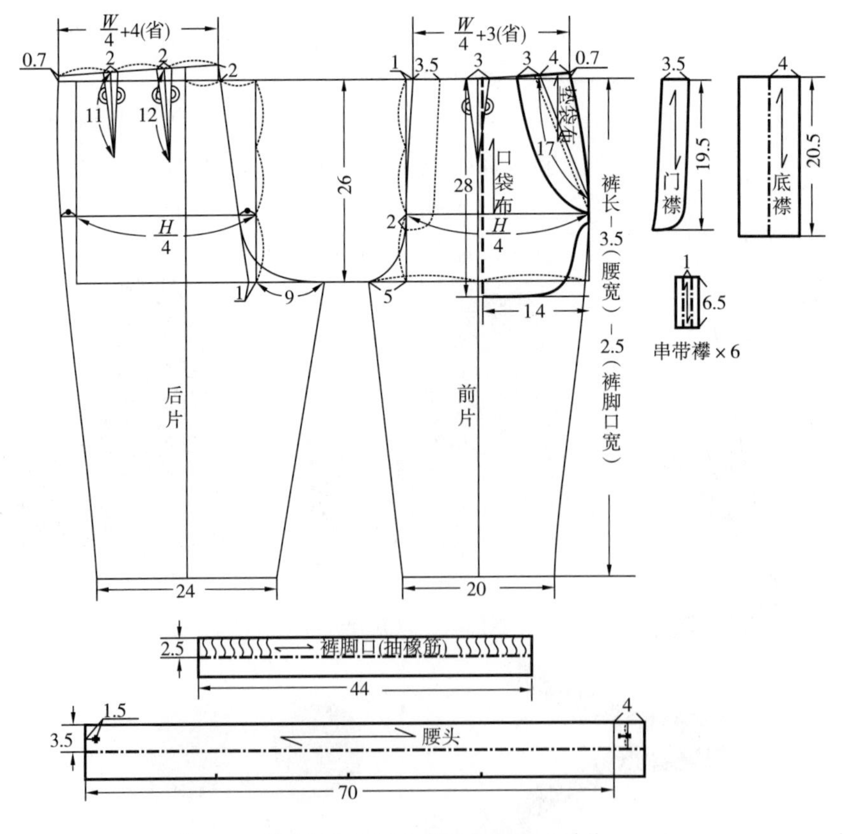

图6–61　斜插袋收口五分裤结构制图（单位：cm）

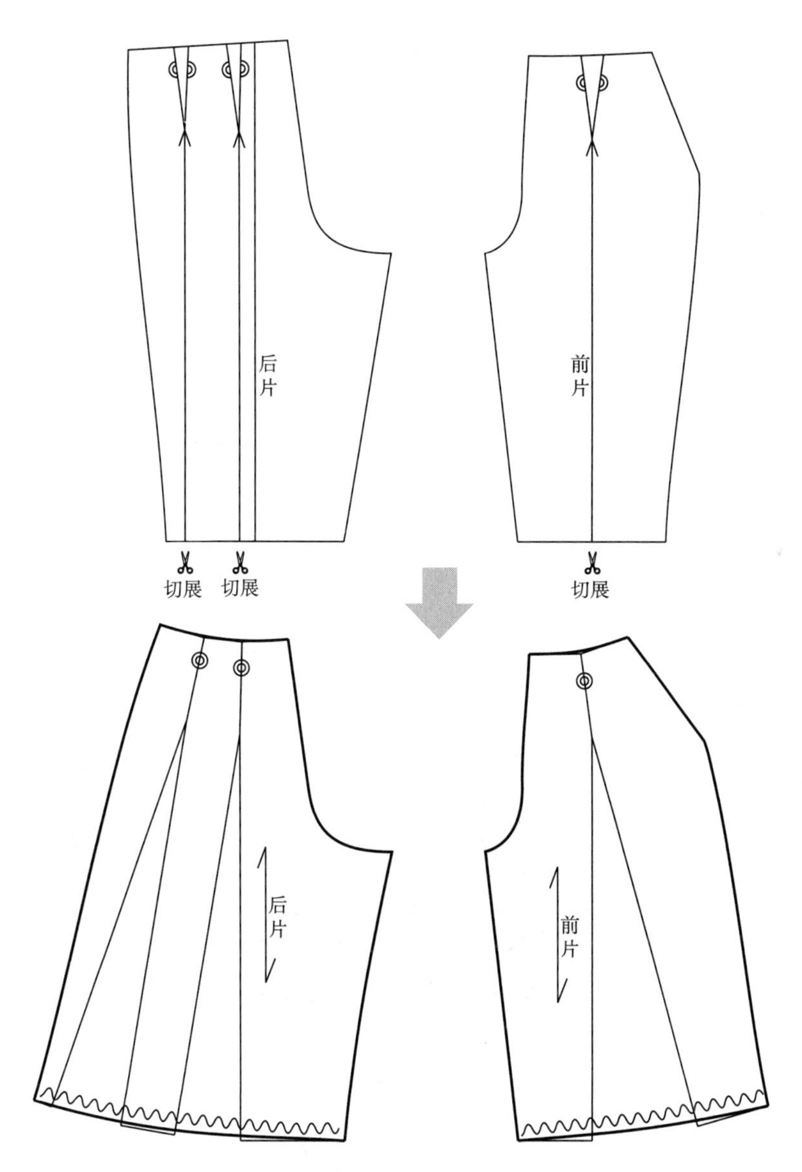

图6-62　斜插袋收口五分裤结构展开图

图6-63 对称褶及膝裙裤效果图

八、对称褶及膝裙裤

1. 款式说明

对称褶及膝裙裤，如图6-63所示。裙裤的腰部为高腰设计，提高了腰线，并且有腰带装饰。裙裤做了对称褶的设计，更加优雅大方。这款裙裤的优点是舒适、时尚，对于年轻女性和成熟女性都适合，可以选择搭配简单紧身针织衫、T恤、衬衫。

2. 款式图

对称褶及膝裙裤款式图，如图6-64所示。

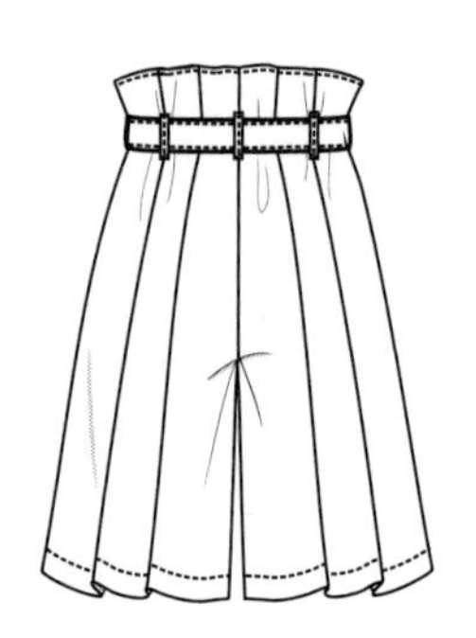

图6-64 对称褶及膝裙裤款式图

3. 面料、辅料的选择

（1）面料：对称褶及膝裙裤可选择的面料有真丝、纯棉布布、化纤织物等，如图6-65所示。

（2）辅料：对称褶及膝裙裤选择的辅料有隐形拉链，腰带，如图6-66所示。

真丝面料

纯棉面料

化纤面料

图6-65 对称褶及膝裙裤常用面料

隐形拉链

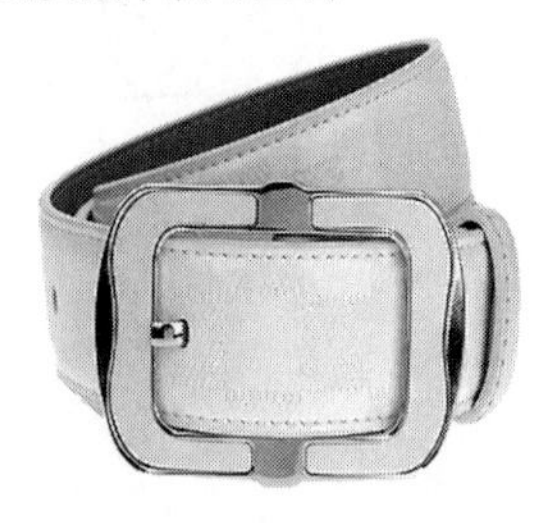

腰带

图6-66 对称褶及膝裙裤常用辅料

4. **规格尺寸**

（1）尺寸计算，以160/68A为例。

腰围（W）：人体净腰围+放松量=68cm+2cm=70cm；

臀围（H）：人体净臀围+放松量=90cm+54cm=144cm；

裤长：裤长至膝围下5～10cm，为65cm。

（2）尺寸表。依据我国使用的女装号型GB/T 1335.2—2008《服装号型　女子》，成衣规格是160/68A。基准测量部位及参考尺寸，见表6-12。

表6-12　对称褶及膝裙裤参考尺寸　　单位：cm

名称	裤长	腰围	臀围	上裆	脚口围
规格尺寸	65	70	144	26	70

5. **结构图**

对称褶及膝裙裤结构图包括前片、后片、底襟、门襟、串带襻、腰里贴边，如图6-67、图6-68所示。

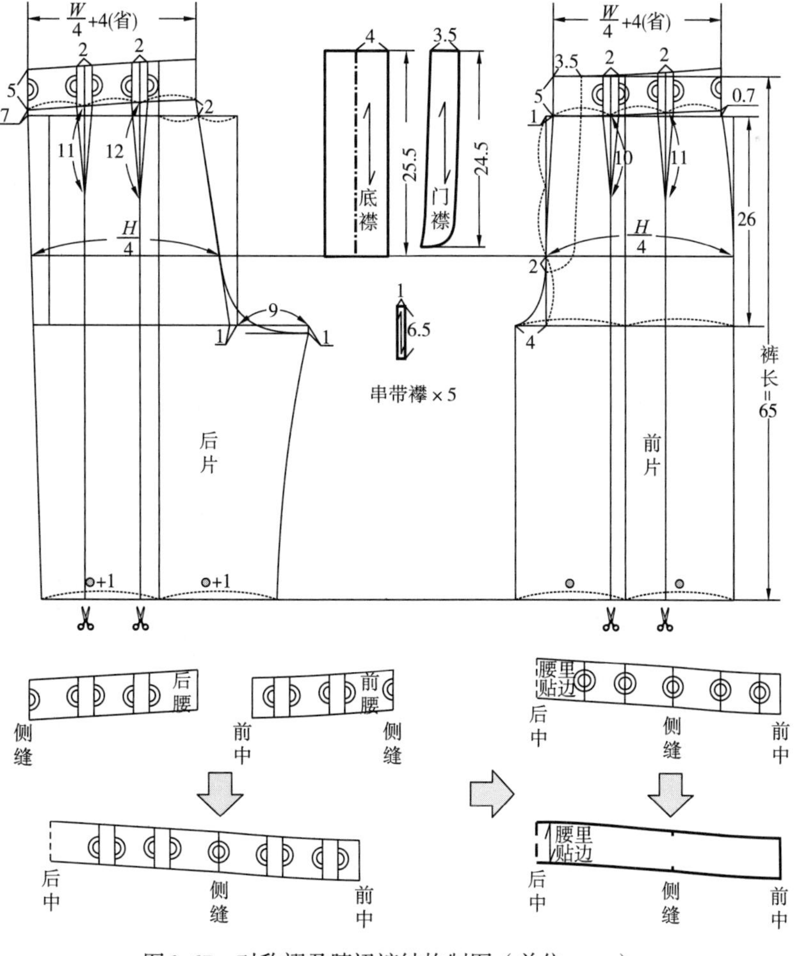

图6-67　对称褶及膝裙裤结构制图（单位：cm）

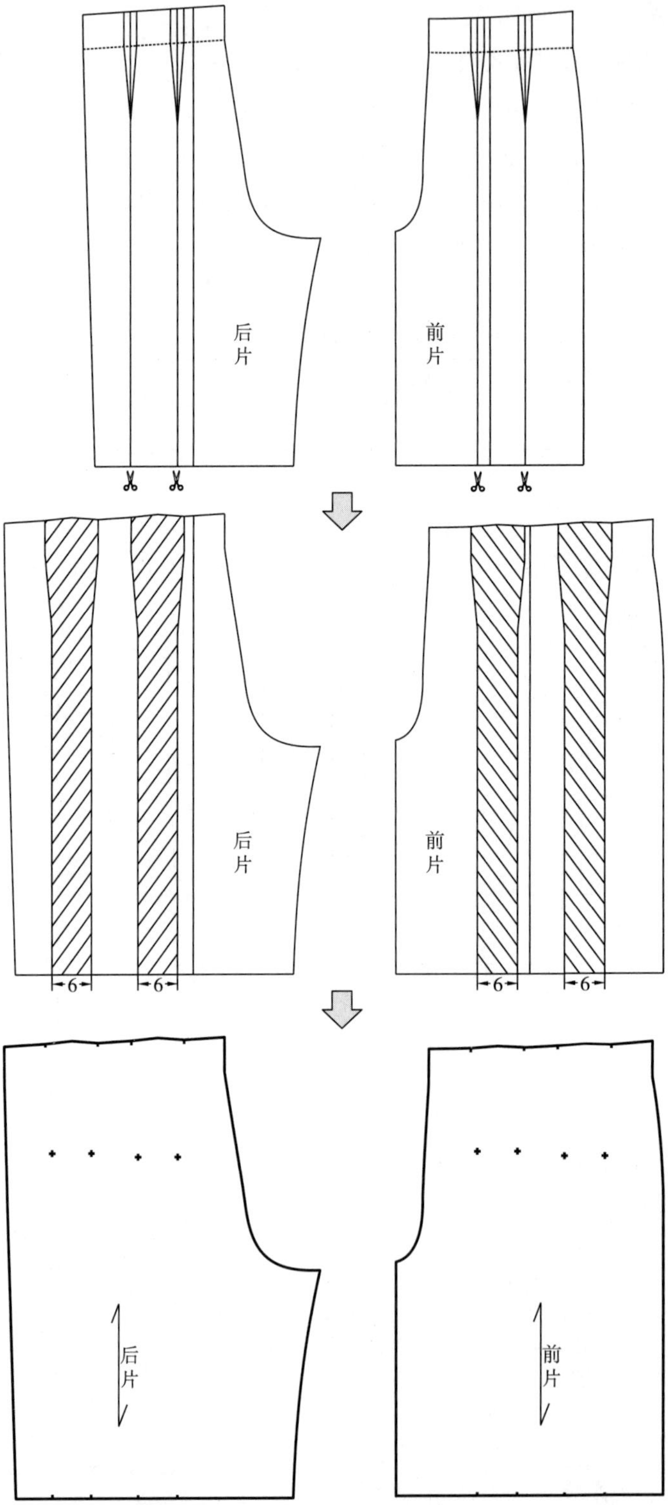

图6-68　对称褶及膝裙裤结构展开图

九、假两件及膝裙裤

图6-69 假两件及膝裙裤效果图

1. 款式说明

假两件及膝裙裤，如图6-69所示。裙裤的腰部做了绑带的设计。裙裤的正面为假两件的设计，使裙裤更加具有层次感。后腰部有两个省，使裙裤更加贴合人体。这款裙裤的优点是大方优雅、舒适、时尚，比较适合成熟女性及职业女性，可以选择搭配简单T恤、碎花雪纺衬衫、小西装等。

2. 款式图

假两件及膝裙裤款式图，如图6-70所示。

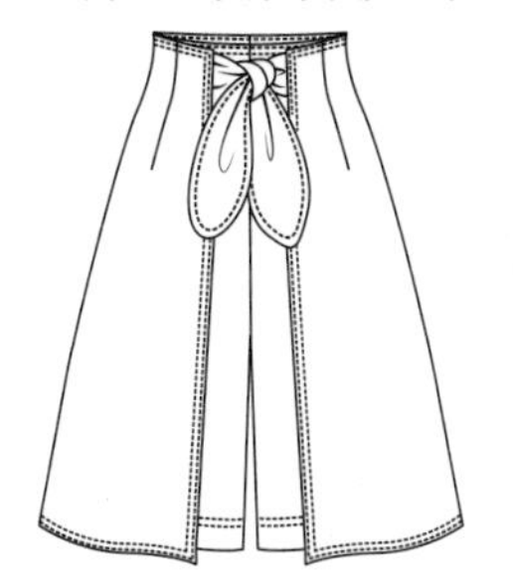

图6-70 假两件及膝裙裤款式图

3. 面料、辅料的选择

（1）面料：假两件及膝裙裤可选择的面料有真丝、雪纺、纯棉布等，如图6-71所示。

（2）辅料：假两件及膝裙裤选择的辅料有隐形拉链、丝带，如图6-72所示。

4. 规格尺寸

（1）尺寸计算，以160/68A为例。

真丝面料

雪纺面料

纯棉面料

图6-71 假两件及膝裙裤常用面料

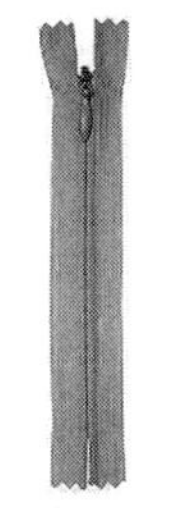

隐形拉链

丝带

图6-72 假两件及膝裙裤常用辅料

腰围（W）：人体净腰围+放松量=68cm+2cm=70cm；

臀围（H）：人体净臀围+放松量=90cm+18cm=108cm；

裤长：裤长至膝围下5～10cm，为60cm。

（2）尺寸表。依据我国使用的女装号型GB/T 1335.2—2008《服装号型　女子》，成衣规格是160/68A。基准测量部位及参考尺寸，见表6-13。

表 6-13　假两件及膝裙裤参考尺寸　　单位：cm

名称	裤长	腰围	臀围	上裆	脚口围
规格尺寸	60	70	108	28	79

5. **结构图**

假两件及膝裙裤结构图包括前片、后片、腰里贴边、外前片、蝴蝶结，如图6-73所示。

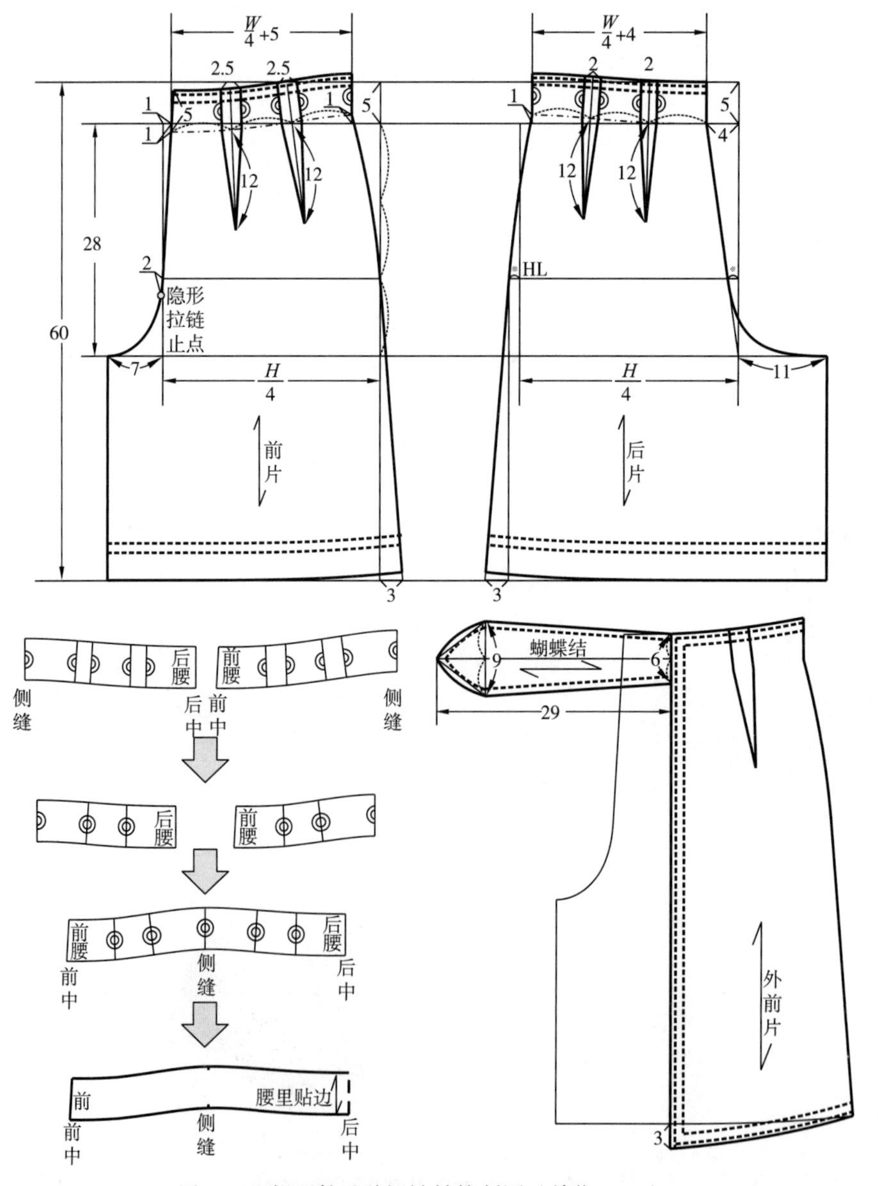

图6-73　假两件及膝裙裤结构制图（单位：cm）

图6-74　翻折边A型过膝五分裤效果图

十、翻折边 A 型过膝五分裤

1. 款式说明

翻折边A型过膝五分裤，如图6-74所示。裤子的侧面有两个斜插袋，正背面各有两个褶裥，裤口处做了翻折设计。这款裤子时尚、大方、优雅，比较适合成熟、职业女性。可以选择搭配简单T恤、雪纺衬衫、小西装。

2. 款式图

翻折边A型过膝五分裤款式图，如图6-75所示。

图6-75　翻折边A型过膝五分裤款式图

3. 面料、辅料的选择

（1）面料：翻折边A型过膝五分裤可选择的面料有牛仔布、雪纺、锦纶织物等，如图6-76所示。

（2）辅料：翻折边A型过膝五分裤选择的辅料为隐形拉链，如图6-77所示。

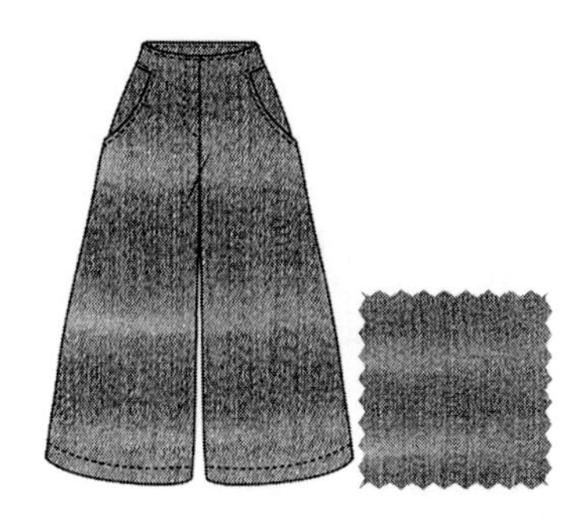

牛仔面料

雪纺面料

锦纶面料

图6-76　翻折边A型过膝五分裤常用面料

4. 规格尺寸

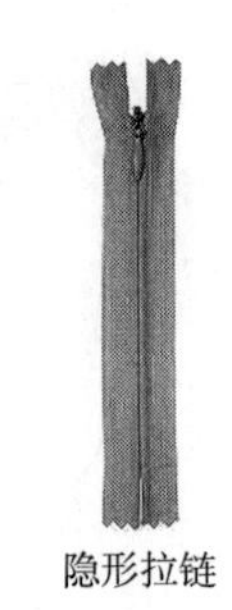

图6-77　翻折边A型过膝五分裤常用辅料

（1）尺寸计算，以160/68A为例。

腰围（W）：人体净腰围+放松量=68cm+2cm=70cm；

臀围（H）：人体净臀围+放松量=90cm+22cm=112cm；

裤长：裤长至膝围下5～10cm，为68cm（设计量）。注意，这里的裤长为裤身长与腰头高之和。

（2）尺寸表。依据我国使用的女装号型GB/T 1335.2—2008《服装号型　女子》，成衣规格是160/68A。基准测量部位及参考尺寸，见表6-14。

表6-14　翻折边A型过膝五分裤参考尺寸　　单位：cm

名称	裤长	腰围	臀围	上裆	腰头宽	脚口围
规格尺寸	68	70	112	30	4	71

5. 结构图

翻折边A型过膝五分裤结构制图包括前片、后片、底襟、门襟、垫袋布、口袋布、腰头，如图6-78所示。

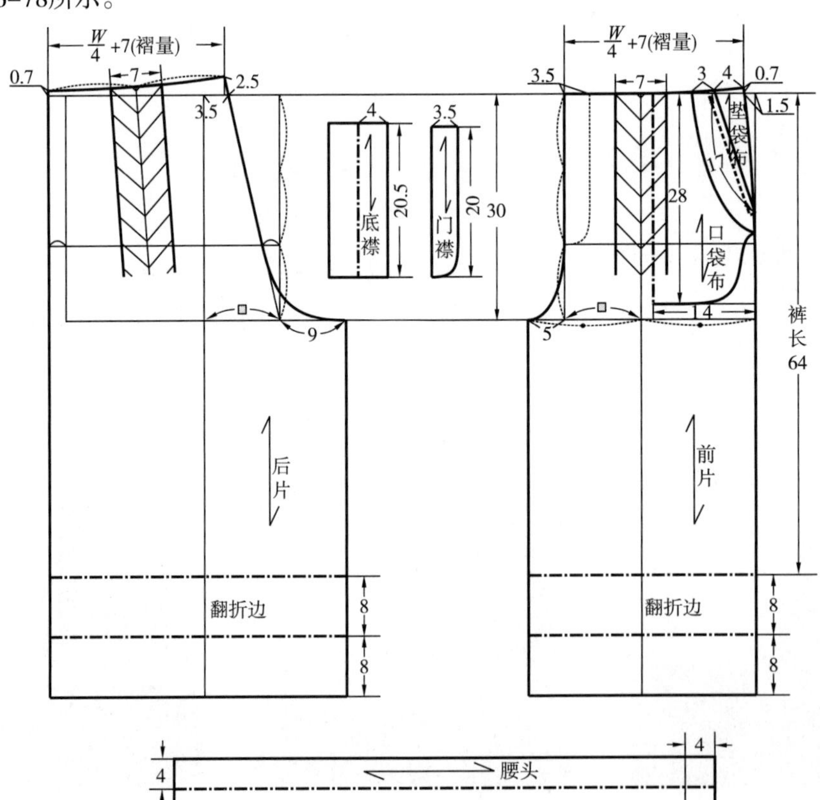

图6-78　翻折边A型过膝五分裤结构制图（单位：cm）

图6–79 弹力腰拼接宽松长裤效果图

十一、弹力腰拼接宽松长裤

1. 款式说明

弹力腰拼接宽松长裤，如图6–79所示。裤子的腰部为橡筋带并且有抽绳设计，方便穿脱。裤子的裤腿有明线装饰。这款裤子舒适、简洁，适合的人群比较广泛。可以选择搭配简单T恤、背心等。

2. 款式图

弹力腰拼接宽松长裤款式图，如图6–80所示。

图6–80 弹力腰拼接宽松长裤款式图

3. 面料、辅料的选择

（1）面料：弹力腰拼接宽松长裤可选择的面料有莫代尔、丝绒、纯棉布等，如图6–81所示。

（2）辅料：弹力腰拼接宽松长裤选择的辅料有橡筋带、抽绳，如图6–82所示。

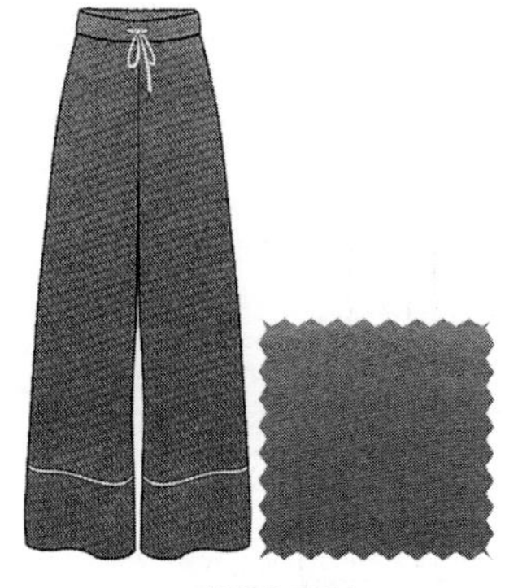

莫代尔面料

丝绒面料

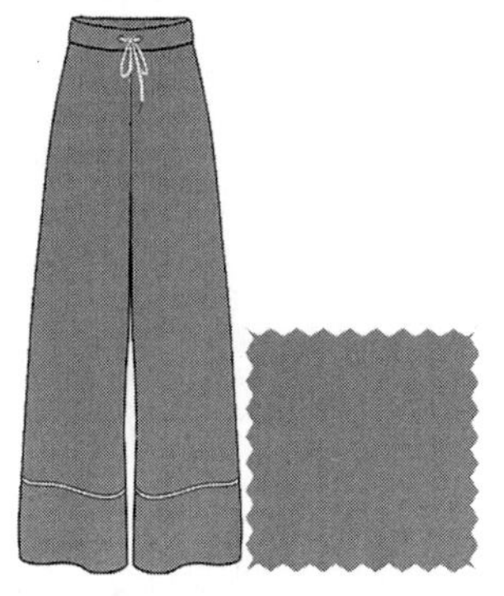

纯棉面料

图6–81 弹力腰拼接宽松长裤常用面料

4. 规格尺寸

（1）尺寸计算，以160/68A为例。

腰围（W）：人体净腰围+放松量=68cm+2cm=70cm；

臀围（H）：人体净臀围+放松量=90cm+14cm=104cm；

裤长：裤长至鞋跟上方2～5cm，为100cm（设计量）。注意，这里的裤长为裤身长与腰头宽之和。

图6-82 弹力腰拼接宽松长裤常用辅料

（2）尺寸表。依据我国使用的女装号型GB/T 1335.2—2008《服装号型 女子》，成衣规格是160/68A。基准测量部位及参考尺寸，见表6-15。

表6-15 弹力腰拼接宽松长裤参考尺寸 单位：cm

名称	裤长	腰围	臀围	上裆	腰头宽	脚口围
规格尺寸	100	70	104	26	4	60

5. 结构图

弹力腰拼接宽松长裤结构制图包括前片、后片、抽橡筋腰头，如图6-83所示。

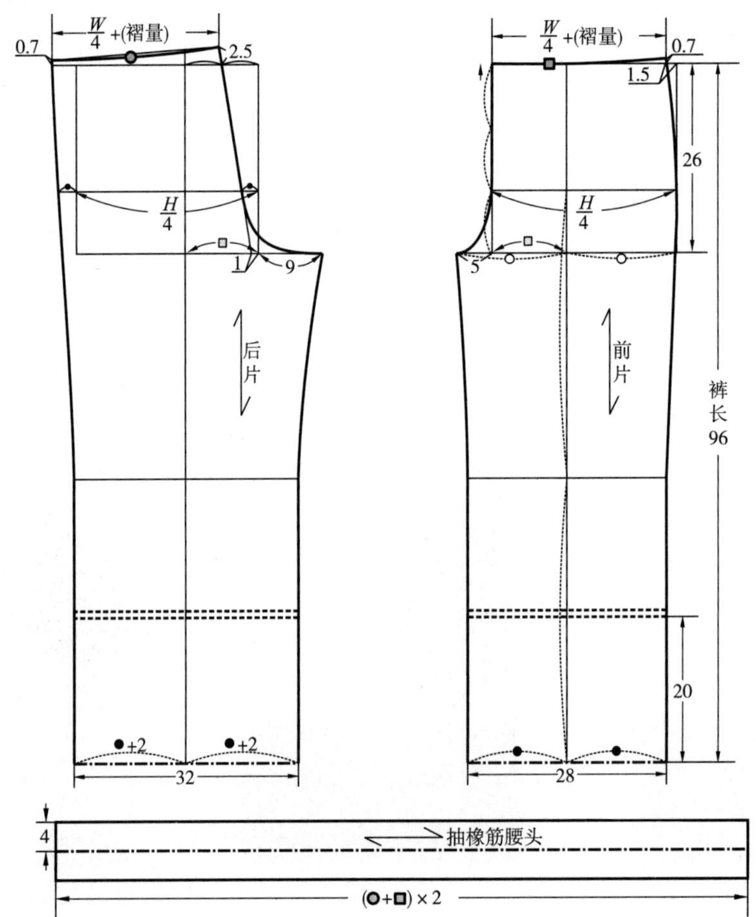

图6-83 弹力腰拼接宽松长裤结构制图（单位：cm）

十二、弹力腰侧开衩A型阔腿长裤

1. 款式说明

弹力腰侧开衩A型阔腿长裤，如图6-84所示。裤子的腰部为弹力设计，方便穿脱。裤子的侧缝做了开衩设计，方便腿部活动。这款裤子舒适、时尚，适合的人群比较广泛，可以选择搭配款式简单的T恤、背心、卫衣等。

2. 款式图

弹力腰侧开衩A型阔腿长裤款式图，如图6-85所示。

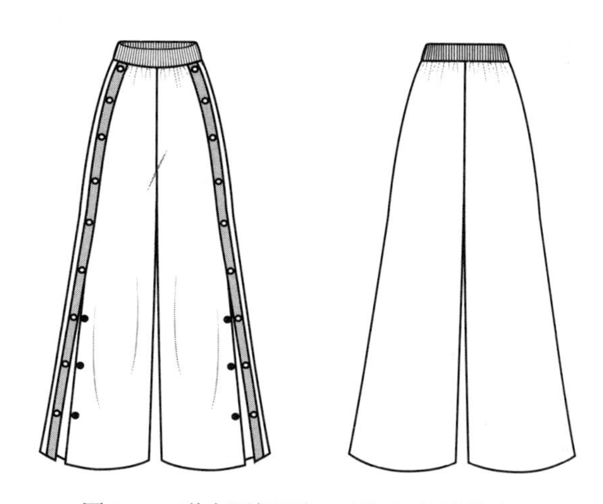

图6-85　弹力腰侧开衩A型阔腿长裤款式图

3. 面料、辅料的选择

（1）面料：弹力腰侧开衩A型阔腿长裤可选择的面料有牛仔布、丝绒、纯棉布等，如图6-86所示。

（2）辅料：弹力腰侧开衩A型阔腿长裤辅料的选择有按扣、罗纹带，如图6-87所示。

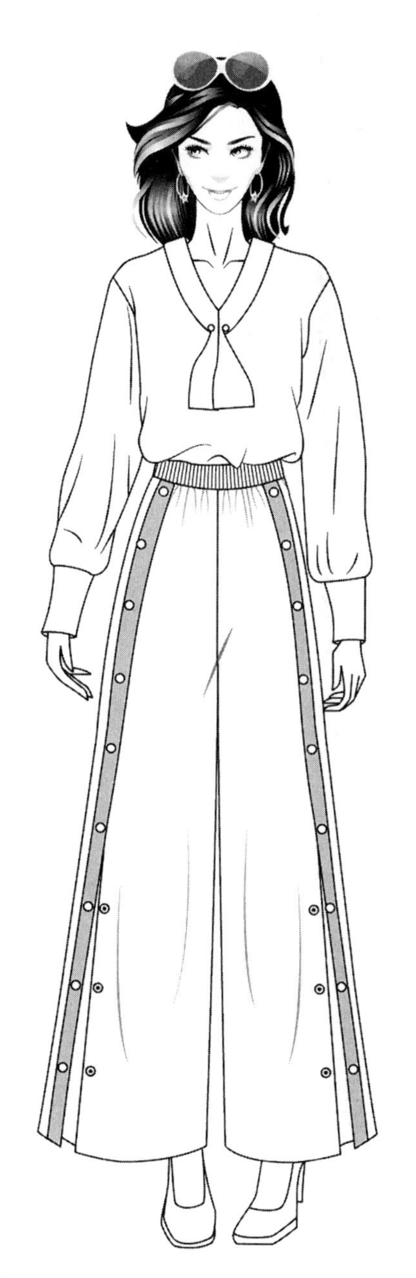

图6-84　弹力腰侧开衩A型阔腿长裤效果图

牛仔面料

丝绒面料

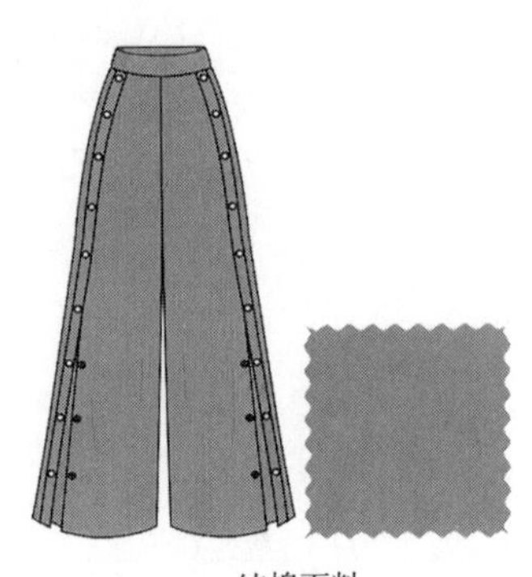

纯棉面料

图6-86　弹力腰侧开衩A型阔腿长裤常用面料

暗扣

罗纹带

图6-87　弹力腰侧开衩A型阔腿长裤常用辅料

4. 规格尺寸

（1）尺寸计算，以160/68A为例。

腰围（W）：人体净腰围+放松量=68cm+2cm=70cm；

臀围（H）：人体净臀围+放松量=90cm+20cm=110cm；

裤长：因鞋跟距地面高2～5cm，故裤长设计为100cm。注意，这里的裤长为裤身长与腰头宽之和。

（2）尺寸表。依据是我国使用的女装号型是GB/T 1335.2—2008《服装号型　女子》，成衣规格是160/68A。基准测量部位及参考尺寸，见表6-16。

表6-16　弹力腰侧开衩A型阔腿长裤参考尺寸　　单位：cm

名称	裤长	腰围	臀围	上裆	腰头宽	脚口围
规格尺寸	100	70～96	110	27	4	109

5. 结构图

弹力腰侧开衩A型阔腿长裤结构制图包括前片、后片、罗纹腰头，如图6-88所示。

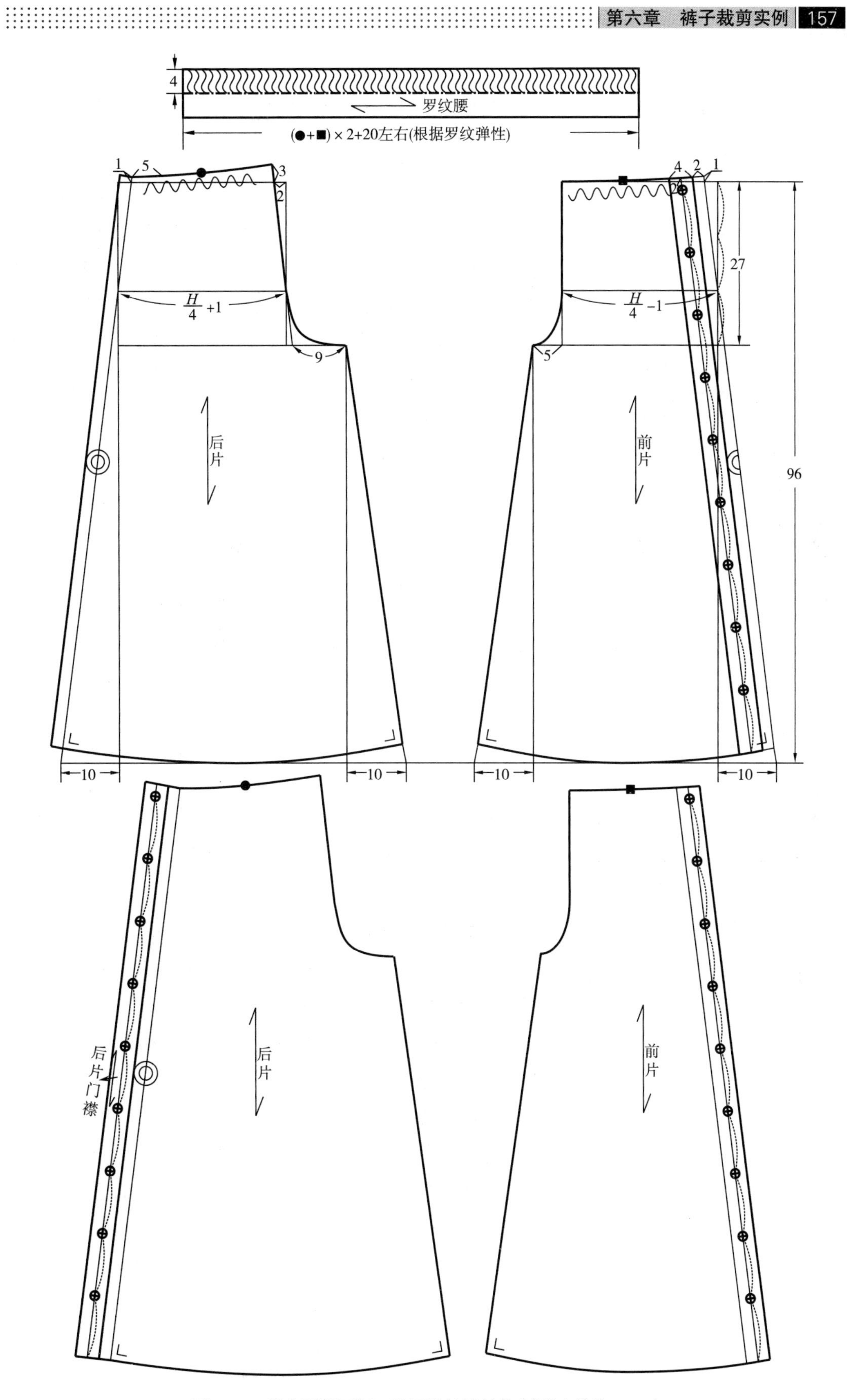

图6-88　弹力腰侧开衩A型阔腿长裤结构制图（单位：cm）

图6-89 弹力腰两穿长裤效果图

十三、弹力腰两穿长裤

1. 款式说明

弹力腰两穿长裤，如图6-89所示。橡筋腰头既穿脱方便，又穿着舒适。裤子外侧缝两条带子的设计，裤子内设计带子可以与裤子外侧的裤子前端的环系住，既时尚又能通过褶皱的方式将长裤变成短裤，使此裤具有多功能性。设计风格偏中性，所以可以搭配帅气的衬衫、宽松的背心、简洁的T恤等。

2. 款式图

弹力腰两穿长裤款式图，如图6-90所示。

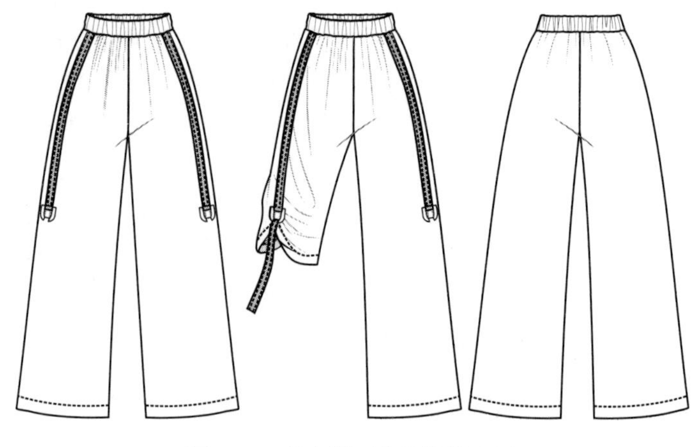
图6-90 弹力腰两穿长裤款式图

3. 面料、辅料的选择

（1）面料：弹力腰两穿长裤可选择的面料有牛仔布、丝绒布、纯棉布等，如图6-91所示。

（2）辅料：弹力腰两穿长裤选择的辅料有金属环、橡筋带等，如图6-92所示。

4. 规格尺寸

（1）尺寸计算，以160/68A为例。

腰围（W）：人体净腰围+放松量=68cm+2cm=70cm；

臀围（H）：人体净臀围+放松量=90cm+16cm=106cm；

裤长：因鞋跟距地面高2～5cm，故裤长设计为100cm。注意，这里的裤长为裤身长与腰头宽之和。

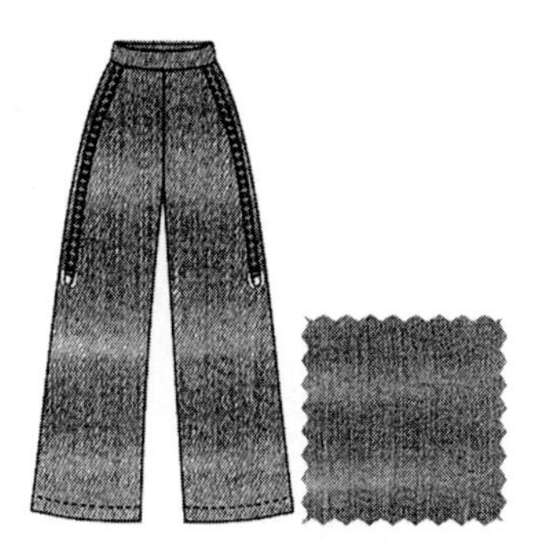

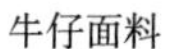
牛仔面料

丝绒面料

纯棉面料

图6-91　弹力腰两穿长裤常用面料

金属环

罗纹

图6-92　弹力腰两穿长裤常用辅料

（2）尺寸表。依据我国使用的女装号型GB/T1335.2—2008《服装号型　女子》，成衣规格是160/68A。基准测量部位及参考尺寸，见表6-17。

表 6-17　弹力腰两穿长裤参考尺寸　　单位：cm

名称	裤长	腰围	臀围	上裆	腰头宽	脚口围
规格尺寸	100	70	106	28	4	54

5. 结构图

弹力腰两穿长裤结构制图包括前、后片、抽橡筋腰头，如图6-93所示。

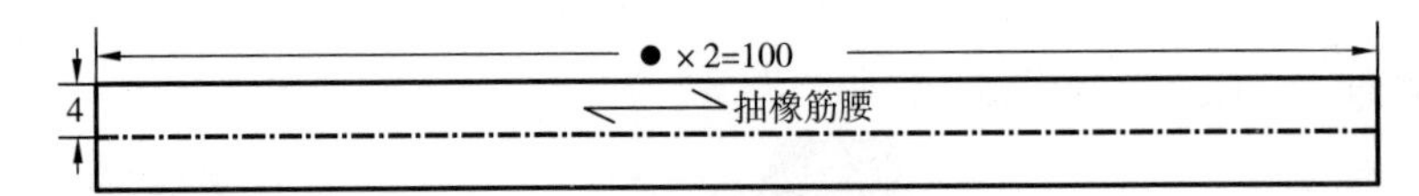

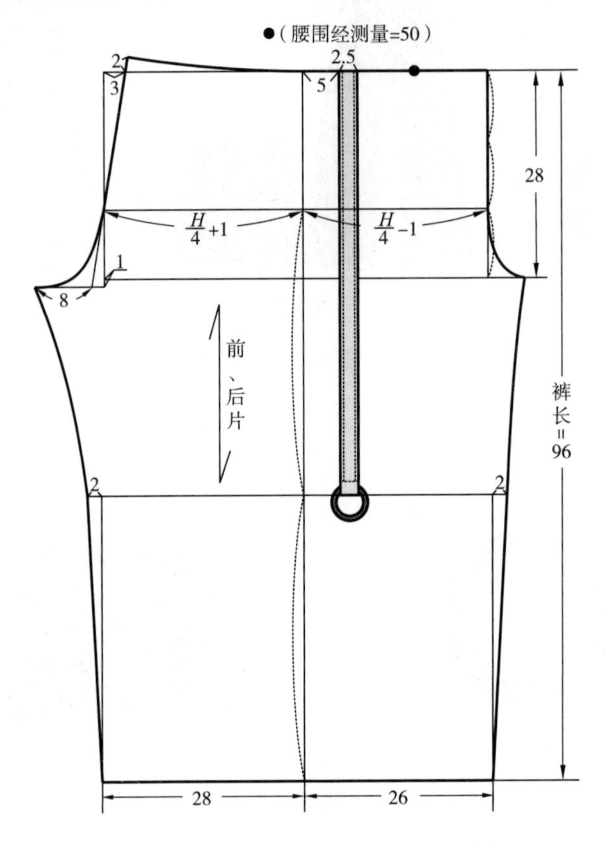

图6-93 弹力腰两穿长裤结构制图（单位：cm）

图6-94 高腰抽绳贴袋喇叭长裤效果图

十四、高腰抽绳贴袋喇叭长裤

1. ***款式说明***

高腰抽绳贴袋喇叭长裤，如图6-94所示。高腰设计，打造小蛮腰的同时还能拉长身材比例，凸显身高。前腰的交叉抽绳充满甜美的气质，贴袋装饰为此裤增添了设计感和实用性，喇叭裤腿完美修饰腿部曲线。可以选择搭配雪纺衬衫、娃娃领衬衣、印花T恤等。

2. ***款式图***

高腰抽绳贴袋喇叭长裤款式图，如图6-95所示。

3. ***面料、辅料的选择***

（1）面料：高腰抽绳贴袋喇叭长裤可选择的面料有深浅牛仔布、印花牛仔布等，如图6-96所示。

（2）辅料：高腰抽绳贴袋喇叭长裤选择的辅料有金

属拉链、抽绳、气眼等，如图6-97所示。

4. **规格尺寸**

（1）尺寸计算，以160/68A为例。

腰围（W）：人体净腰围+放松量=68cm+2cm=70cm；

臀围（H）：人体净臀围+放松量=90cm+4cm=94cm；

裤长：因鞋跟距地面高2～5cm，裤长设计为103cm。

（2）尺寸表。依据是我国使用的女装号型GB/T 1335. 2—2008《服装号型 女子》，成衣规格是160/68A。基准测量部位以及参考尺寸，见表6-18。

图6-95 高腰抽绳贴袋喇叭长裤款式图

深牛仔面料

浅牛仔面料

印花牛仔面料

图6-96 高腰抽绳贴袋喇叭长裤常用面料

金属拉链

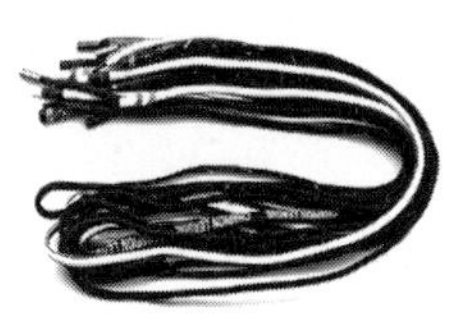

抽绳

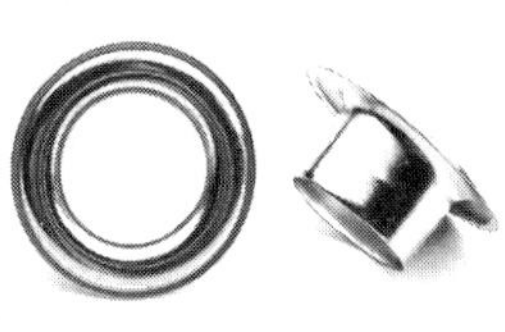

气眼

图6-97 高腰抽绳贴袋喇叭长裤常用辅料

表 6-18 高腰抽绳贴袋喇叭长裤参考尺寸 单位：cm

名称	裤长	腰围	臀围	上裆	腰头宽	脚口围
规格尺寸	103	70	94	26	6	84

5. **结构图**

高腰抽绳贴袋喇叭长裤结构图包括起前片、后片、口袋、前腰贴边、后腰贴边和抽绳部位，如图6-98所示。

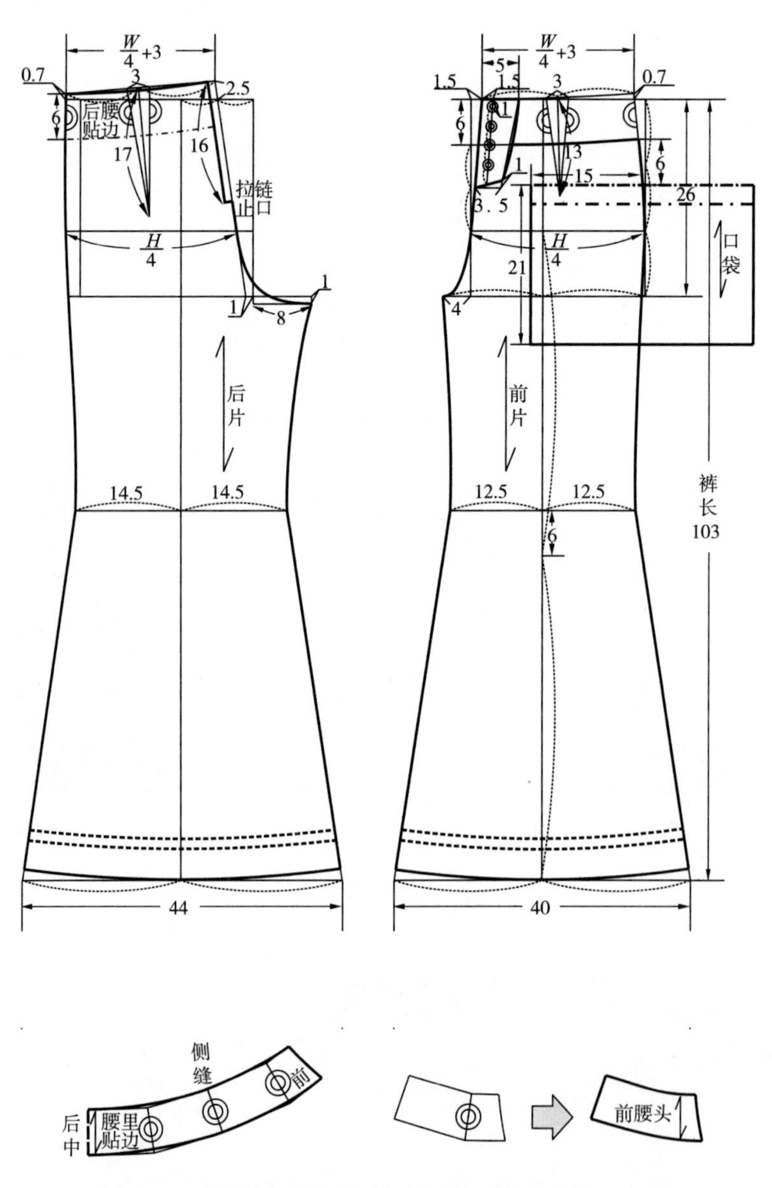

图6-98 高腰抽绳贴袋喇叭长裤结构制图（单位：cm）

十五、侧裤口系扣分割时尚哈伦长裤

1. 款式说明

此款式哈伦裤，如图6-99所示。宽松舒适的裆部及相对窄的裤脚口设计非常舒适，它的优点在于宽松的裤腿不会暴露出腿部的缺陷，更能修饰双腿的线条。裤腿上的扣子设计是此裤的一大亮点，可以随着自己的意愿选择开衩的大小，实用性强。可以选择搭配简约的T恤、皮夹克、卫衣、衬衫等。

图6-99　侧裤口系扣分割时尚哈伦长裤效果图

2. 款式图

侧裤口系扣分割时尚哈伦长裤款式图，如图6-100所示。

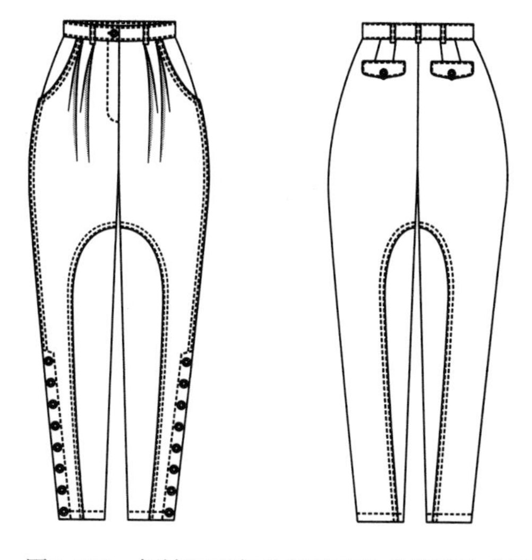

图6-100　侧裤口系扣分割时尚哈伦长裤款式图

3. 面料、辅料的选择

（1）面料：侧裤口系扣分割时尚哈伦长裤可选择的面料有纯棉布、灯芯绒、牛仔布等，如图6-101所示。

（2）辅料：侧裤口系扣分割时尚哈伦长裤选择的辅料有金属拉链、扣子，如图6-102所示。

4. 规格尺寸

（1）尺寸计算，以160/68A为例。

腰围（W）：人体净腰围+放松量=68cm+2cm=70cm；

臀围（H）：人体净臀围+放松量=90cm+28cm=118cm；

裤长：裤长至脚踝，为99cm。注意，这里的裤长为裤身长与腰头宽之和。

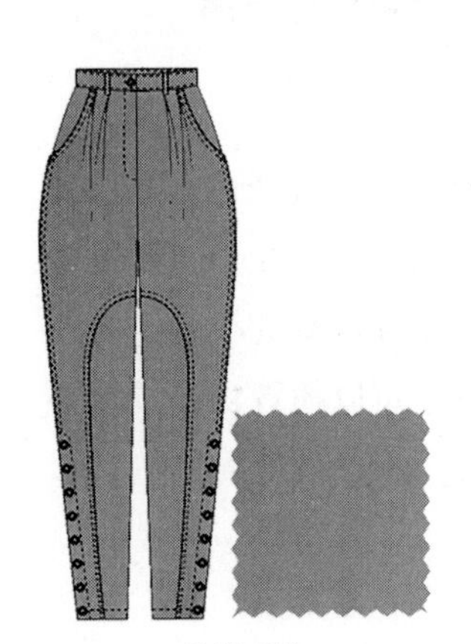
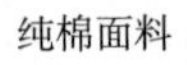
纯棉面料

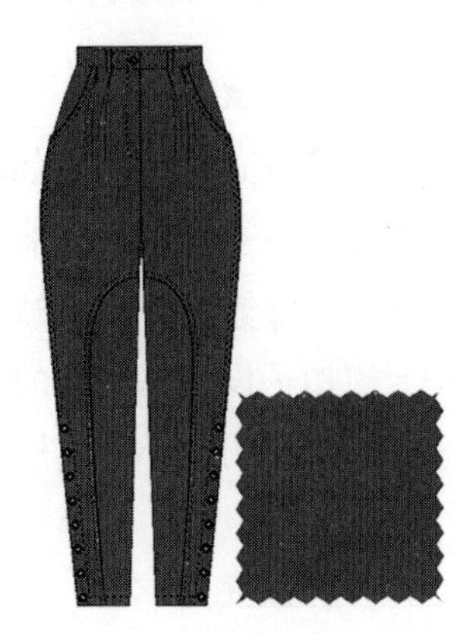
灯芯绒面料

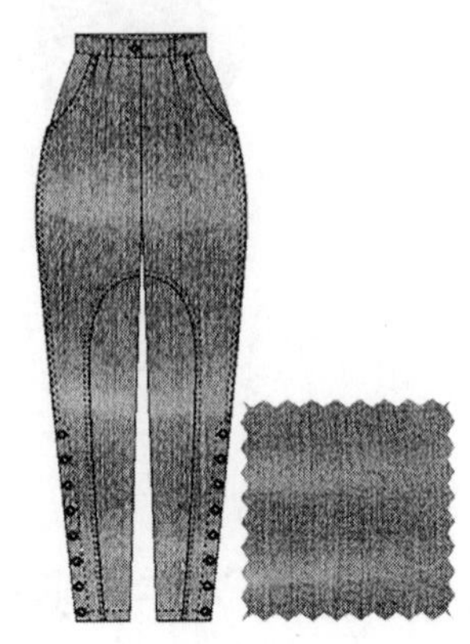
牛仔面料

图6-101　侧裤口系扣分割时尚哈伦长裤常用面料

金属拉链

扣子

图6-102　侧裤口系扣分割时尚哈伦长裤常用辅料

（2）尺寸表。依据是我国使用的女装号型GB/T 1335.2—2008《服装号型　女子》，成衣规格是160/68A。基准测量部位及参考尺寸，见表6-19。

表 6-19　侧裤口系扣分割时尚哈伦长裤参考尺寸　　单位：cm

名称	裤长	腰围	臀围	上裆	腰头宽	脚口围
规格尺寸	99	70	118	28	4	25

5. **结构图**

侧裤口系扣分割时尚哈伦长裤结构制图包括前片、后片、门襟、底襟、串带襻、垫袋布、口袋、袋盖、裤内拼接片、腰头，如图6-103所示。

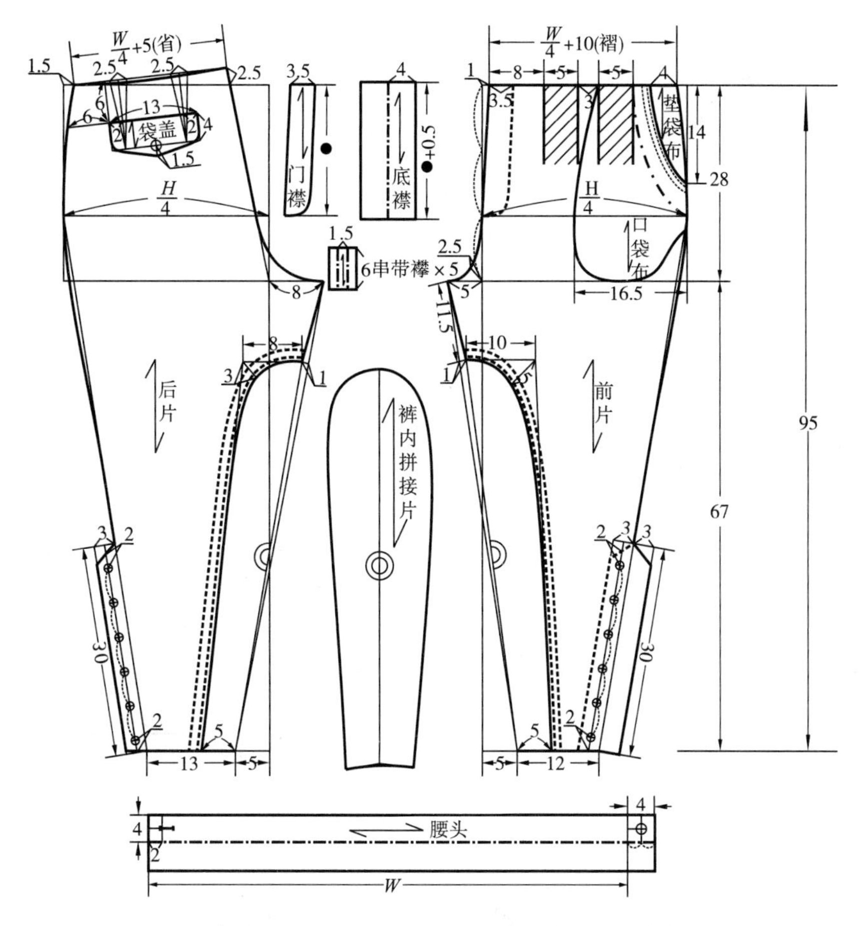

图6-103　侧裤口系扣分割时尚哈伦长裤结构制图（单位：cm）

十六、裤口折边哈锥型长裤

1. 款式说明

裤口折边哈锥型长裤，如图6-104所示。裤子的臀部整体松弛，裤脚口变窄，整体呈锥型，既能遮盖腿部的缺陷又非常干练。裤脚口的折边设计露出脚踝，穿着起来更加显高显瘦。可以选择搭配衬衫、雪纺上衣、高领打底衫、T恤等。

2. 款式图

裤口折边哈锥型长裤款式图，如图6-105所示。

3. 面料、辅料的选择

（1）面料：裤口折边哈锥型长裤可选择的面料有锦纶织物、涤纶织物，以及其他化纤织物等，如图6-106所示。

（2）辅料：裤口折边哈锥型长裤选择的辅料有隐形拉链、扣子，如图6-107所示。

4. 规格尺寸

（1）尺寸计算，以160/68A为例。

图6-104 裤口折边哈锥型长裤效果图

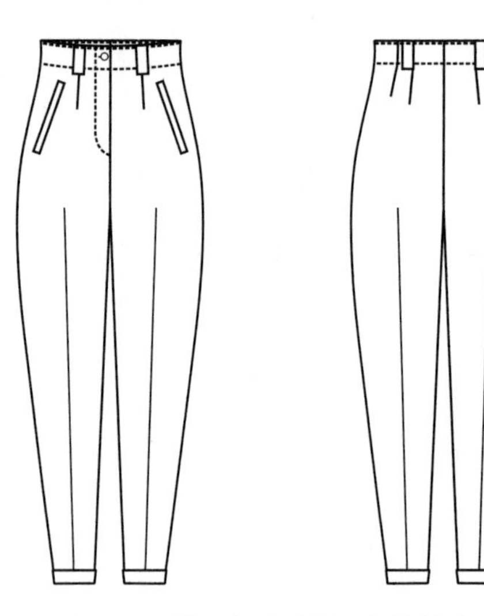

图6-105 裤口折边哈锥型长裤款式图

锦纶面料

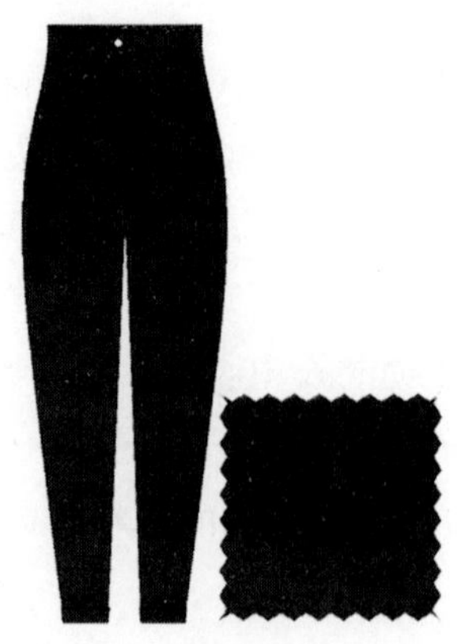

涤纶面料

其他化纤面料

图6-106 裤口折边哈锥型长裤常用面料

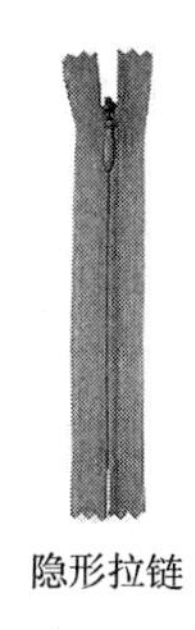
隐形拉链

扣子

图6-107　裤口折边哈锥型长裤常用辅料

腰围（W）：人体净腰围+放松量=68cm+2cm=70cm；

臀围（H）：人体净臀围+放松量=90cm+20cm=110cm；

裤长：裤长至脚踝，为99cm。

（2）尺寸表。依据是我国使用的女装号型是GB/T 1335.2—2008《服装号型　女子》，成衣规格是160/68A。基准测量部位及参考尺寸，见表6-20。

表6-20　裤口折边哈锥型长裤参考尺寸

单位：cm

名称	裤长	腰围	臀围	上裆	腰头宽	脚口围
规格尺寸	99	70	110	27	3	29

5. 结构图

裤口折边哈锥型长裤结构制图包括前片、后片、门襟、底襟、串带襻、袋布、腰头，如图6-108所示。

十七、连腰斜插袋直筒长裤

1. 款式说明

连腰斜插袋直筒长裤，如图6-109所示。这款裤子穿上很显瘦，并且比起修身裤穿起来更舒服。连腰款式修身显瘦，斜插袋实用性强，整体感觉简约又不失干练。可以选择搭配款式简洁的T恤、衬衣、短款上衣、西装、背心等，如图6-110所示。

2. 款式图

连腰斜插袋直筒长裤款式图，如图6-110所示。

3. 面料、辅料的选择

（1）面料：连腰斜插袋直筒长裤可选择的面料有化纤织物、丝绒、纯棉布等，如图6-111所示。

（2）辅料：连腰斜插袋直筒长裤选择的辅料有金属拉链、扣子，如图6-112所示。

4. 规格尺寸

（1）尺寸计算，以160/68A为例。

腰围（W）：人体净腰围+放松量=68cm+2cm=70cm；

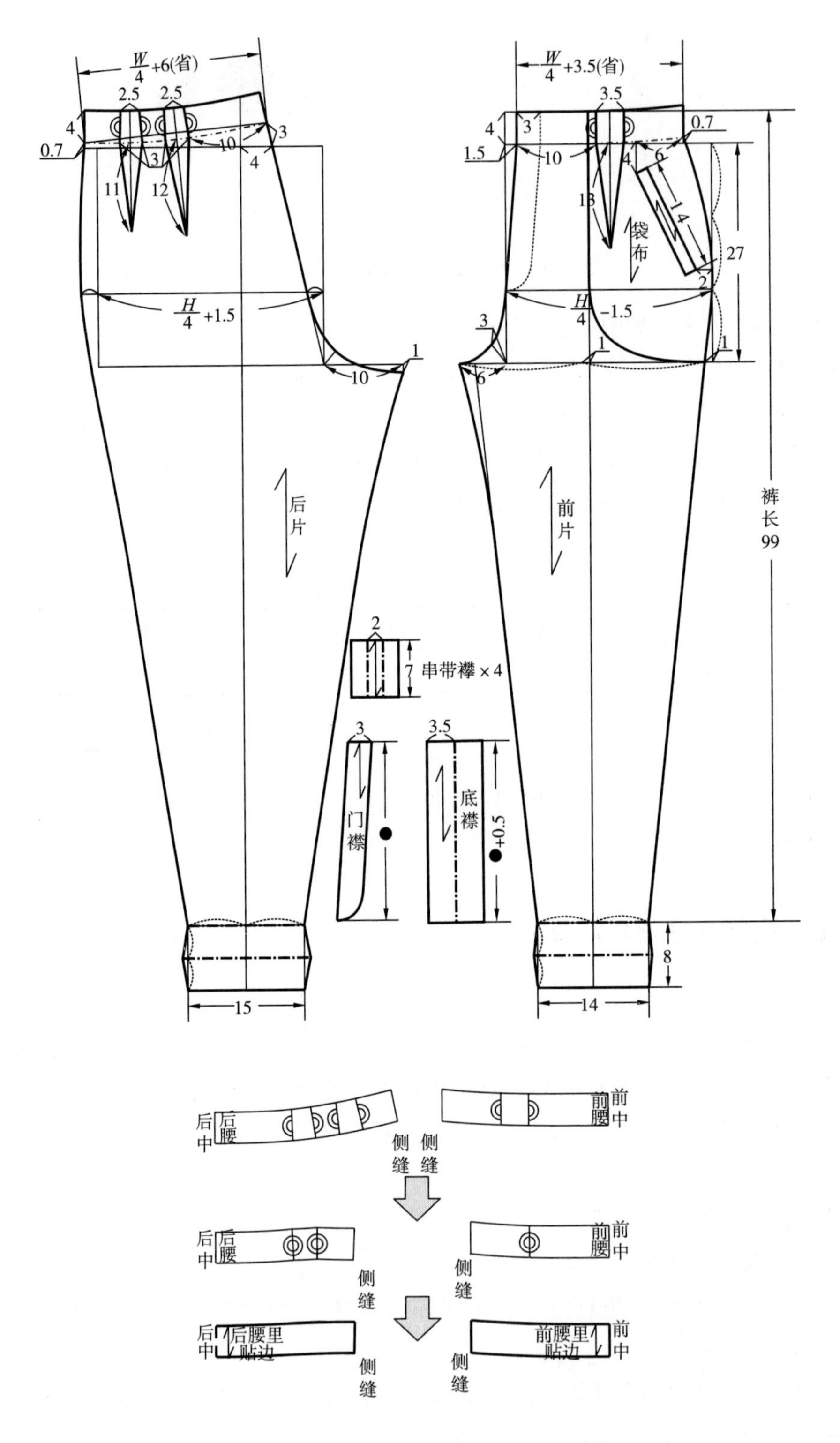

图6-108 裤口折边哈锥型长裤结构制图（单位：cm）

图6-109　连腰斜插袋直筒长裤效果图

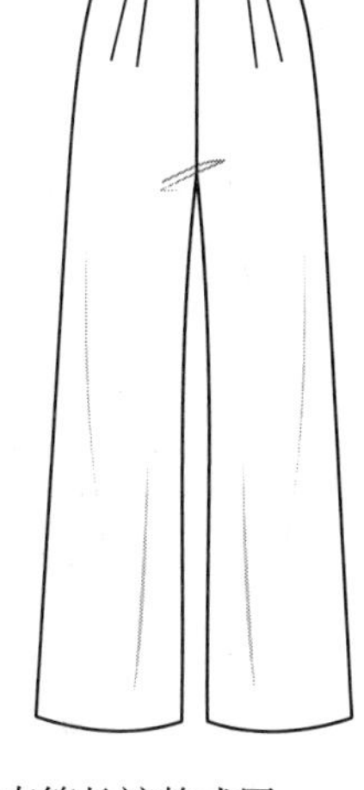

图6-110　连腰斜插袋直筒长裤款式图

化纤面料

丝绒面料

纯棉面料

图6-111　连腰斜插袋直筒长裤常用面料

金属拉链

扣子

图6-112　连腰斜插袋直筒长裤常用辅料

臀围（H）：人体净臀围+放松量=90cm+19cm=109cm；

裤长：因鞋高2～5cm，故裤长设计为104cm。注意这里的裤长为裤身长（28cm+73cm）与宽（3cm）之和。

（2）尺寸表。依据我国使用的女装号型GB/T 1335.2—2008《服装号型　女子》，成衣规格是160/68A。基准测量部位及参考尺寸，见表6-21。

表6-21　连腰斜插袋直筒长裤参考尺寸　单位：cm

名称	裤长	腰围	臀围	上裆	连腰宽	脚口围
规格尺寸	104	70	109	28	3	50

5. **结构图**

连腰斜插袋直筒长裤结构制图包括前片、后片、底襟、门襟、腰里贴边、垫袋布、袋布，如图6-113所示。

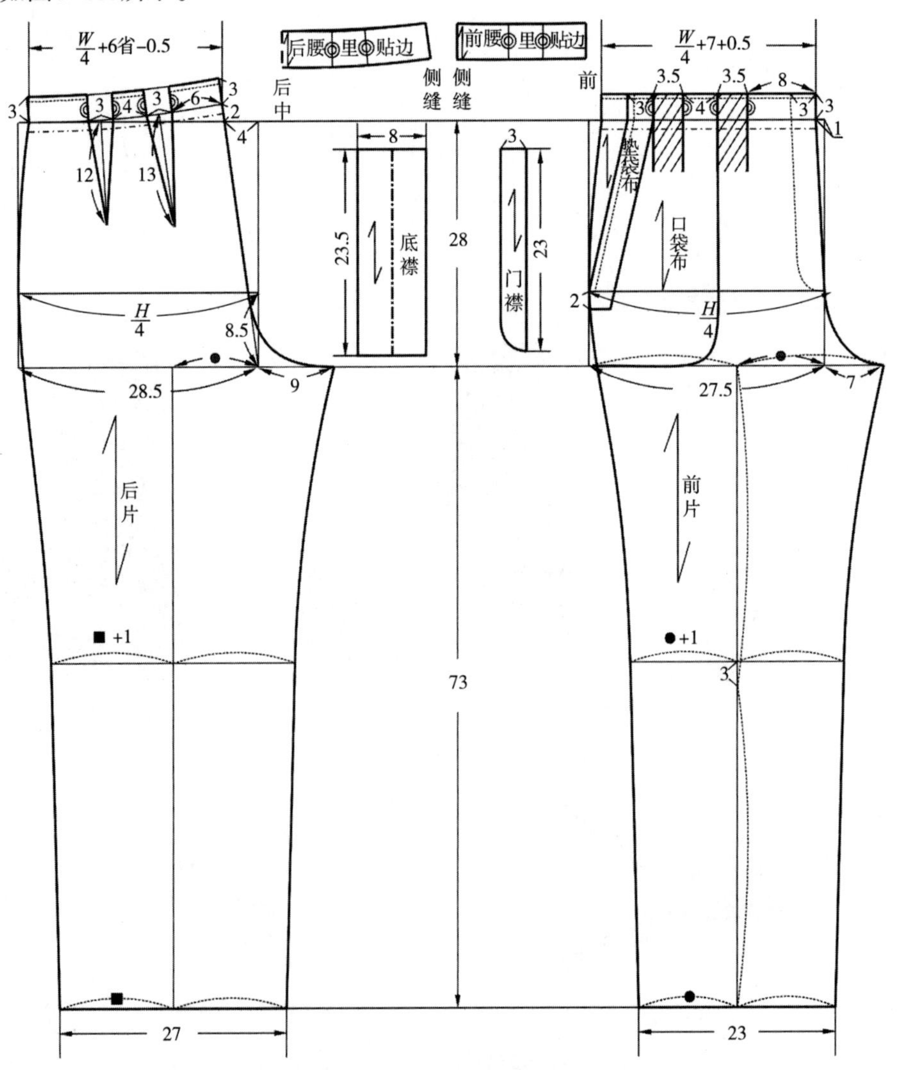

图6-113　连腰斜插袋直筒长裤结构制图（单位：cm）

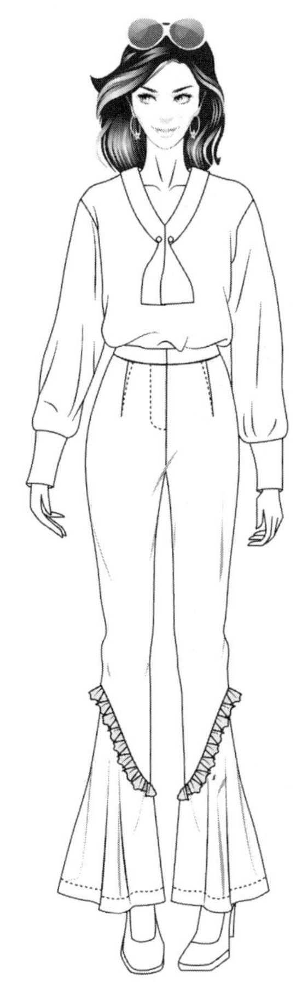

图6-114　木耳边喇叭长裤效果图

十八、木耳边喇叭长裤

1. 款式说明

木耳边喇叭长裤，如图6-114所示。裤腿处的木耳边为此款式增添了个性时尚和甜美的感觉，并且更加有层次感，不仅能很好地点缀裤装起到修饰效果，还能带来一种优雅的气息，散发出无限魅力。可以选择搭配甜美的雪纺衫、款式简洁的T恤、衬衣、背心等。

2. 款式图

木耳边喇叭长裤款式图，如图6-115所示。

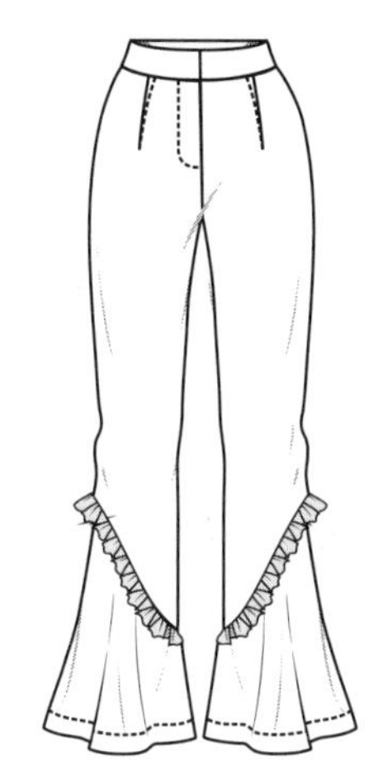

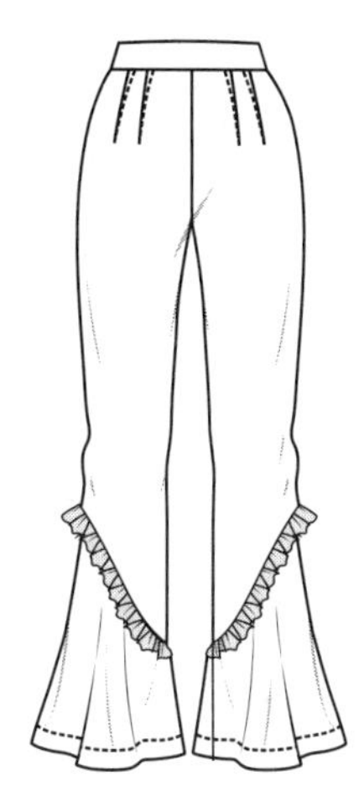

图6-115　木耳边喇叭长裤款式图

3. 面料、辅料的选择

（1）面料：木耳边喇叭长裤可选择的面料有牛仔布、丝绒、条绒等，如图6-116所示。

（2）辅料：木耳边喇叭长裤选择的辅料有金属拉链，如图6-117所示。

4. 规格尺寸

（1）尺寸计算，以160/68A为例。

腰围（W）：人体净腰围+放松量=68cm+2cm=70cm；

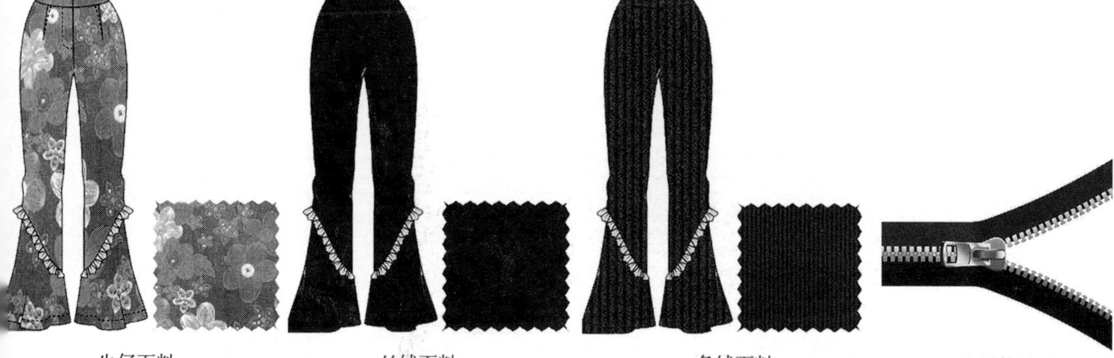

图6-116　木耳边喇叭长裤常用面料　　图6-117　木耳边喇叭长裤常用辅料

臀围（H）：人体净臀围+放松量=90cm+4cm=94cm；

裤长：因鞋跟高2～5cm，故裤长设计为100cm。

（2）尺寸表。依据我国使用的女装号型GB/T 1335.2—2008《服装号型　女子》，成衣规格是160/68A。基准测量部位及参考尺寸，见表6-22。

表 6-22　木耳边喇叭长裤参考尺寸　　单位：cm

名称	裤长	腰围	臀围	上裆	腰头宽	脚口围
规格尺寸	100	70	94	26	3	116

5. 结构图

木耳边喇叭长裤结构制图包括前片、后片、底襟、门襟、木耳花边、腰头，如图6-118所示，图6-119为前、后裤脚口的展开结构。

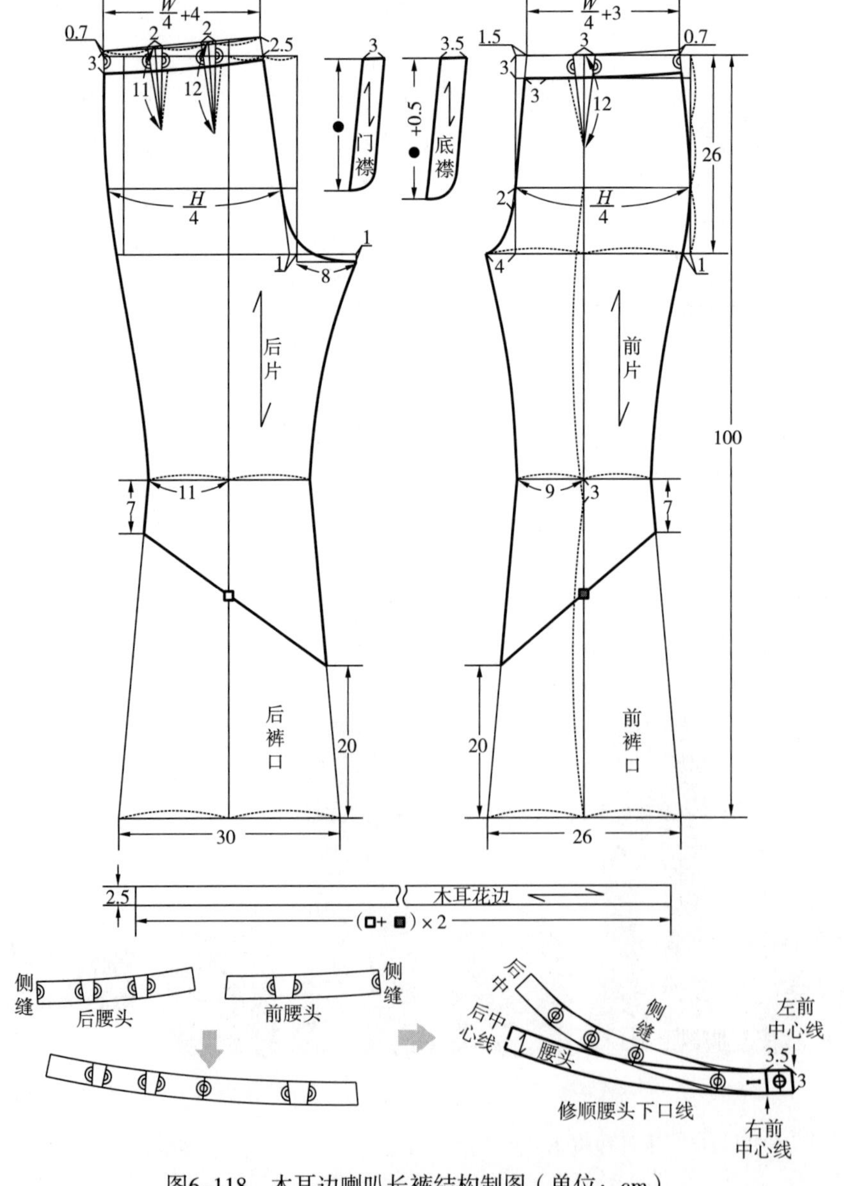

图6-118　木耳边喇叭长裤结构制图（单位：cm）

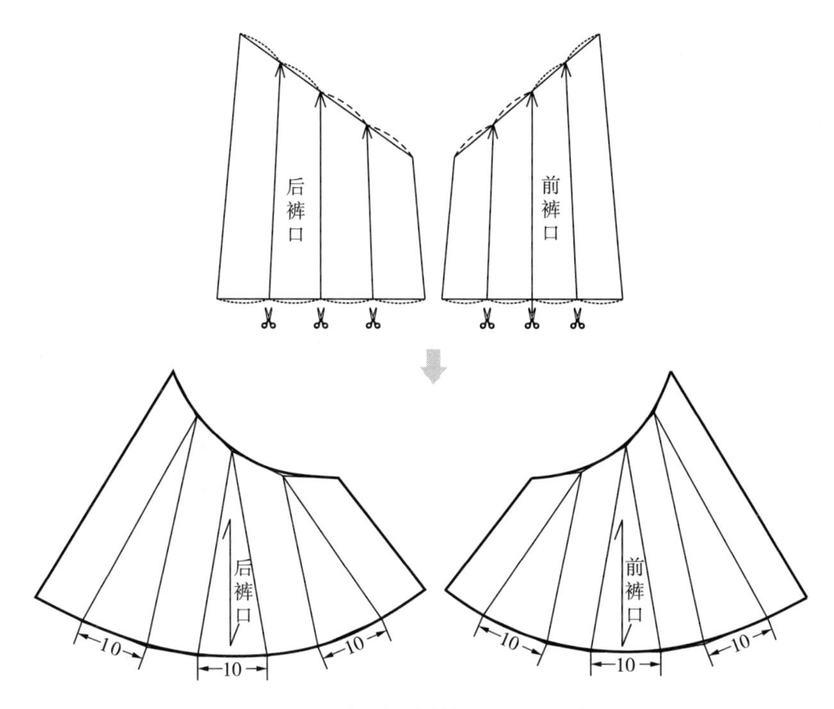

图6-119 木耳边喇叭长裤结构展开图（单位：cm）

十九、休闲折边九分裤

1. 款式说明

休闲折边九分裤，如图6-120所示。九分裤比长裤使人显得更高挑，比短裤更能凸显小腿纤细的视觉效果。裤子的裤腿做了折边设计，使人穿起来更加个性，能更好地修饰腿型，为整体增添时髦感。可以搭配T恤、衬衣、Polo衫、背心、风衣等。

2. 款式图

休闲折边九分裤，如图6-121所示。

3. 面料、辅料的选择

（1）面料：休闲折边九分裤可选择的面料有锦纶织物、涤纶织物，以及其他化纤织物面料等，如图6-122所示。

（2）辅料：休闲折边九分裤选择的辅料有拉链、树脂扣、腰带，如图6-123所示。

4. 规格尺寸

（1）尺寸计算，以160/68A为例。

腰围（W）：人体净腰围+放松量=68cm+2cm=70cm；

臀围（H）：人体净臀围+放松量=90cm+4cm=94cm；

裤长：裤长至脚踝，为95cm。

（2）尺寸表。依据我国使用的女装号型GB/T 1335.2—2008《服装号型　女子》，成衣规格是160/68A。基准测量部位及参考尺寸，见表6-23。

图6-120 休闲折边九分裤效果图

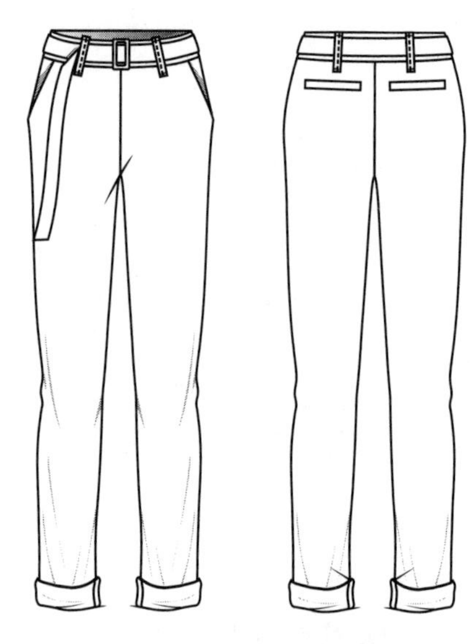

图6-121 休闲折边九分裤款式图

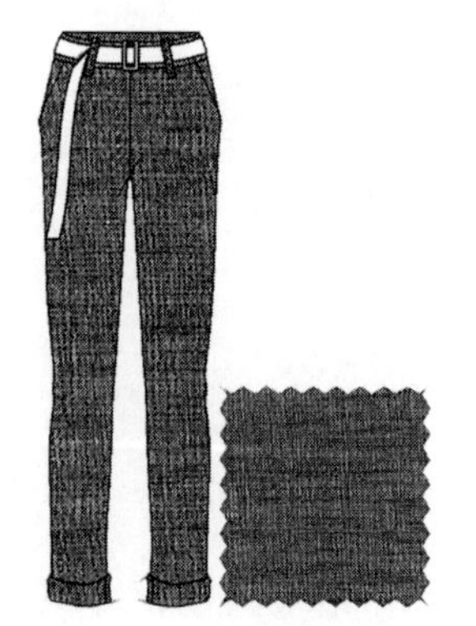

锦纶面料

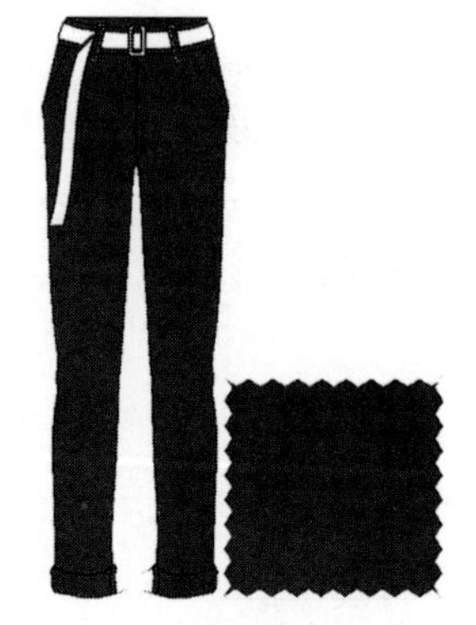

涤纶面料

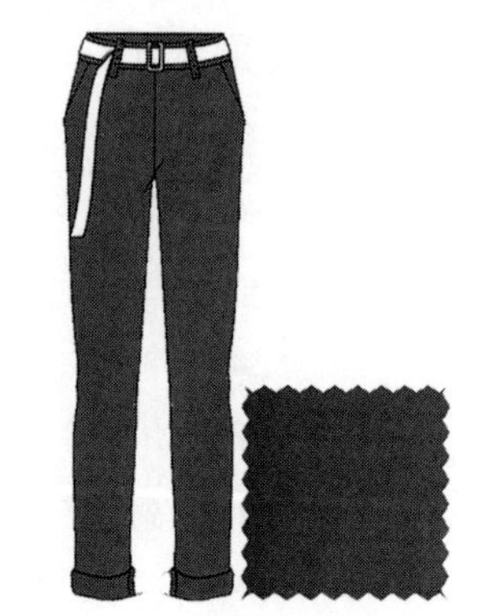

化纤面料

图6-122 休闲折边九分裤常用面料

拉链

树脂扣

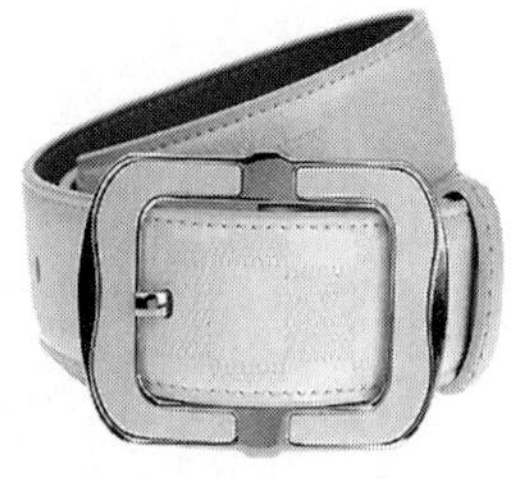

腰带

图6-123 休闲折边九分裤常用辅料

表 6-23 休闲折边九分裤参考尺寸 单位：cm

名称	裤长	腰围	臀围	上裆	腰头宽	脚口围
规格尺寸	100	70	94	26	3.5	42

5. **结构图**

休闲折边九分裤结构制图包括前片、后片、门襟、底襟、口袋、垫袋布、腰头，如图6-124所示。

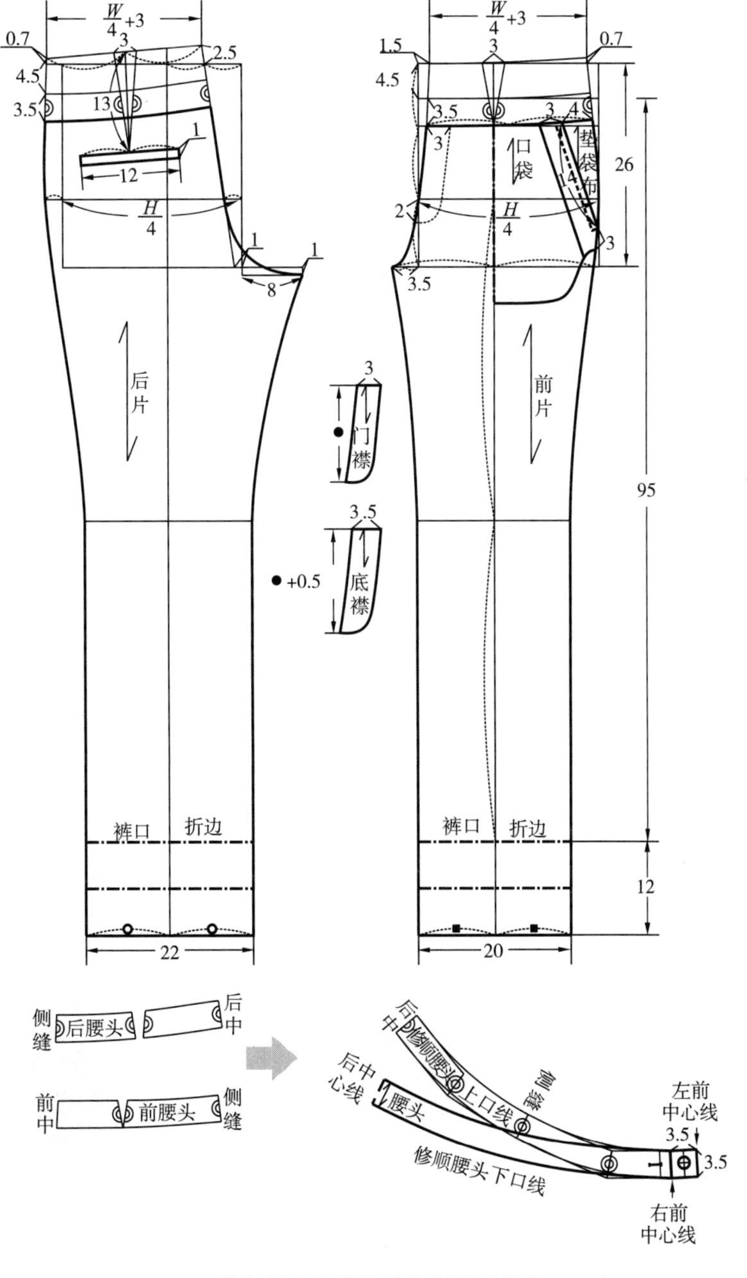

图6-124 休闲折边九分裤结构制图（单位：cm）

图6-125 斜插袋宽松背带短裤效果图

二十、斜插袋宽松背带短裤

1. 款式说明

斜插袋宽松背带短裤，如图6-125所示。这款背带裤造型宽松，舒适好穿，有青春的气息，适用于大多数体型。侧身对称的口袋增添了可爱的感觉，而且实用。内搭雪纺衬衫和款式简洁的T恤，十分减龄。

2. 款式图

斜插袋宽松背带短裤款式图，如图6-126所示。

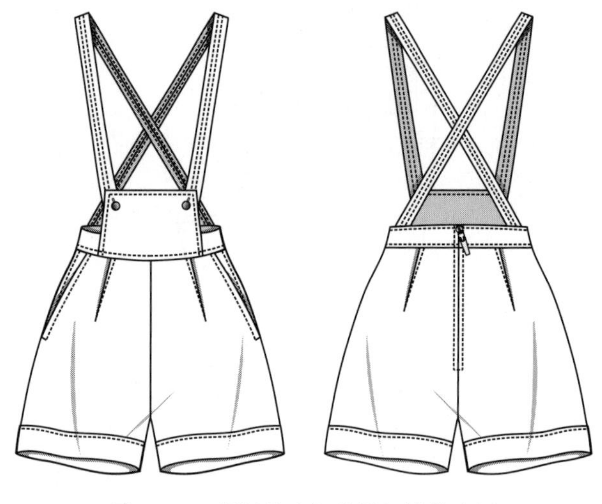

图6-126 斜插袋宽松背带短裤款式图

3. 面料、辅料的选择

（1）面料：斜插袋宽松背带短裤可选择的面料有牛仔布、棉麻布、条绒等，如图6-127所示。

（2）辅料：斜插袋宽松背带短裤选择的辅料有扣子，如图6-128所示。

牛仔面料

棉麻面料

条绒面料

图6-127 斜插袋宽松背带短裤常用面料

4. 规格尺寸

（1）尺寸计算，以160/68A为例。

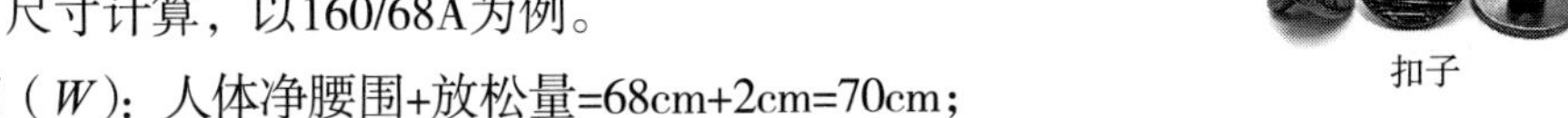

图6-128 斜插袋宽松背带短裤常用辅料

腰围（W）：人体净腰围+放松量=68cm+2cm=70cm；

臀围（H）：人体净臀围+放松量=90cm+10cm=100cm；

裤长：裤长至大腿根下10cm，为40cm。注意此裤长为裤身长（36cm）与腰头宽（4cm）之和。

（2）尺寸表。依据我国使用的女装号型GB/T 1335.2—2008《服装号型 女子》，成衣规格是160/68A。基准测量部位及参考尺寸，见表6-24。

表6-24 斜插袋宽松背带短裤参考尺寸　　单位：cm

名称	裤长	腰围	臀围	上裆	腰头宽	脚口围
规格尺寸	40	70	100	25.5	4	53

5. 结构图

斜插袋宽松背带短裤结构制图包括前片、后片、袋布、垫袋布、前胸挡、肩带、腰头，如图6-129所示。

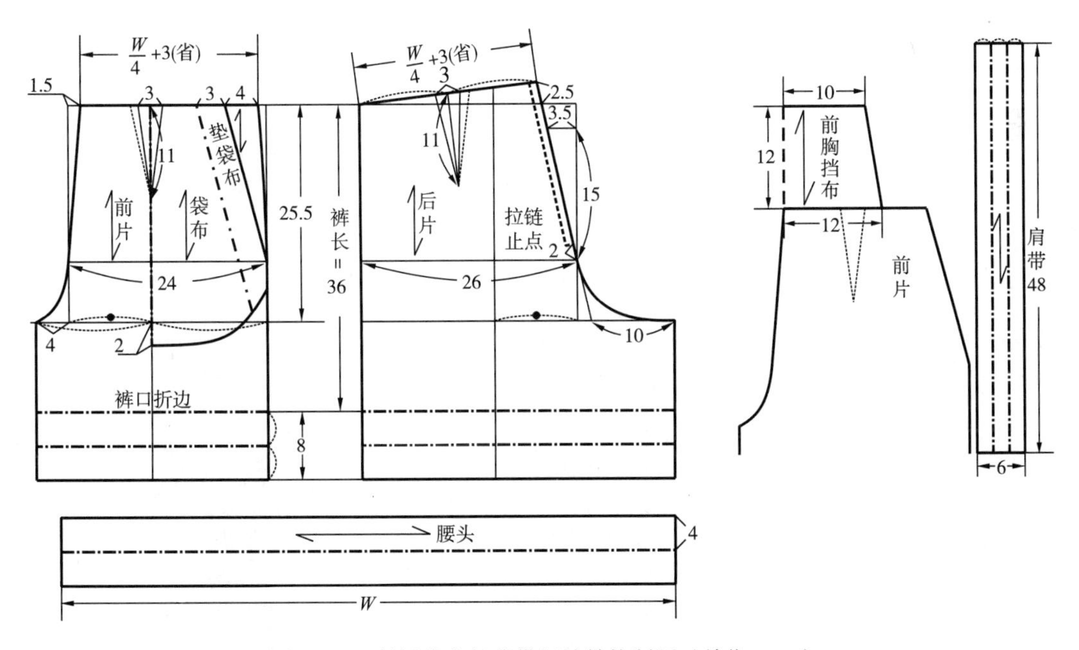

图6-129 斜插袋宽松背带短裤结构制图（单位：cm）

二十一、弹力腰连体短裤

图6–130　弹力腰连体短裤效果图

1. **款式说明**

弹力腰连体短裤，如图6–130所示。此款连体裤款式简洁，橡筋带腰的设计舒适随意又尽显修长的身材，裤子的长度显露双腿，能拉长身材比例，简约而不失个性。搭配短靴或高跟鞋，可以诠释不同的风格。

2. **款式图**

弹力腰连体短裤款式图，如图6–131所示。

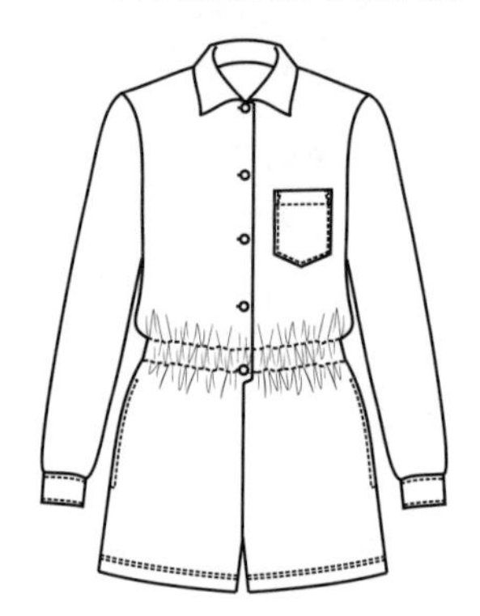

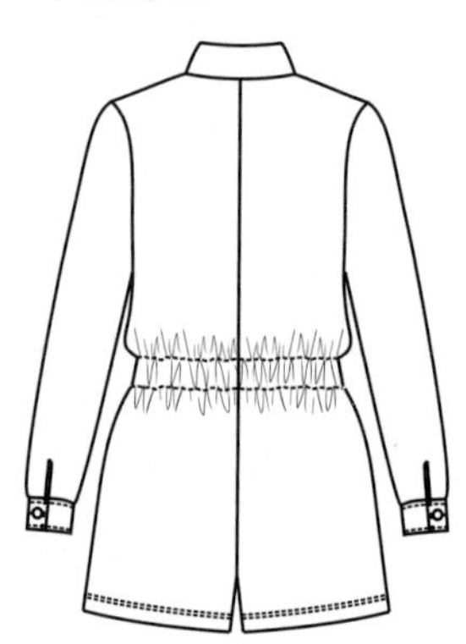

图6–131　弹力腰连体短裤款式图

3. **面料、辅料的选择**

（1）面料：弹力腰连体短裤选择的面料有纯棉布、牛仔布、雪纺布等，如图6–132所示。

（2）辅料：弹力腰连体短裤选择的辅料有扣子、橡筋带等，如图6–133所示。

4. **规格尺寸**

（1）尺寸计算，以160/68A为例。

纯棉面料

牛仔面料

雪纺面料

图6–132　弹力腰连体短裤常用面料

扣子

图6–133　弹力腰连体短裤常用辅料

胸围（W）：人体净胸围+放松量=84cm+17cm=101cm；

臀围（H）：人体净臀围+放松量=90cm+9cm=99cm

连体裤长：后颈点至大腿根以下10cm，连体裤长为80cm。

（2）尺寸表。依据我国使用的女装号型GB/T 1335 2—2008《服装号型　女子》，成衣规格是160/68A。基准测量部位及参考尺寸，见表6-25。

表6-25　弹力腰连体短裤参考尺寸

单位：cm

名称	连体裤长	胸围	臀围	袖长	领围	上裆	脚口围
规格尺寸	80	101	99	55	40	33	65.5

5. 结构图

弹力腰连体短裤结构制图包括前片、后片、腰里贴边、左贴袋、袋布、袖子、袖头、领子、袖衩，如图6-134所示。

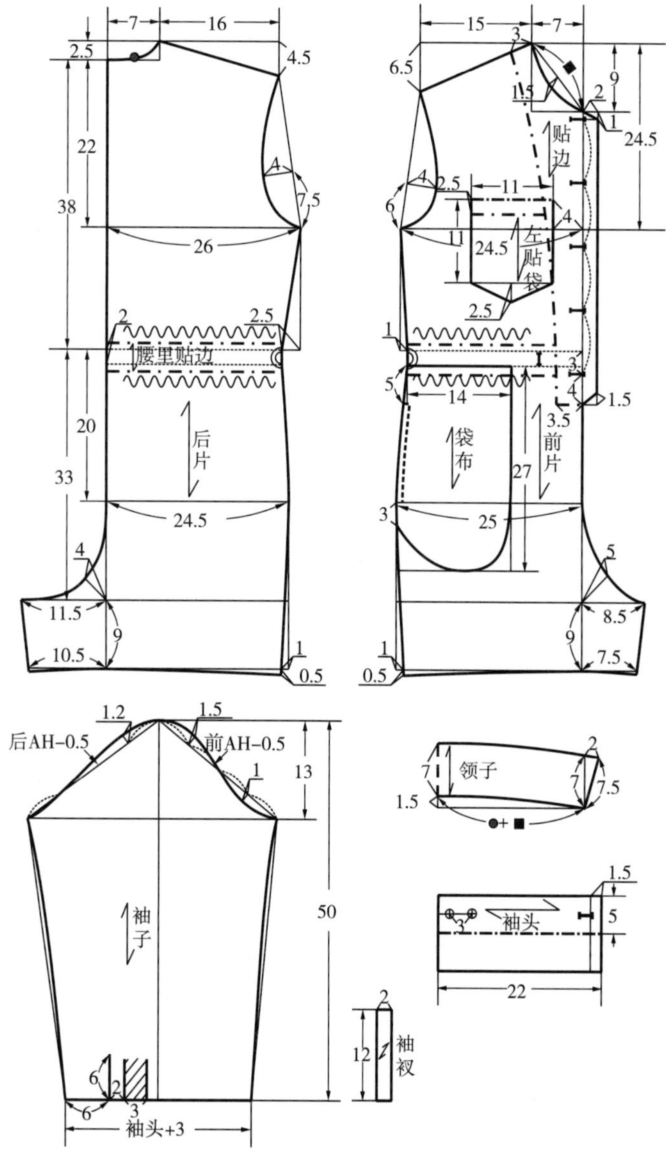

图6-134　弹力腰连体短裤结构制图（单位：cm）

第七章　下装缝制实例

第一节　裙子经典款式裁剪纸样制造实例

学会裁剪纸样后，可以把画好的结构图变成可供裁剪的纸样，方便裁剪使用。

裁剪纸样是将作图的轮廓线拓在别的纸上，剪下来使用的纸型。

服装款式多种多样，但无论繁简，服装往往都由多个裁片组成。成衣纸样设计还需考虑缝制的问题，因此绘制完纸样可以考虑做成缝制用的样板，使缝制的时候可以达到美化人体、方便缝制的目的。

下面以直筒裙作为裙子实例讲解样板制作。

一、直筒裙样板的制作

在绘制服装结构制图时，需要把服装款式、服装材料、服装工艺三者进行融会贯通的考虑，只有这样才能使成品服装既符合设计者的意图，又能保持服装制作的可行性，根据款式缝制服装。

根据结构图制造基础纸样是以设计效果图（图7–1）为基础制作的纸样，通过平面作图法和立体裁剪法，或者平面作图与立体裁剪结合的方法而制成，如图7–2所示。用该纸样裁剪和缝合后，再去重新确认设计效果。

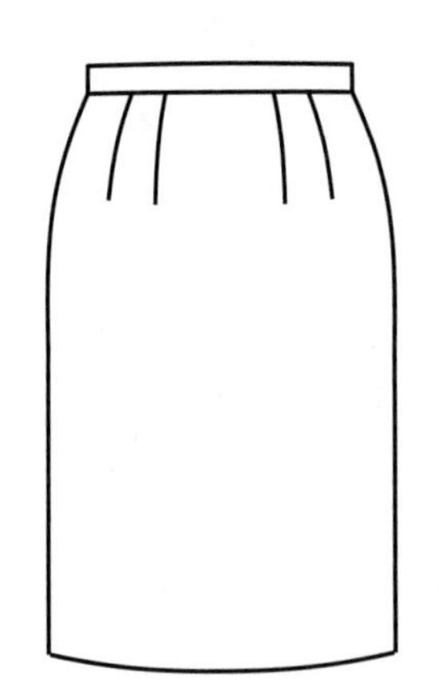

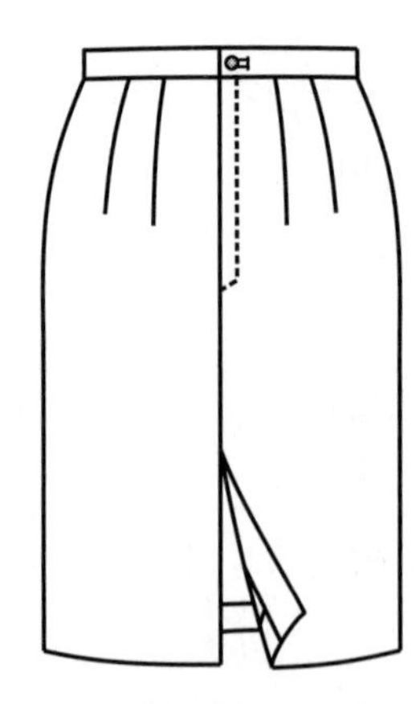

图7–1　直筒裙款式图

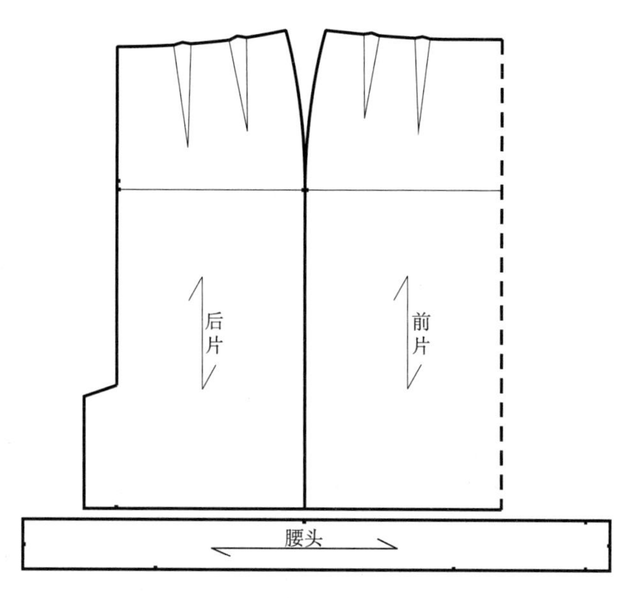

图7-2 直筒裙基础纸样

二、直筒裙样板的制作

完成基本制图，只是缝制的第一步。接下来必须配备成缝制需要的一些样板，并且只有符合缝制的一些细节要求，样板才能方便缝制。样板分为面板、里板、衬板、净板四部分。

净板是指不加缝份的净尺寸的样板，净板可采用厚的纸板，本款直筒裙腰在制作时，需要用净腰板画线和整烫，这样在腰的制作中，不仅能使成品裙子腰围尺寸准确，而且能保证缝制过程的准确和简单。

在面样板配制时，根据面料的薄厚及特性不同，腰围、臀围一周一般要加入2cm的工艺缩量，裙片均分；裙长要加入0.5cm左右的工艺缩量。

1. 直筒裙样板缝份加放遵循平行加放原则

（1）在侧缝线等近似直线的轮廓线，缝份加放1 ~ 1.5cm。

（2）在腰口等曲度较大的轮廓线，缝份加放0.8 ~ 1cm。

（3）折边部位缝份的加放量根据款式不同，变化较大，裙、裤单折边下摆处，一般加放3 ~ 4cm。

图7-3是直筒裙面样板的缝份加放，图7-4是裙里板、衬板的缝份加放。

2. 直筒裙样板

工业样板直筒裙裁剪样板示意图，如图7-5所示。

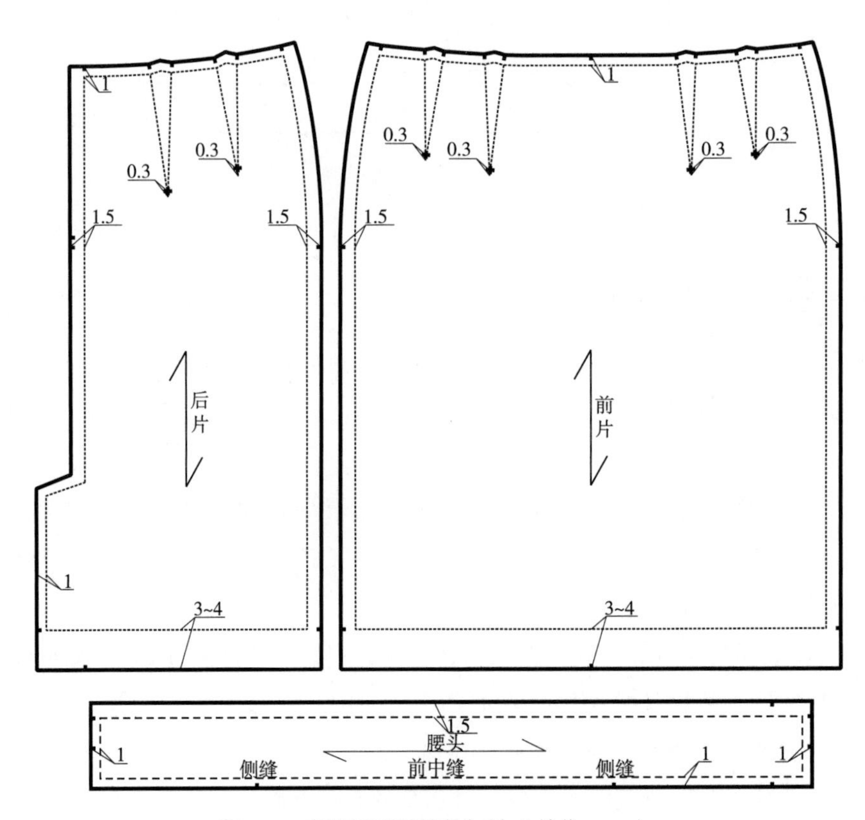

图7-3　直筒裙面板缝份加放（单位：cm）

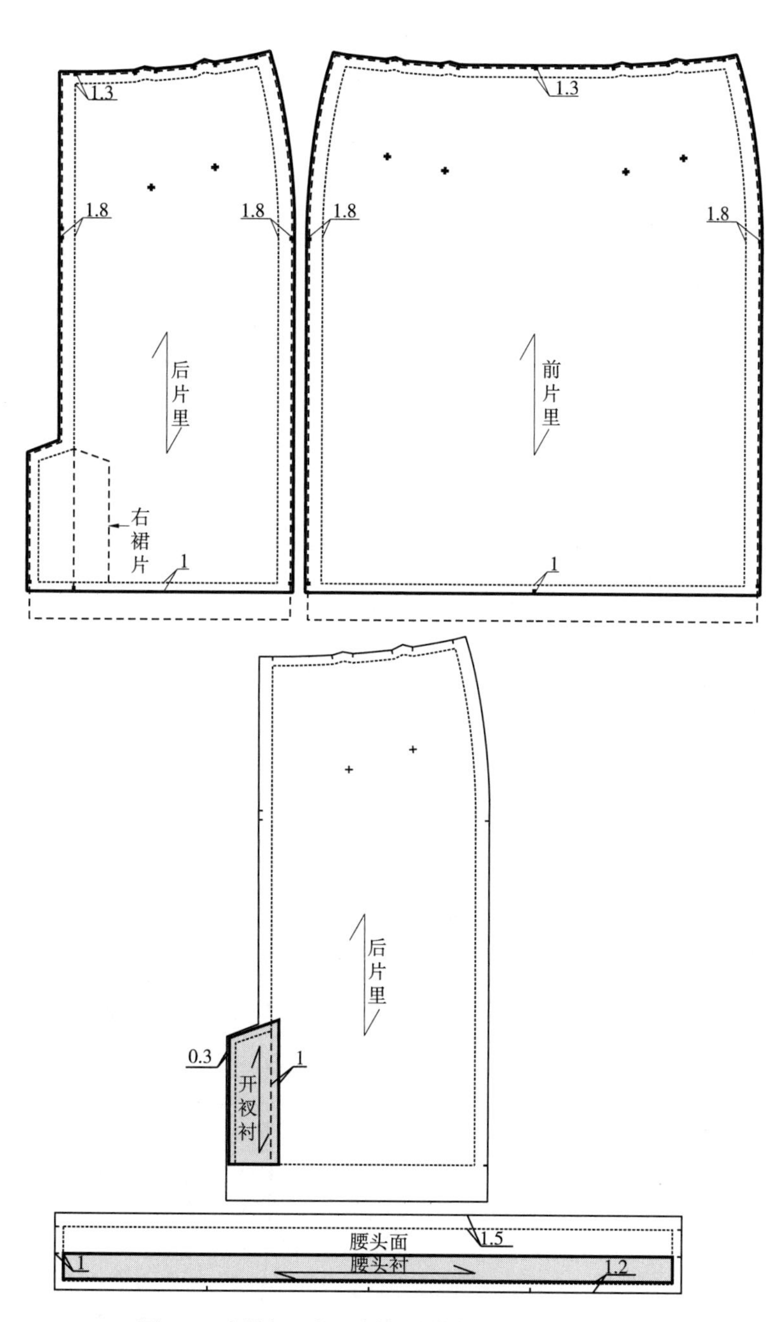

图7-4　直筒裙里板、衬板缝份加放（单位：cm）

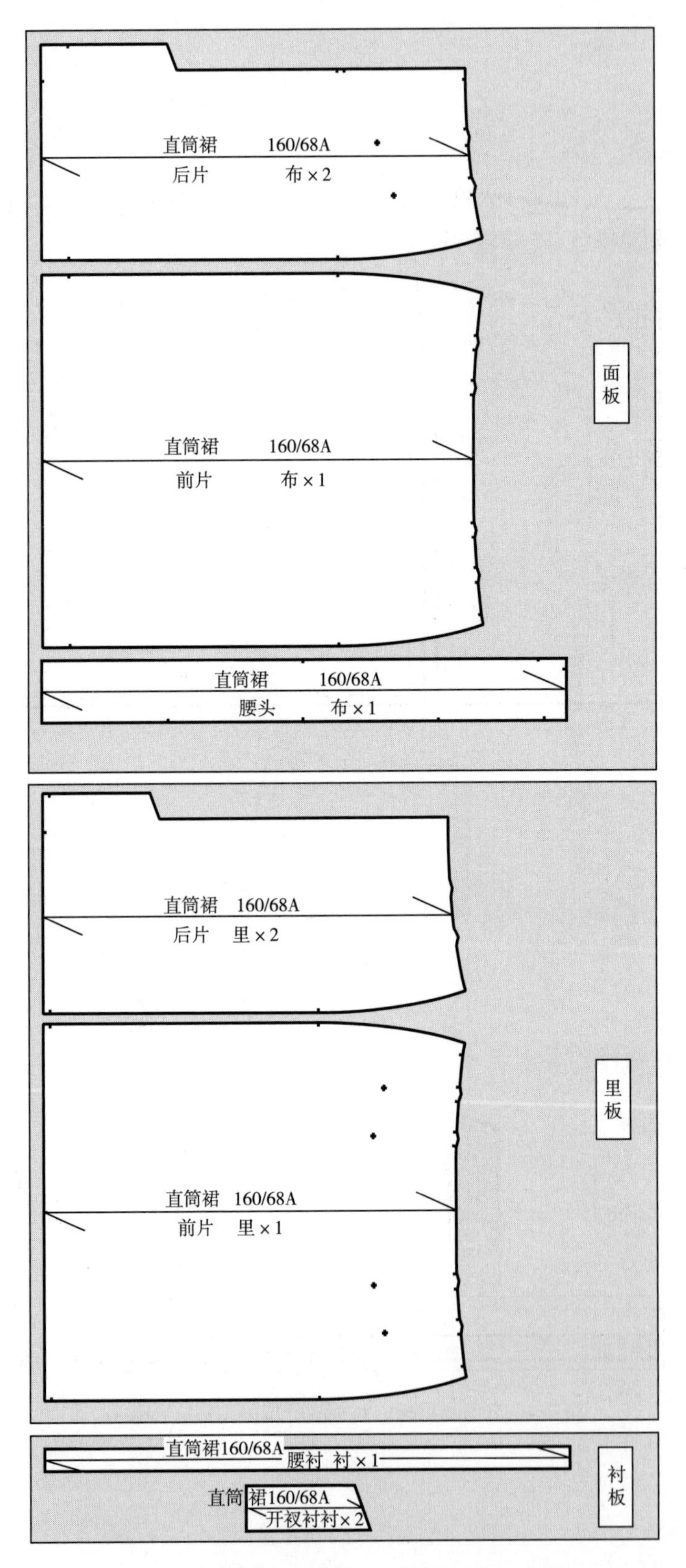

图7-5 直筒裙工业样板——面板、里板、衬板

第二节 裙子经典款式缝制实例

一、直筒裙制作工艺流程

下面是直筒裙制作的工艺流程示意图，如图7–6所示。

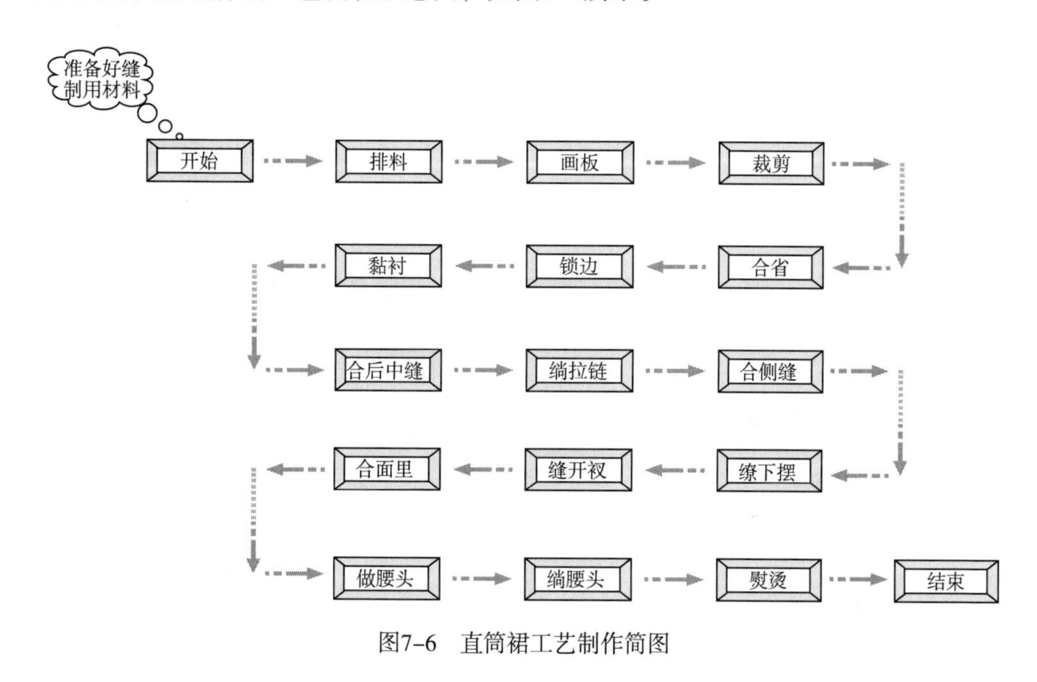

图7–6 直筒裙工艺制作简图

二、直筒裙制作步骤

1. 第一步：排料

样板做好后，在选好的面料、里料上排板（要注意合理排板，节省面料用料），如图7–7所示。正确的铺料方法如下。

（1）把面料铺好。将面料对折成两层，面料表面要平整，保证布边对齐，不能有参差不齐的现象，布边对着操作者，双折边向外。布料如果有折印需要用熨斗烫平整后再摆放纸样画样，否则如果裁片变形，会给缝纫工作带来困难，影响服装成品的质量。如果面料比较薄，比较滑，可以选用大头针或夹子固定。

（2）要保证纸样和布料的布丝方向一致，格纹面料的格子要对齐；有些面料有明显倒顺毛，比如灯芯绒或金丝绒面料，一定要注意裁剪的时候前、后裙片的腰和下摆在一头，不能为了省料一颠一倒的裁剪；除此之外还要注意具有特殊花型方向性的面料，比如面料上面有花型能看出有一定的方向的（花朵是有正反的），铺料时为保证方向一致，

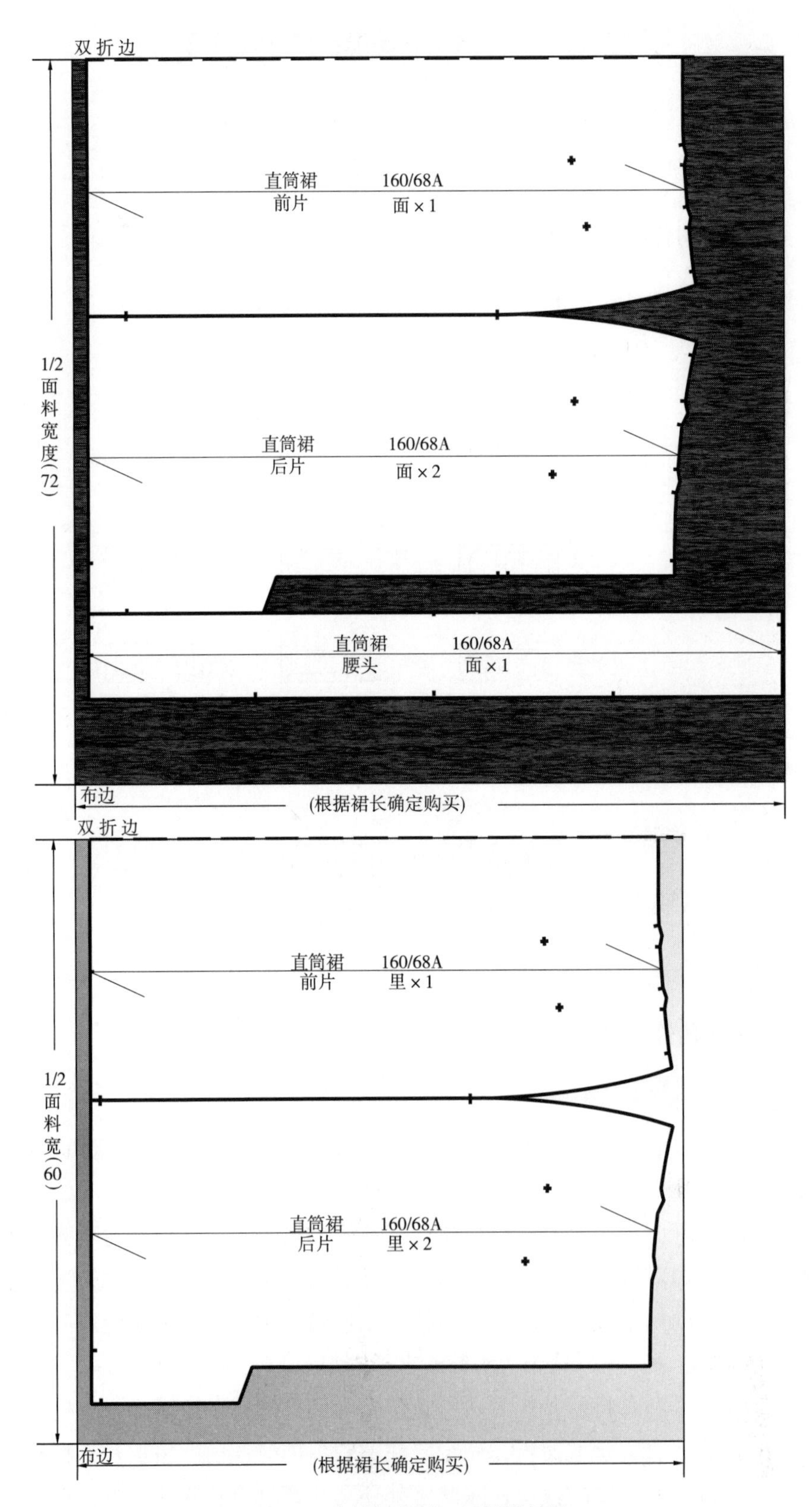

图7-7 直筒裙面料、里板排料图

要保持同一方向。

（3）初学者要注意，不能为了节省面料排料太紧凑或重叠排料，甚至不考虑面料的经纬方向，这是不可以取的。

2. 第二步：画板

用划粉将纸样的外轮廓画在面料上，同时需要在拉链、省道、开衩等部位根据纸样上的对位点，在面料上标明对应的位置，若有里料，也需画出里料的板，如图7–7所示。

3. 第三步：裁剪（图7–8）

按照画好的线迹将1片前裙片、2片后裙片、1片腰头进行裁剪，并剪出对位点。如果做有里子的裙子，将1片前裙里片、2片后裙里片裁剪下来准备好，同时，将腰头衬和开衩衬裁剪下来准备好。

图7–8　直筒裙裙片面料裁片示意图

裁片准备就绪后就可以开始缝制。

4. 第四步：粘衬（图7–9）

使用熨斗把腰头、开衩衬处烫上黏合衬，拉链缝头处为方便制作也可以粘上纸衬。

5. 第五步：锁边

把粘好衬的裙片面用包缝机将除腰口、下摆口外的其他地方的作缝进行包缝锁边。

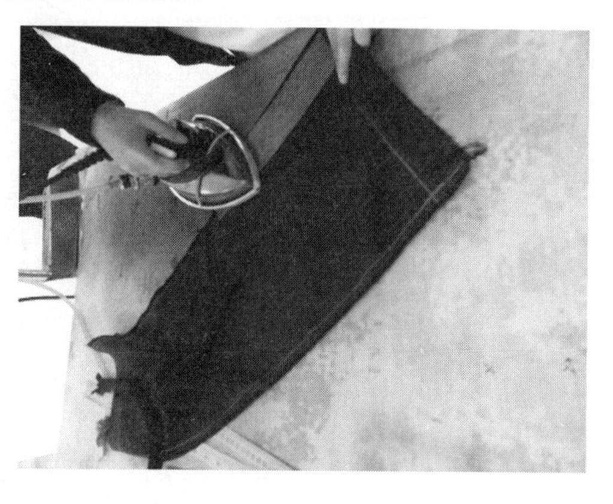

图7–9　直筒裙裙片粘衬示意图

6. 第六步：合省道（图 7–10）

将前、后裙片面、里的腰省进行缉缝，并且烫倒腰省，裙子面布的省倒向侧缝，裙子里布的省倒向前、后片中心，省尖处要烫平顺，不能打褶。

7. 第七步：合后中缝（图 7–11）

合裙面后中缝，以1.5cm作缝自拉链开口止点处向下缝合到开衩的起点处，转弯缝至距边1cm处，打回针固定。缉缝时稍推上片，稍拉下片，保证两片平服。

合裙里后中缝，自中心线开口止点合至开衩起点，打回针固定。

劈烫裙面作缝，开衩处打剪口，作缝倒向上开衩裙片；倒烫裙里作缝，作缝倒向上开衩裙片。

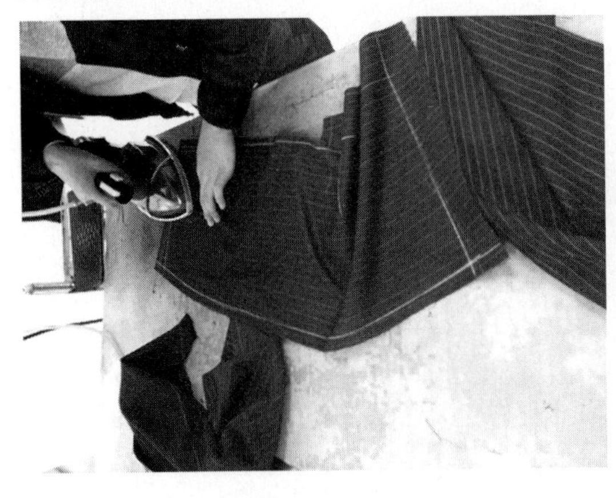

图7–10 直筒裙合省示意图

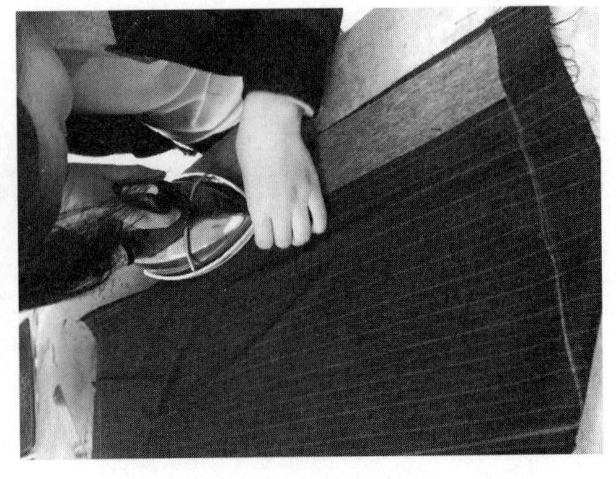

图7–11 直筒裙合后中缝示意图

8. 第八步：绱拉链（图 7–12）

沿腰口线向下0.7cm处对齐拉链拉头，将拉链两侧在裙面后中作缝绷缝固定，要求绷缝后的拉链与裙片平服，裙面后中线能够完全对正，不重叠。平缝机换隐形拉链专用压

图7–12 直筒裙绱拉链示意图

脚，压脚紧贴拉链边缝合，用单边压脚沿一侧拉链齿牙缉缝拉链和裙后中线，至开口止点。摆顺拉链与裙片，画对位印记，从裙开口下端起向上缉缝另一裙片与另一半拉链，两端打回针2～3针。

9. **第九步：合侧缝**

前、后裙片正面相对，以1.5cm作缝合侧缝，劈烫作缝，如图7-13所示。并且包缝下摆边，扣烫底边。

图7-13　直筒裙合侧缝示意图

缉缝裙里侧缝，先将前、后裙里侧缝缉缝在一起，缝缉时要保证上下两片平服不吃纵，然后用包缝机包边。线迹的正面在前片里子上。倒烫作缝，缝头倒向后片，并留出0.3cm眼皮。用卷边缝工艺将里子底边卷缝，明线距底边1.5cm。

10. **第十步：合面里**（图7-14）

（1）裙身面与里结合，裙身反面与里子的反面相对，先将拉链与裙里绷在一起。

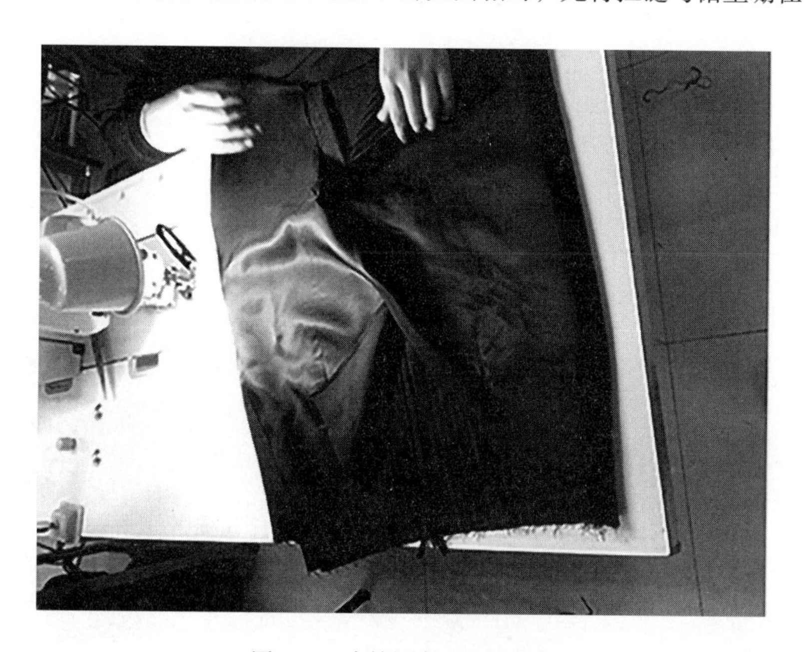

图7-14　直筒裙合面里示意图

（2）缲缝里子，缲缝里子后中线时两侧里子之间距离必须大于拉链的宽度，保证拉链的开合顺畅。

（3）缲缝后面、里平服，不打缕。

（4）用手针沿侧边小针码缲好，拆掉绷缝线。

（5）摆顺面、里，腰口用机器大针码把面里缉缝在一起。

11. **第十一步：缝开衩（图7-15）**

将裙面与裙里放正、摆平，开衩处面、里正面相对，作缝对齐，勾缝开衩，熨烫定型。后开衩做好后，在开衩处将里子与面各缲缝1cm固定。

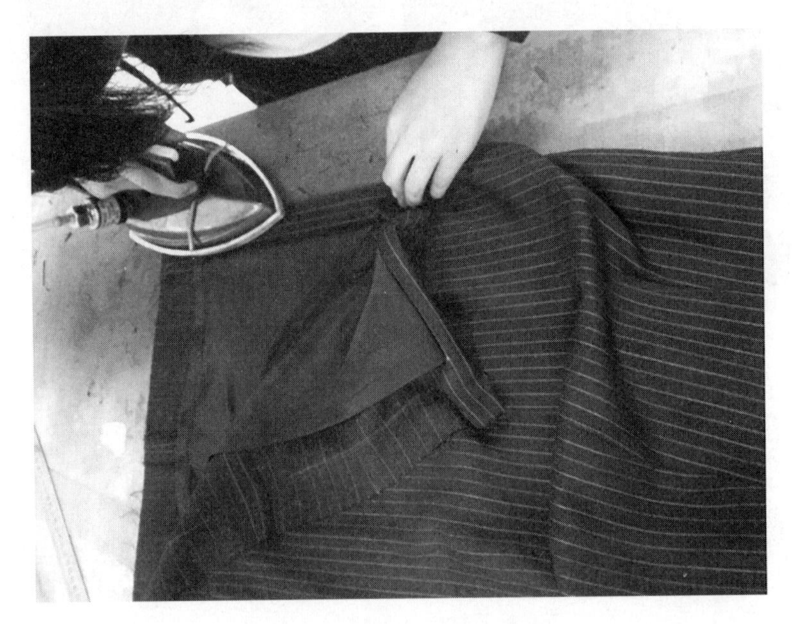

图7-15 直筒裙缝开衩示意图

12. **第十二步：缲下摆**

缲下摆有两种方法，第一种方法是：按3～4cm作缝折烫下摆，手工缲下摆，注意不要把针迹在正面露出来。再拉线襻，在裙侧缝裙底边向上8cm处，手针打2～3cm线襻，也可以找丝带代替，将裙里与裙面固定，如图7-16左图所示。第二种方法是将里子和面料下摆勾合，如图7-16右图所示。

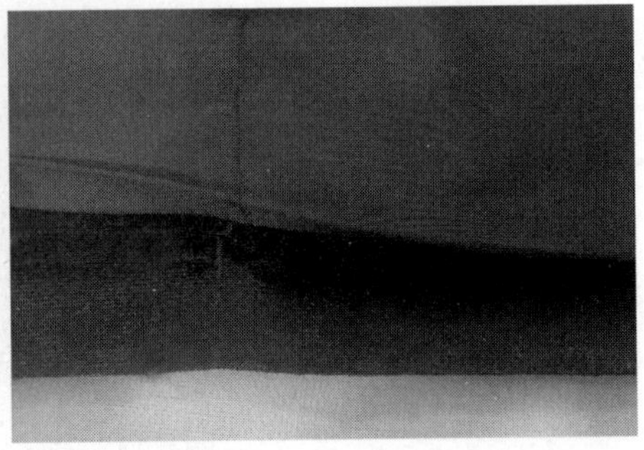

图7-16 直筒裙缲下摆示意图

13. **第十三步：做腰头**（图 7–17）

将腰头面上口沿腰衬净印折烫直顺，正面相对，缉裙腰头两端，打回针2～3针，翻烫腰头面。

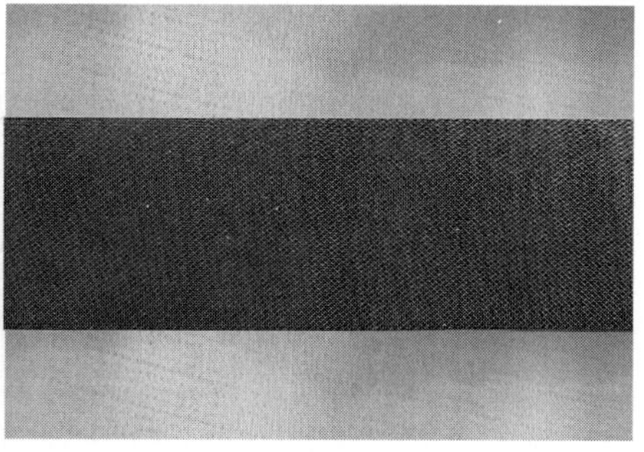

图7–17　直筒裙做腰头示意图

14. **第十四步：绱腰头**（图 7–18）

将勾好的裙腰头正面与裙身正面相对，按对道印以1cm作缝车绱裙腰。绱腰头时裙身不能拉抻，腰口线要顺直，将裙腰翻折过来整烫平整。

裙正面朝上，从腰头起针，灌腰缝线一道，将腰里与裙身固定，两端回针固定。

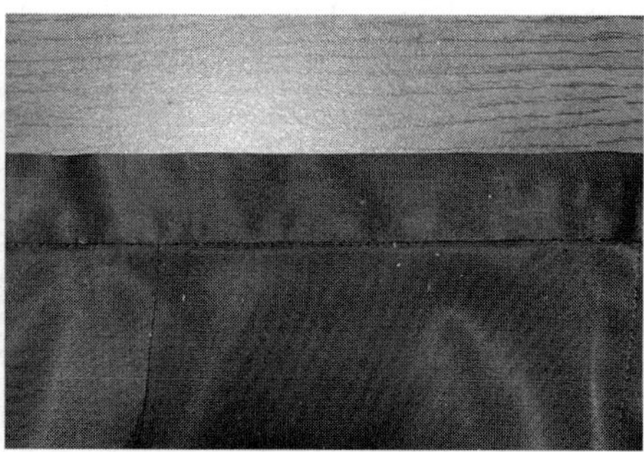

图7–18　直筒裙绱腰头示意图

15. **第十五步：整烫**

将做好的裙子在烫台上摆平，重新将各裙片面、里作缝及锁眼处熨烫平整。

第三节　裤子经典款式缝制实例

我们以直筒裤作为裤子实例讲解样板制作。

一、直筒裤基础纸样

直筒裤款式图，如图7–19所示。

根据结构图制作基础纸样是以设计效果图为基础制作的纸样，通过平面作图法和立体裁剪法，或者平面作图与立体裁剪结合的方法而制成，如图7–20所示。

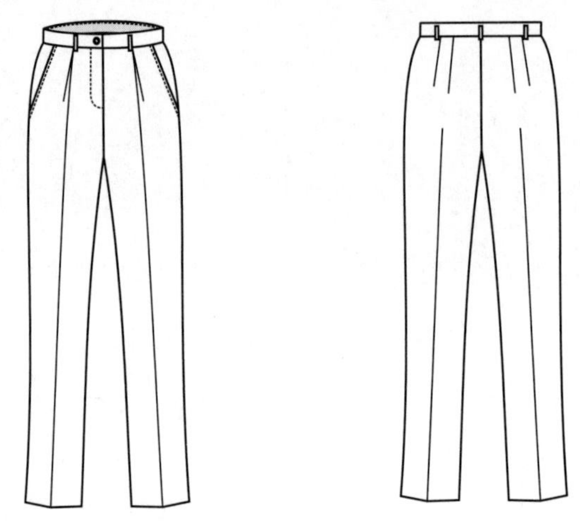

图7–19　直筒裤款式图

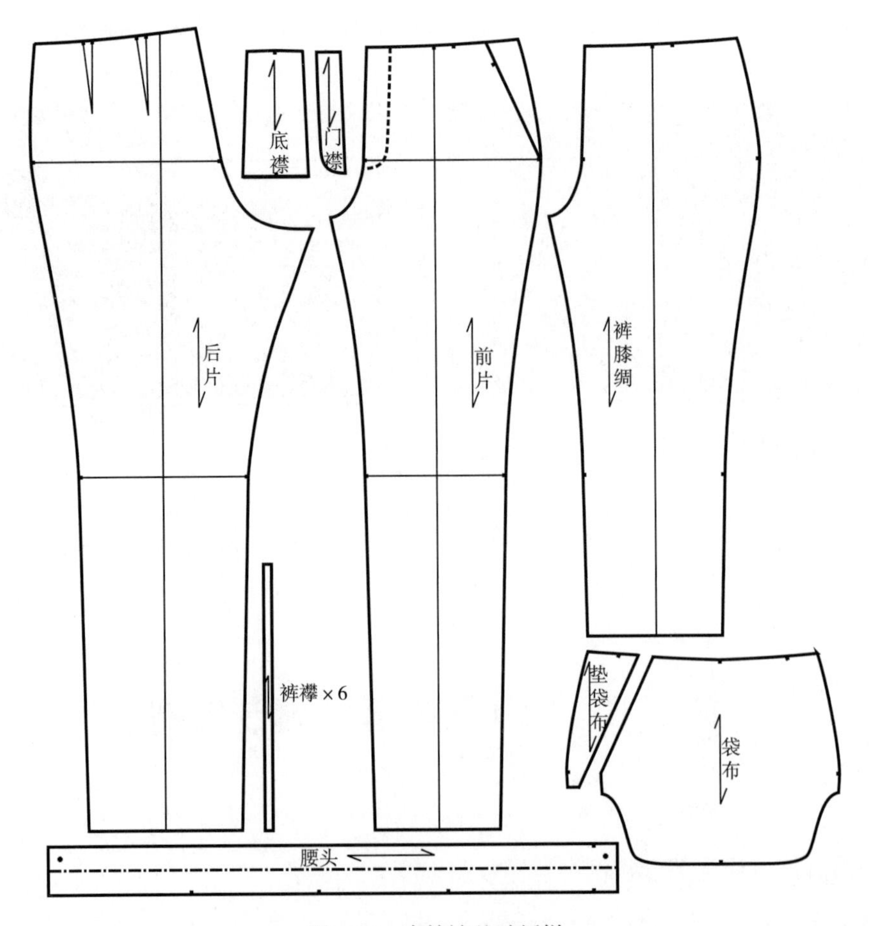

图7–20　直筒裤基础纸样

二、直筒裤样板的制作

裤子样板分为面板、里板、衬板、净板四部分。

在面样板配制时，腰围、臀围一周一般要加入2cm的工艺缩量，四裤片均分；裤长要加入1～1.2cm的工艺缩量，上裆长加入0.3cm，其余加在下裆。

1. *直筒裤样板缝份加放遵循平行加放原则*

（1）在侧缝线等近似直线的轮廓线，缝份加放1～1.5cm。

（2）在腰口等曲度较大的轮廓线，缝份加放0.8～1cm。

（3）折边部位缝份的加放量根据款式不同，变化较大的裤单折边下摆处，一般加放3～4cm。

直筒裤面板、里板样板的制作，如图7–21所示。

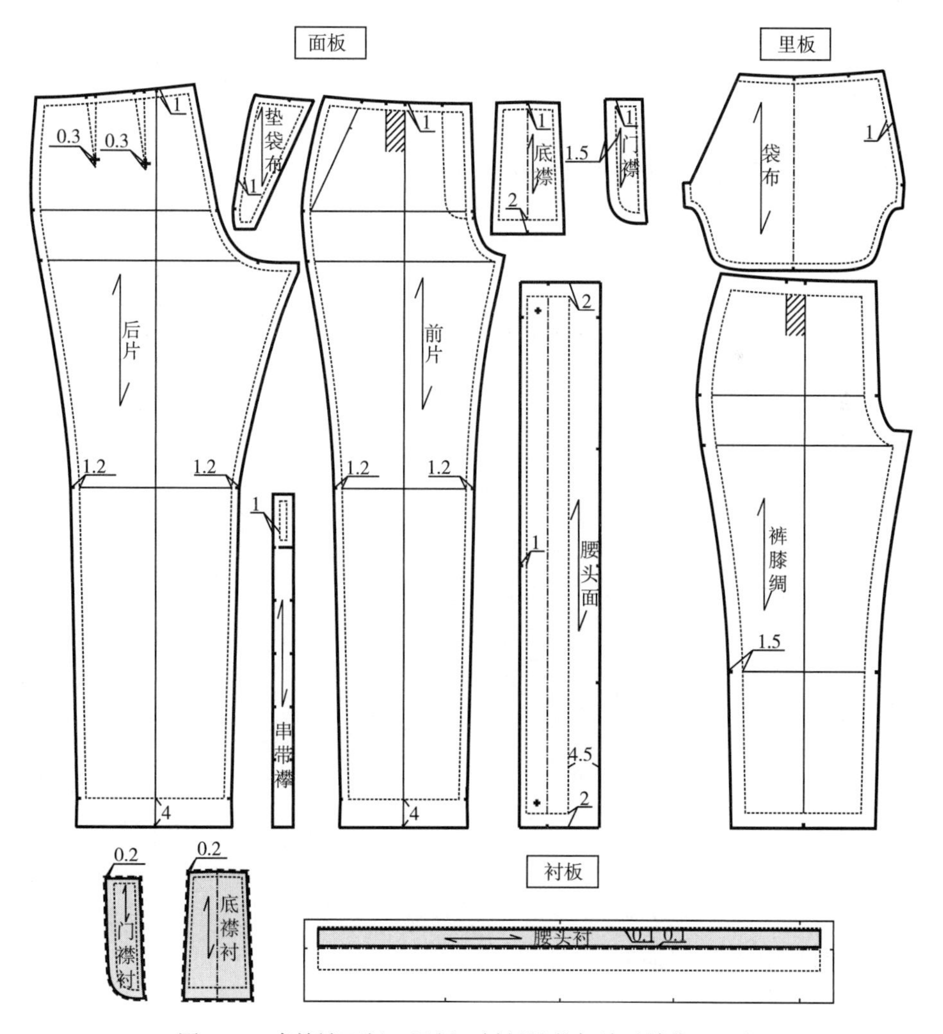

图7–21 直筒裤面板、里板、衬板缝份加放（单位：cm）

2. 直筒裤样板

工作样板直筒裤裁剪样板示意图，如图7–22所示。

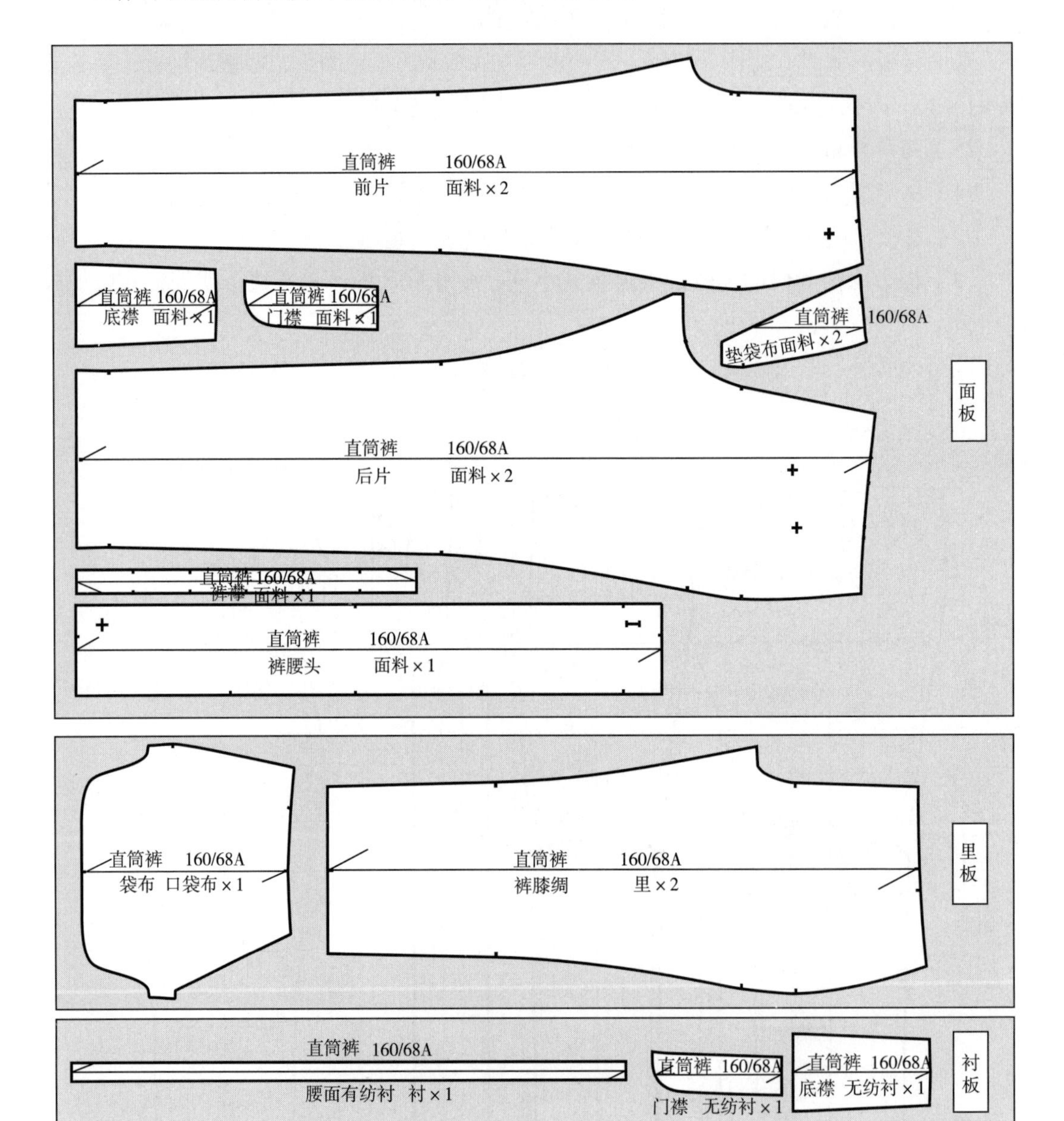

图7–22 直筒裤工业板——面板、里板、衬板

三、直筒裤制作工艺流程

直筒裤制作的缝制示意图，如图7–23所示。

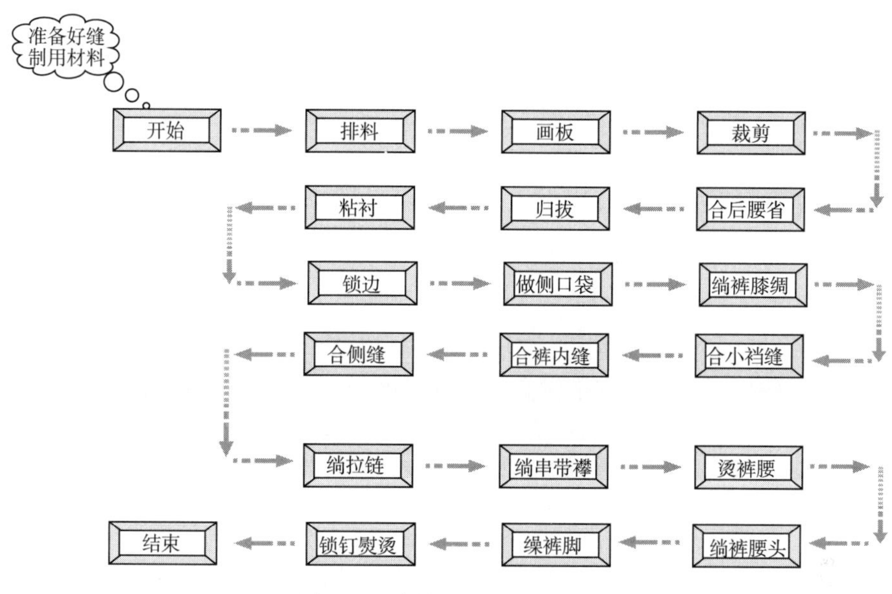

图7-23　直筒裤工艺制作简图

四、直筒裤制作步骤

1. 第一步：排料（图 7-24）

样板做好后，在选好的面料上排板（要注意合理排板，节省面料用料）。

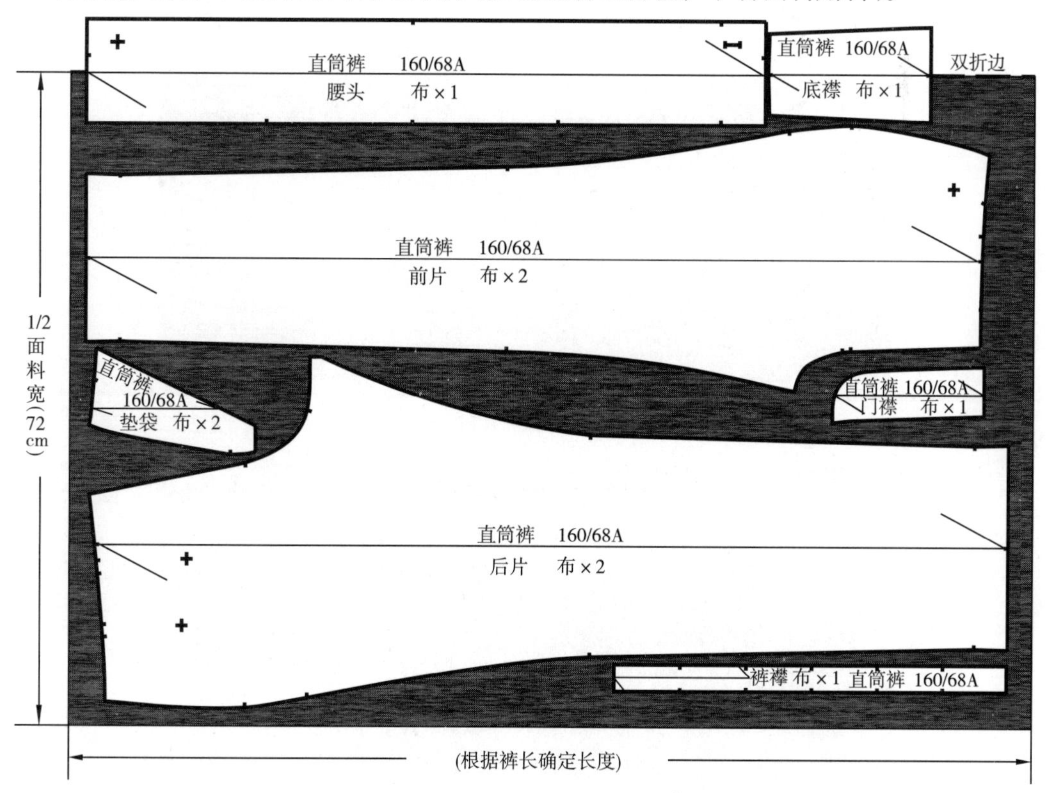

图7-24　直筒裤面料排料图

（1）保证纸样和布料的布丝方向一致，格纹面料要对齐。

（2）为了节省面料铺布要紧凑，但是不可以重叠，一片的裁片可以放在对折边的位置，串带襻裁剪1片即可。

2. 第二步：画板

用划粉将纸样的外轮廓画在面料上，同时需要在前后片省道、底边折边、拉链、襻带对位点等部位标明对位点，如图7-24所示。

3. 第三步：裁剪（图7-25）

按照画好的线迹将2片前裤片、2片后裤片、1片腰头片、门襟、底襟、侧口袋垫袋布进行裁剪，并剪出对位点。如果做有裤膝绸的裤子，将2片裤膝绸裁剪下来准备好，同时，将腰头衬、开衩衬和袋布裁剪下来准备好。完成裁剪后检查裁片是否齐全，准备就绪后可以开始缝制。

4. 第四步：粘衬（图7-26）

使用熨斗把腰头面、门襟、底襟及裤前片侧袋口处粘衬或粘黏合衬牵条。腰头衬沿腰头面一边起，向上1cm粘净腰头衬一条，注意两端留量一致。然后将腰头面反面相对，沿腰头衬上口折烫顺直。

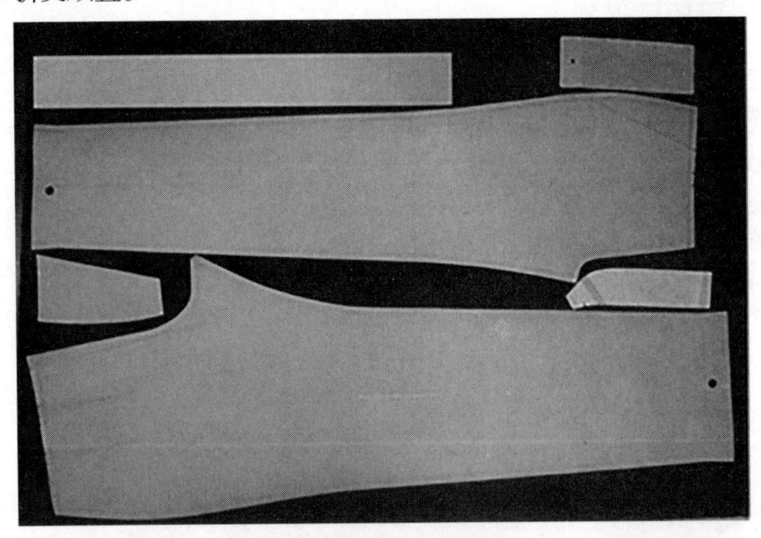

图7-25 直筒裤裤片裁剪示意图

图7-26 直筒裤粘衬示意图

5. **第五步：归拔**（图 7–27）

为使裤片缝合后平服，同时保证穿着后更加符合人体体型，对内、外侧缝进行归拢和拔开，使其成为直线。

6. **第六步：合后腰省道**（图 7–28）

在后裤片省的位置车缝裤后片省道，并向后中缝方向烫倒。

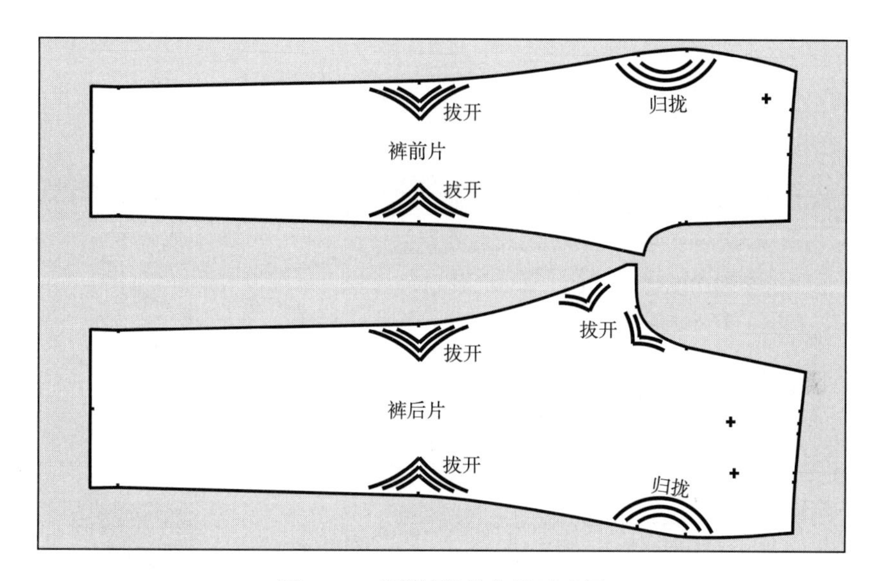

图7–27　直筒裤裤片归拔示意图

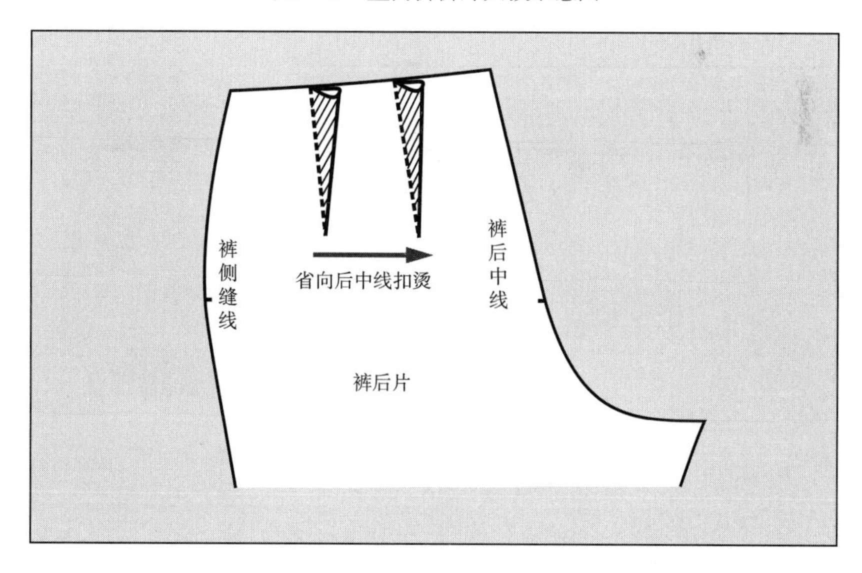

图7–28　直筒裤后腰省示意图

7. **第七步：锁边**（图 7–29）

缝合前、后裤片之前将裤前、后片侧缝、后裆及下裆、裤片内侧及裤口、口袋垫袋布、门襟外侧、底襟面对折后进行包缝。裤前片及后片下裆、侧缝的作缝设置为1.2cm，在包缝过程中，切掉0.2cm，使缝合时的作缝达到1cm，与其他部位统一。

8. 第八步：做侧口袋（图 7-30）

按前裤片侧口袋的位置，粘1cm成品直纱牵条一条或用纸衬代替，防止前裤袋口斜纱部位被拉开，口袋变形，外观不美观。牵条长度不能超过裤片，比裤片略缩进0.2～0.3cm最好，并将侧口袋垫袋布固定到口袋布上。

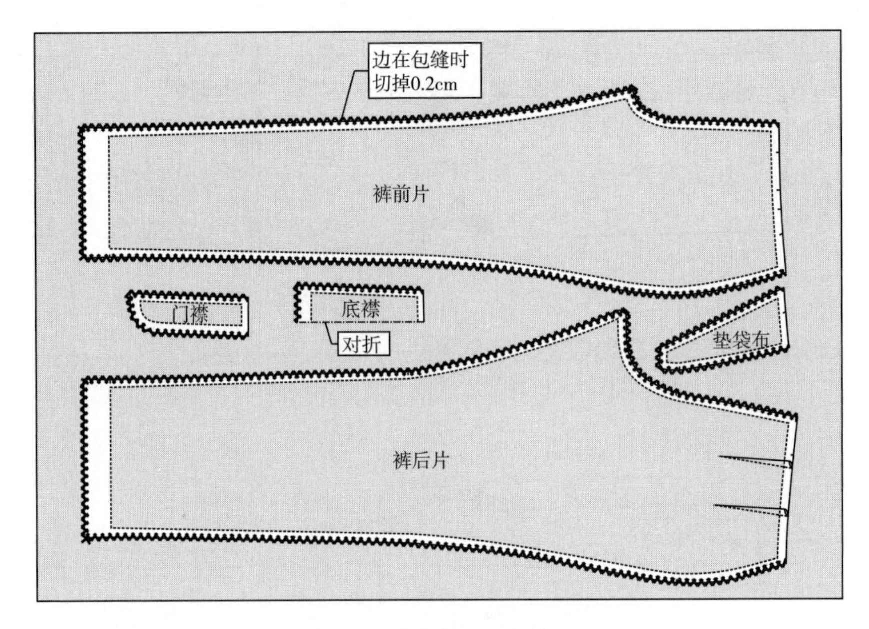

图7-29 直筒裤锁边示意图

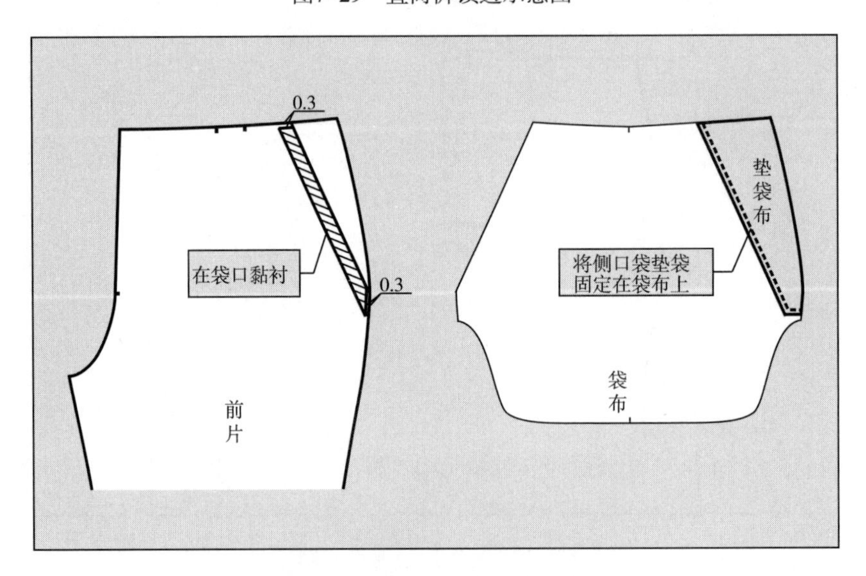

图7-30 直筒裤侧口袋缝制示意图

（1）垫袋布固定在袋布上，将袋布斜口一侧对准袋口线，扣烫前片袋口折边，袋口可以缝0.1~0.7cm双明线或0.6cm单明线，如图7-31所示。

（2）做侧袋，将袋布折向反面，先按0.4cm作缝缝口袋的下口，距袋口2cm处止针，将袋布翻过来，再在正面按作缝0.7cm缉明线一道，如图7-31所示。

（3）将袋布固定于前裤片，将袋布斜口一侧对准袋口线，扣烫前片袋口折边，袋口可以缉0.1～0.7cm双明线或0.6cm单明线，如图7-31①所示。

将袋布对折做好口袋，先按0.4cm缝口袋的下口，距袋口2cm处止针。将袋布翻过来，将袋布余下的2cm长的折边单折一下，如图7-31②所示。

缝前腰褶并倒烫，腰褶倒向侧缝线方向，袋布上口腰部对位点固定对位；袋布下口与侧缝的对位点固定，如图7-31③所示。

9. **第九步：绱裤膝绸（这步除面料为毛料需要制作，其他面料可以省略）**

将前裤片反面与裤膝绸对正，用大针码固定或用双面胶点固定后，将裤膝绸与前片缝合。

10. **第十步：合侧缝**

前、后裤片正面相对，按1cm缝份缝裤侧缝。车缝时保证臀围处、膝围处的刀印对位点对的要准确，并且上、下裤片要保持平服。脚口处打倒回针2～3针，如图7-32所示。

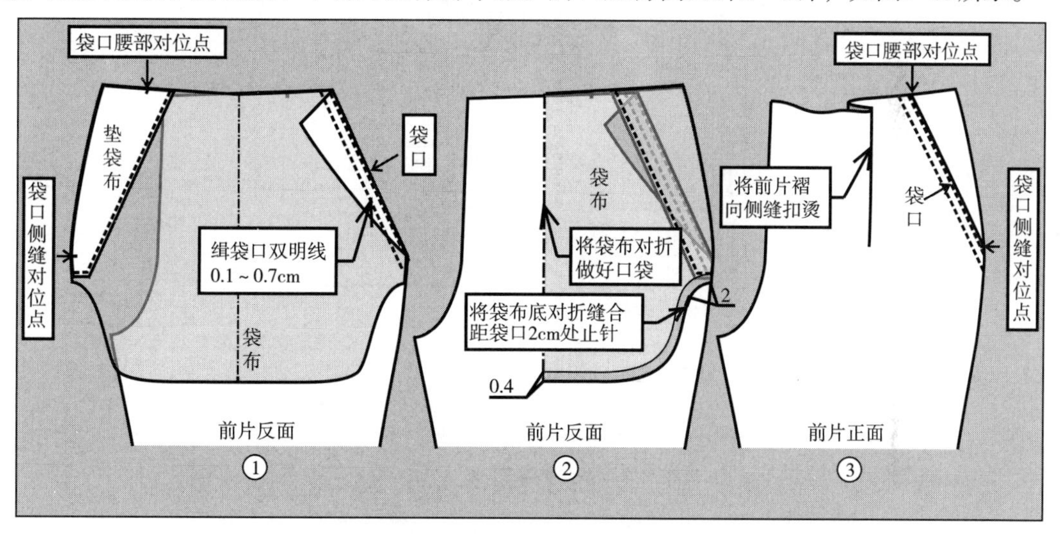

图7-31　直筒裤侧口袋缝制示意图

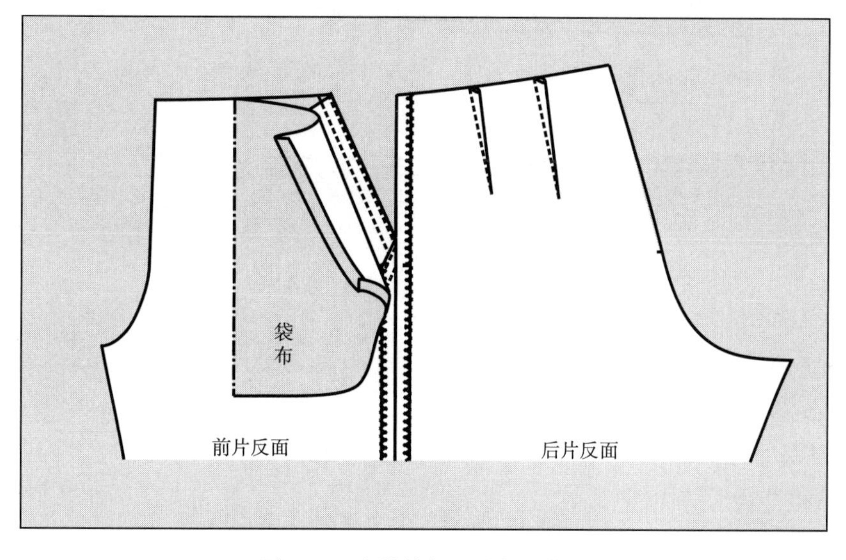

图7-32　直筒裤侧缝缝制示意图1

合侧缝后，劈烫侧缝，侧缝缝合时将前裤片侧袋袋布掀开，烫开侧缝。

将袋布侧缝处进行扣烫，扣烫后袋布侧缝处折边与后片缝份对齐，然后将口袋布与后片缝份缝0.1cm缝合，如图7–33所示。

将前片侧口袋袋口固定，袋口处根据留口的大小打倒回针2～3针固定，如图7–33所示。

11. **第十一步：合裤内缝**（图 7–34）

将前、后裤片下裆缝对齐，按1cm作缝缉缝裤片内缝，车缝时保证各对刀印要准确，上、下裤片要保持平直避免发生吃纵、不平的现象，脚口处打回针2～3针。

劈烫下裆缝。

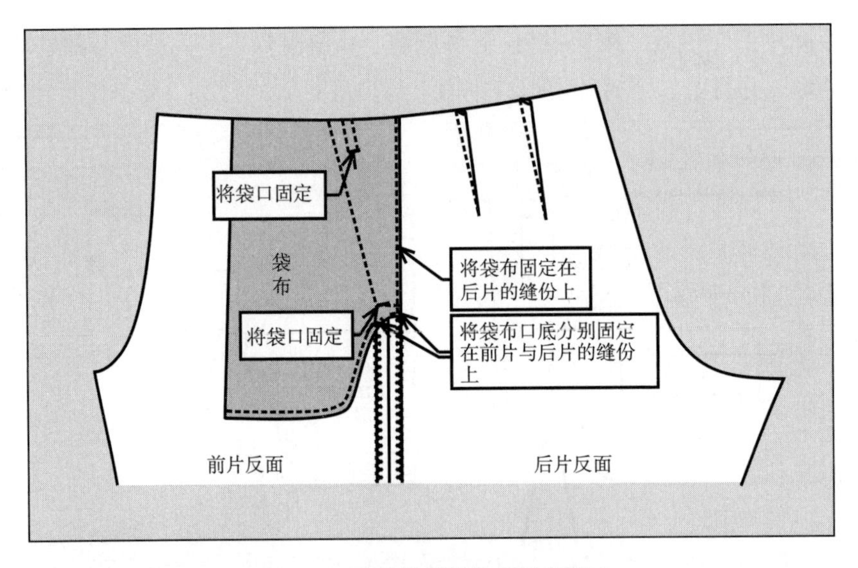

图7–33　直筒裤侧缝缝制示意图2

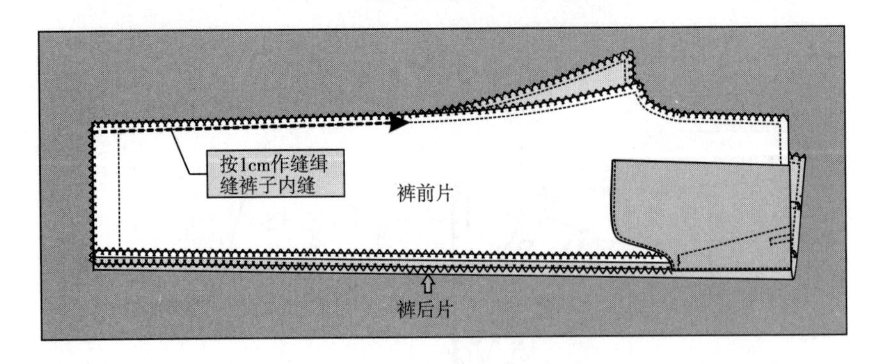

图7–34　直筒裤内缝缝制示意图

12. **第十二步：合小裆缝**（图 7–35）

将右裤脚套入左裤腿内，将两条裆缝对齐，从下裆开始，以1cm作缝向两边缝合。小裆缉合至刀眼对位处，不要过针。在第一条裆缝线处再重合缉缝一遍，两头各打回针2～3针。小裆缝合后劈烫裆缝。

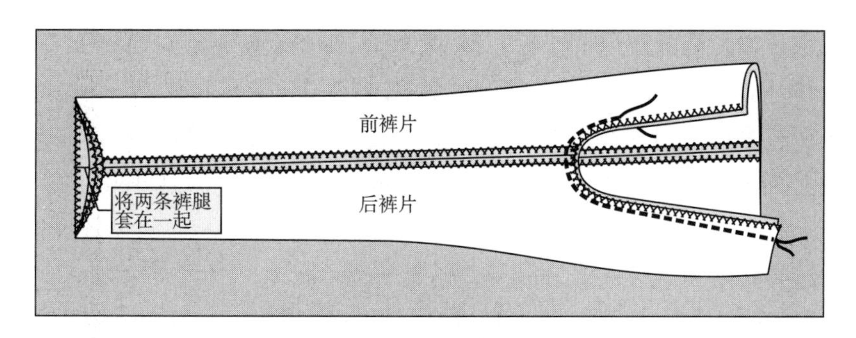

图7-35　直筒裤合小裆缝缝制示意图

13. **第十三步：绱拉链**

做门襟、底襟，绱拉链及缉门襟明线。

（1）将底襟与左裤片立裆进行对位，底襟下端超过小裆缉合处1.5～2cm，在底襟上划印，做好对齐标记，如图7-36所示。

（2）拉链边缘对齐底襟包缝线内侧，拉链下止比底襟划印标记向上提升0.5cm左右，沿拉链边缘缝0.1cm明线一道，如图7-37所示。

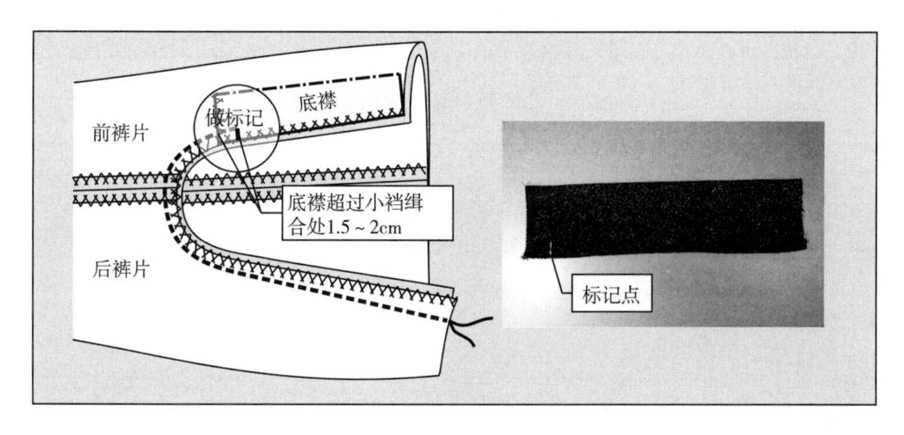

图7-36　直筒裤底襟标记对位记号

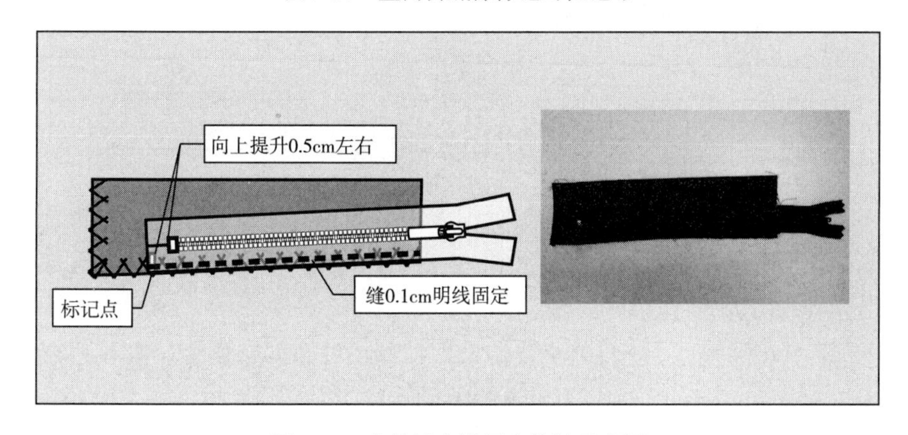

图7-37　直筒裤底襟固定拉链示意图

（3）门襟正面与底襟拉链相对，拉链头方向门襟与底襟对齐，拉链底方向门襟比底襟要短0.5～0.8cm，保证缉好拉链后，门襟能正好盖住底襟，如图7-38所示。

（4）底襟在下面，门襟在上面，用手捏住或用大头针将底襟与门襟固定不动，揭开底襟，将拉链的另一边与门襟固定，压脚与拉链边对齐缉缝一道0.1cm明线，如图7-38所示。

完成拉链与门襟、底襟的结合。

（5）将门襟反面与左前裤片正面相对，以1cm作缝缉线一道。将门襟翻过去倒烫作缝，距门襟与前裤片结合缝0.1cm压明线一道，明线压在门襟上，如图7-39所示。

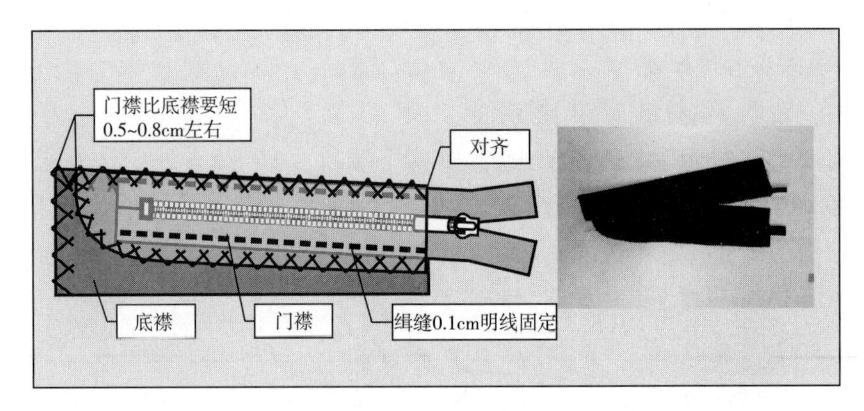

图7-38　直筒裤门襟固定拉链示意图

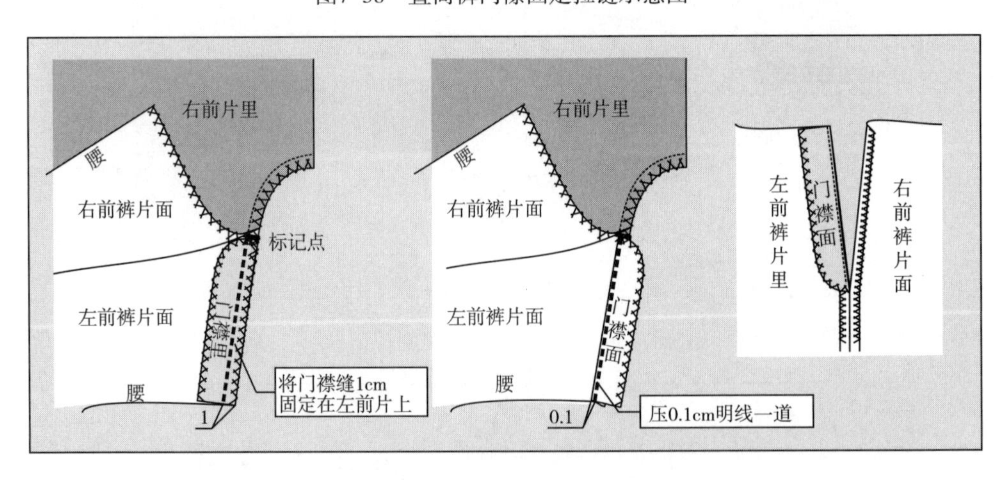

图7-39　直筒裤绱门襟拉链示意图

（6）将前片右裤片前中线部位扣烫1cm，底襟放在右前片下面摆正，在裤片上压一道0.1cm明线，将底襟与右前片固定好，再将左右前片由裆底至底襟处缉缝，完成前上裆的缝合，如图7-40所示。

（7）将裤片铺平摆正，缝门襟明线首尾回针2～3处，回针要短，且线迹要重合，如图7-41所示。

14. 第十四步：绱裤串带襻（图7-42）

按设计位置绱裤串带襻，两侧裤串带襻位置要对称一致。

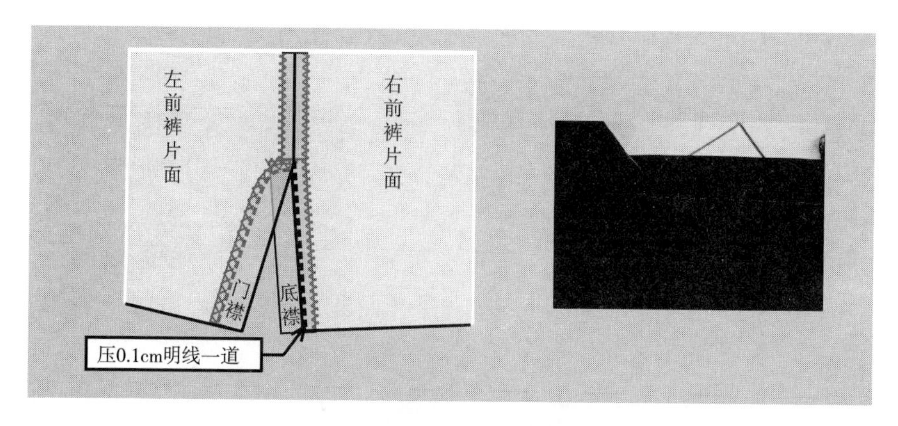

图7-40 直筒裤绱底襟拉链示意图

图7-41 直筒裤缝门襟明线回针示意图

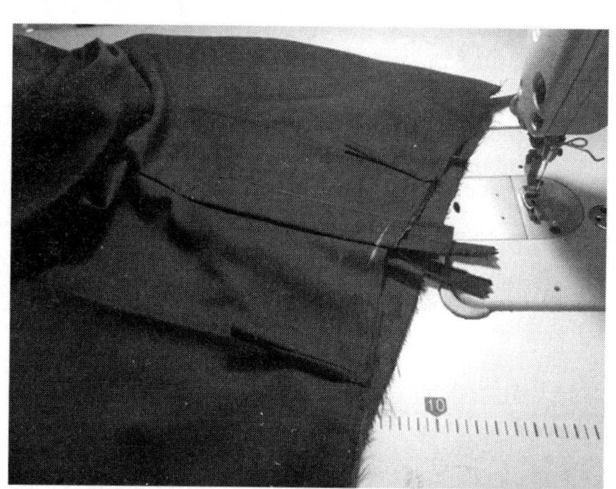

图7-42 直筒绱裤串带襻示意图

15. **第十五步：绱腰**

如图7-43所示，将腰头一侧按1cm作缝扣烫直顺，然后将中间对折缉缝两端并打回针2～3针。最后将做好的腰头翻向正面，烫平。将折烫好的腰头与裤大身进行比对，然后绱腰头面。

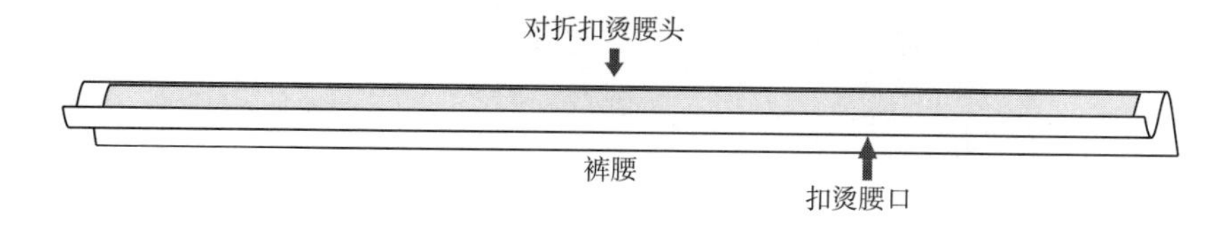

图7-43 直筒裤烫腰示意图

勾腰头面两头，将腰头面翻过来，沿大身与腰头缝合处缉线一圈，再从反面缝住腰里。要求缉线顺直，腰头面平服不打缕。腰缝向下1.5cm回针3～5针固定裤串带襻，将裤串带襻向上折回距腰头上口0.2cm固定串带襻上口，回针3～5针，如图7-44所示。

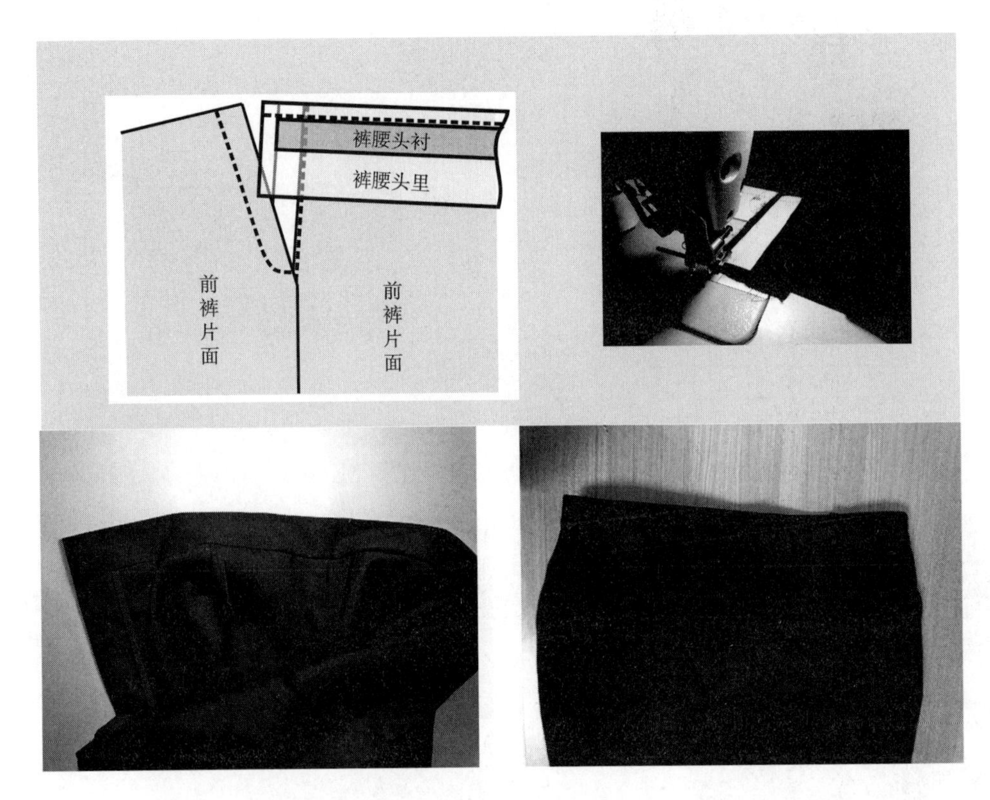

图7-44　直筒裤绱腰示意图

16. **第十六步：缭脚口**（图 7-45）

用顺色线按设计要求折烫脚口折边。缭缝脚口。

图7-45　直筒裤缭缝脚口示意图

17. **第十七步：锁钉整烫**

前门襟腰口可以锁眼钉扣，也可以缝裤钩。

裤子做完后，先将所有线头清剪干净，然后将裤子熨烫平整。

参考文献

[1] 侯东昱.女装成衣结构设计·下装篇[M].上海：东华大学出版社，2012.
[2] 侯东昱，仇满亮，任红霞.女装成衣工艺[M].上海：东华大学出版社，2012.
[3] 侯东昱，马芳.服装结构设计·女装篇[M].北京：北京理工大学出版社，2010.
[4] 侯东昱.女装结构设计[M].上海：东华大学出版社，2012.
[5] 侯东昱.女装成衣结构设计·部位篇[M].上海：东华大学出版社，2012.

作者简介

侯东昱，女，教授，硕士生导师，河北科技大学纺织服装学院副院长，主要研究方向：研究方向为设计学类（服装方向）。研究内容为服装设计理论与实践、服装结构设计、家用纺织品设计。2018~2022年教育部高等学校设计学类专业教学指导委员会委员、河北省高等学校设计类教学指导委员会委员、河北省高等学校艺术类教学指导委员会委员、中国纺织教育学会拼布艺术设计教育专业委员会委员、中国服装设计师协会理事学术委员执行委员、河北省纺织服装行业协会设计师委员会主任、北京时装设计师协会副会长。主持参加纵横向课题38项；取得科研成果23项；公开发表学术论文76篇；取得国家专利38项；获中国纺织工业联合会科学技术奖科学技术进步奖三等奖1项；中国纺织教育协会教学成果奖二等奖1项；河北省科学进步三等奖1项；河北省教学成果三等奖1项；河北科技大学教学成果一等奖1项，三等奖2项。近几年指导学生获得省级以上服装专业赛事奖励一百五十余项。出版学术著作20余部。